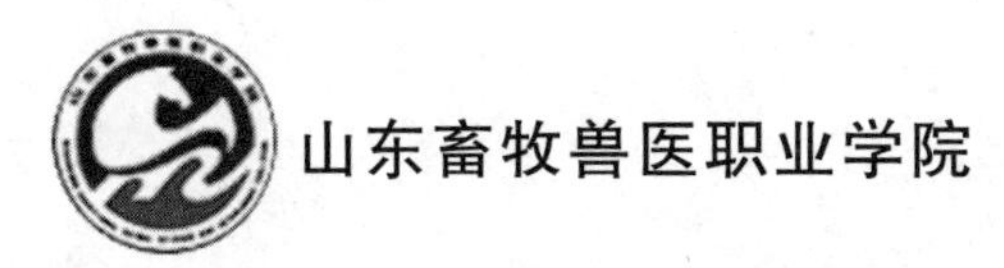

“国家示范性高等职业院校建设计划”骨干高职院校建设项目成果

动物性食品微生物检验

王福红　主编

中国农业出版社
北京

内容简介

本教材共11个项目，主要内容有：动物性食品微生物污染与腐败变质及其控制措施，食品检验样品的采集，动物性食品微生物常规检验指标包括菌落总数、大肠菌群和致病菌的检验，食品中主要病原微生物的检验，肉与肉制品、乳与乳制品等动物性食品的微生物检验，食品微生物检验实验室及检验要求等。

本教材突出了教学内容的针对性、适用性、实时性和权威性，注重理论联系实际，在体例及内容编排上有许多创新点，每个项目包含项目指南、认知与解读、操作与体验、拓展与提升及复习与思考，最后附有部分彩图，尤其增加了食品微生物检验的新技术、新方法及最新检验标准，完全能满足学生毕业后应职岗位的需求。

本教材既可作为高职高专动物防疫与检疫、食品检测及管理、食品加工技术等专业的教学用书，也可作为基层食品微生物检验人员的参考书。

PINGSHENWEIYUANHUI

评审委员会

BIANSHENRENYUAN

编审人员

主　编　王福红（山东畜牧兽医职业学院）

副主编　李禹涛（潍坊农业科学院）

　　　　李汝春（山东畜牧兽医职业学院）

编　者（以姓名笔画为序）

　　　　王福红（山东畜牧兽医职业学院）

　　　　朱明恩（山东畜牧兽医职业学院）

　　　　孙秋艳（山东畜牧兽医职业学院）

　　　　李汝春（山东畜牧兽医职业学院）

　　　　李禹涛（潍坊农业科学院）

　　　　沈美艳（山东畜牧兽医职业学院）

　　　　张　渊（保定学院）

　　　　张伟彬（商丘职业技术学院）

　　　　郑迎春（江苏益客食品有限公司）

　　　　赵　晗（潍坊出入境检验检疫局）

　　　　崔晓娜（山东畜牧兽医职业学院）

审　稿　李　舫（山东畜牧兽医职业学院）

前言

本教材根据《教育部关于加强高职高专教育人才培养工作的意见》《教育部关于全面提高高职高专教育教学质量的若干意见》（教高〔2006〕16号文件）、《国务院关于加快发展现代职业教育的决定》[国发〔2014〕（19号）] 等文件精神，依据食品微生物检验国家和行业标准及动物性食品微生物检验课程要求编写而成。适用于高职高专2～3年学制的动物防疫与检疫、食品检测技术、食品加工技术等专业。

本教材本着高职院校面向生产一线培养高素质技术技能型人才的原则，根据我国动物防疫与检验岗位、食品质量检测岗位、食品加工技术岗位的任职要求，参照相关的职业资格标准，设计项目化、任务式教学模式。在内容安排上，紧密联系生产实践，将知识与技能融为一体，同时将食品微生物检验的最新标准、最新技术融入其中，保证了内容的先进性、权威性。每个项目都有项目指南、拓展与提升、复习与思考，最后附有彩图，使新编教材更加条理清晰、形象生动，有利于学生自测、自学和能力提升。操作与体验紧跟认知与解读之后，围绕生产实践中食品微生物检验的常规检测指标，实现理论与实践一体化教学。最后一个项目是食品微生物检验人员普遍关注的实验室基本设计及检验要求等问题，帮助基层从业人员纠正一些操作上的错误和认识上的误区，以便建立起良好的操作规范。本教材坚持高职教材适用、实用、够用的原则，可操作性强，标准化程度高，重视能力培养，突出了职业教育的鲜明特点。

目前人们对动物性食品质量安全的关注程度越来越高，食品安全检测实验室和检测人员队伍逐渐壮大，不同院校和不同检测实验室的条件和配置各不相同，因此各地使用时可根据实际情况作适当调整。食品微生物常规检测项目的实训要按国家标准保质保量地完成，以便满足基层实验室人员能针对性地提高食品微生物检验检测水平。

本教材编写组由各地高职院校具有多年教学实践经验教师、行业企业知名专家组成。具体分工是：王福红编写绪论、项目三、项目六并负责全书统稿工作；李禹涛编写项目七；李汝春编写项目八；沈美艳编写项目十；赵晗编写项目十一；张渊编写项目四项目的指南和认知与解读；孙秋艳编写项目四的操作与体验和拓展与提升；张伟彬编写项目五；朱明恩编写项目九；崔晓娜编写项目一；郑迎春编写项目二。承蒙山东畜牧兽医职业学院李舫教授审稿，在此表示衷心感谢。

由于时间紧、任务重、编者水平有限，书稿中难免出现错误和疏漏，敬请读者和同行专家批评指正。

编　者

2014 年 6 月

目录

绪　论

“国以民为本，民以食为天，食以安为先。”然而近年来全球范围内食品安全事件频繁发生，我国的食品质量安全问题也日益突出，食品安全已成为我国政府和广大消费者关注的焦点。影响食品安全的因素有生物性、化学性和物理性因素，其中微生物因素更为重要。相对于化学性和物理性的危害，微生物的危害更难控制，食品中食源性病原微生物是当今全球面临的主要食品安全问题之一。面对食品安全的严峻形势，必须科学合理、全面彻底地分析评价食品的安全性，特别需要对食品进行取样检验，尤其是微生物学检验。本教材主要从动物性食品这一角度阐述微生物检验的基本知识和基本技能。

一、动物性食品微生物检验学科特点

食品微生物检验是微生物学领域的一个分支学科。它是运用普通微生物学和医学微生物学的基础理论与基本技术，重点研究与食品有关的微生物特性、微生物与食品的相互作用关系，主要包括食品中微生物的生态分布、生物学特性，食品加工、贮藏过程中有害微生物的污染与控制及为人类提供营养丰富、安全卫生食品的相关微生物学问题，从而建立食品微生物检验的方法和确定食品安全微生物学标准的一门技术性、应用性科学。

动物性食品微生物检验是衡量动物性食品质量安全的重要指标，也是判定被检食品能否食用的科学依据。通过食品微生物检验，可以判定动物性食品加工环境及卫生情况，能够对动物性食品被细菌污染的程度作出正确的评价，为各项卫生管理工作提供科学的依据，提供防治传染病和人类与动物食物中毒发生的有效措施。食品微生物检验是以预防为主的措施，可以有效地防止或者减少食物中毒和人兽共患病的发生，同时，食品微生物检验技术可以提高产品质量，避免经济损失等。它在进行生产性、预防性卫生管理，促进动物性食品的生产经营，保证人类及动物的健康，防止疫病传播，提高畜牧业生产水平，开发食品资源等方面均具有重要意义。

动物性食品微生物检验与微生物学领域的其他分支学科是密切相关、相互融合的，如食品微生物学、医学微生物学、动物微生物学、农业微生物学、环境微生物学等学科。各学科的相互配合、相互促进，有力地推动了动物性食品微生物检验全面深入地发展。它是兽医公共卫生、食品卫生检验、食品检测、动物防疫与检疫、食品加工技术等专业的主要课程之一。

微生物在自然界中分布极为广泛，它在自然界物质循环转化中起到了不可缺少的作用。微生物与食品的关系非常复杂，有些有益微生物是生产食品不可缺少的，而有些有害的微生物会引起人类发病、食品变质及食物中毒。动物性食品微生物检验侧重于研究对人类及动物有害的微生物。它具有研究范围广，涉及学科多，应用性强，受一定法律法规的约束（受《中华人民共和国食品安全法》约束）等特点。

1. 研究范围广　一方面食品种类繁多，来源复杂，各种动物性食品又有各自的加工、生产、贮存、运输、销售方式，同时还涉及不同的地区和气候条件，而所有这些都涉及微生物对食品的污染问题。另一方面动物性食品中污染的微生物种类繁多，有致病性的，包括对人或动物致病的病原微生物、人兽共患病的病原微生物；有食物中毒性微生物，如食物中毒性细菌、细菌毒素、真菌毒素；有能引起食品腐败变质的微生物等。此外，还有许多对人类生命活动有益的微生物，如发酵微生物，生产酶制剂的微生物，帮助人和动物消化吸收营养的微生物等。由于动物性食品本身和微生物的复杂性和多样性，决定了动物性食品微生物检验研究的范围比较广泛。

2. 涉及学科多　动物性食品微生物检验除了与微生物学领域各分支学科有着密切的关系外，还涉及物理、化学、生物学、生物化学等基础学科，也要涉及食品生产工艺学、食品保藏学、食品发酵工艺学等相关知识，从食品卫生方面还要联系到医学和兽医学的许多学科，如传染病学、流行病学、环境卫生学、食品卫生学等。所以动物性食品微生物检验具有涉及学科多的特点。

3. 应用性强　动物性食品微生物检验是检验和检测各类动物性食品的卫生质量，肩负着保障人类饮食安全的重任，在促进人类健康方面起着重要的作用。它是通过各种检验方法的研究与应用，掌握动物性食品中污染的微生物种类和数量，达到识别各类食品中哪些是有益无害的微生物、哪些是引起食品腐败变质的微生物、哪些是病原微生物或毒素的目的，从而在食品加工、保藏中充分利用有益微生物，控制引起食品腐败变质的微生物和病原微生物，以减少甚至杜绝食品对人类造成的危害。它与我们的健康息息相关，应用性比较强。

4. 标准化　世界各国对食品的生产、销售及贸易，均制定有统一的规定和标准。我国在食品的安全质量标准中，有明确的微生物学标准，如《食品安全国家标准　食品微生物学检验》中对微生物的检验方法作了具体规定，这是国内食品微生物检验的法定依据，在实际工作中就是通过对微生物进行检验来确定是否符合国家标准要求。而在对外贸易活动中要确定是否符合进（出）口国规定的标准或世界卫生组织（WHO）提供的参考标准。凡超标者，按食品安全要求不能销售和食用。因此，从事食品微生物检验工作者，必须依据国家或进（出）口国制定的有关法规标准，严格检验，认真执行。

二、动物性食品微生物检验的研究任务

动物性食品微生物检验作为与人类生活关系极为密切的学科，它的任务是多方面的。其中主要包括研究动物性食品中存在的微生物种类、分布及其特性，监测食品的微生物污染，提高食品的卫生质量，研究微生物与食品保藏间的关系，预防微生物性食物中毒和食源性疾病的发生，保证人们健康，为提高和改善人类生活服务。

1. 研究与动物性食品有关的微生物种类、分布及其特性　人类食品的种类繁多，来源不同，加之生产、加工过程及条件不同，因此，食品中所含有的微生物种类、数量、分布，以及这些微生物在食品中的作用及其相互关系是极其复杂的。只有对这方面进行充分的研究

和了解，才能辨别食品中有益无害的、致病的、致腐败的微生物种类、分布情况及其生物学特性，以便对食品的质量，特别是卫生质量作出准确的评价、合理的利用和处理。同时，对食品中微生物种类、数量及分布状况的研究，可为制定食品的微生物学标准提供科学的依据。

2. 研究动物性食品中微生物的污染及其控制措施　动物性食品在食用前，一般都需经过一系列的加工过程，如屠宰加工、制罐、酱卤、腌制、熏烤等。加工后的食品还需要经过运输、贮藏和销售过程，才能到达消费者手中供食用。在上述一系列过程中，均存在着微生物对动物性食品的污染问题。只有充分研究和了解微生物对食品污染的来源与途径，采取合理的卫生控制措施，加强食品生产、加工、贮藏、运输、销售等各环节的卫生监督，防止微生物污染，才能从根本上提高食品卫生质量。

3. 研究微生物与食品保藏的关系　为了解决适时地供给人类各类食品，当食品生产出来之后，往往需要进行贮藏。但在贮藏过程中如果处理不当，极易发生腐败变质，降低甚至丧失食用价值。动物性食品发生腐败变质的原因很多，其主要原因就是微生物的作用。因此，必须研究致腐性微生物与动物性食品之间的相互关系，微生物引起食品腐败变质的各种因素，才能采取科学的食品保藏措施，防止腐败变质的发生。

4. 研究动物性食品中的致病性、中毒性、致腐性微生物　对人和动物有致病作用的微生物，称为致病性微生物。致病微生物可分为三类：一类是专门对人类致病的，如麻疹病毒、伤寒菌等；一类是专门对动物致病的，如马传贫病毒、猪瘟病毒、鸡白痢沙门氏菌、鸡传染性法氏囊病毒等；一类是导致人兽共患病的，如炭疽杆菌、结核杆菌、布鲁氏菌、口蹄疫病毒、禽流感病毒等。

食物中毒性微生物污染食品并被人摄入机体达到一定量时，可以引起各种以急性过程为主的疾病，如沙门氏菌、金黄色葡萄球菌、产气荚膜梭菌、肉毒梭菌等均可引起食物中毒。

致腐性微生物在自然界中广泛存在，虽然多数不直接引起人或动物发生某种疾病，但是它们污染动物性食品后，在适宜的条件下，可使食品的成分发生分解，降低食品的食用价值，严重的可使食品完全丧失食用价值。致腐性微生物的代谢产物如组胺、硫化氢、尸胺等可危害人的身体健康。

以上各类微生物均可通过各种途径污染到食品上，当污染食品被人食用后，可导致人发生食物中毒和各种疾病，危及人的健康，甚至生命。如果污染食品处理不当，还可造成疾病流行，影响农牧业生产和食品工业的发展，因此研究各类微生物对食品的污染及其消长规律，制定控制措施和无害化处理办法，是食品微生物检验的重要任务之一。

5. 研究各类食品中微生物的检验方法及标准　随着微生物学和分子生物学的发展，微生物的检验方法有很多。食品微生物检验是根据食品的特点，建立各种可行的检验方法。从我国目前的情况来看，主要有《食品安全国家标准　食品微生物学检验》中规定的标准方法，这些方法是采用细菌分离鉴定的传统培养检测方法，本身经过长期的证明是可靠的，已成为检测的“金标准”。如今一些及时、快速检验方法已应用于食品微生物检验中，如：生物化学检测方法（试剂盒、试剂条）、免疫学检测方法（ELISA、免疫荧光抗体法）和分子生物学方法（基因探针法、PCR），它们均为制定检验标准、控制食品污染，提供了科学手段。

我国现行的食品微生物学检验有国家标准（GB）和行业标准（SN），在食品进出口检验中还有进（出）口国提供的标准，同时，世界卫生组织（WHO）也对许多食品提出了微生物学标准，可供实际工作中参考。

三、食品微生物检验的发展简史

作为微生物学领域的一门分支学科，食品微生物检验的发展与进步都和其他相关学科的发展密切相关。特别是基础微生物及其他微生物分支学科的发展，都直接或间接地促进食品微生物检验的发展。

我国人民很早就知道许多疾病的病原是微生物，公元前6世纪，我国名医扁鹊就主张防重于治。公元前4世纪，葛洪的《肘后方》中，除详细记载天花症状外，并采用种痘方法以预防天花，以后传至欧洲和美洲，这是世界医学史上一个伟大的创举。公元前2世纪，张仲景认为“伤寒病流行与环境季节有关，并提出禁食病死的兽肉和不洁的食物”。同时人们也利用一些有益的微生物用于酿酒、做曲、做醋、烘制面包等。

人类对微生物的利用虽然历史悠久，但发现微生物却是在17世纪下半叶。由于航海业的兴起，促进了光学仪器的研究和发展，荷兰科学家吕·文虎克利用自制的可放大200倍显微镜首先观察了污水、牙垢等多种物质，并描述了微生物的形态、大小和排列，为微生物作为一门学科奠定了基础。这个时期持续了近200年，仅限于微生物形态学方面的描述。

19世纪，由于工业革命的迅速发展，欧洲一些国家中，酒类常发生变质、养蚕业发生蚕病危害，迫切要求应用科学解决生产中出现的问题。一位伟大的微生物科学家，法国人路易·巴斯德经过长期对微生物的研究，证明了酒是由酵母菌发酵而制成，而酒的变质是由其他杂菌引起的。同时把含杂菌的酒溶液经60℃处理，可杀死其中不耐热的微生物，这种灭菌方法后来被称之为巴氏灭菌法。直到现在这种灭菌方法还广泛适用于酿酒、醋、酱油、牛奶、果汁等食品的灭菌。同时他还研究了蚕病防治及几种对人和牲畜危害很大的疾病如鸡霍乱，牛和羊的炭疽病，人的狂犬病。他还发现和研究出了炭疽菌苗和狂犬病灭活疫苗等，创造了免疫学基本原理及预防接种方法。继巴斯德之后，许多国家的微生物学家也对微生物学的发展做出了卓越的贡献。如德国微生物学家柯赫（1881）首创固体培养基分离纯种细菌的技术，1882年发现了结核杆菌，并证明结核病是由结核杆菌引起的。1884年日本的高峰氏利用黄曲霉菌生产淀粉酶。1887年俄国微生物学家维诺格拉德斯基发现了硝化细菌，揭示了微生物中新的营养类型，即自养微生物。世界上这样成果和进展举不胜举。从1870年到1920年，这一阶段经过了近半个世纪。

20世纪20年代以后，由于自然科学的迅速发展，特别是生物化学、化学分析技术及信息科学技术的发展，促进了微生物学的飞跃发展，从细胞水平进入亚细胞水平及分子水平。对微生物的研究不断深入，在微生物的利用技术和实验方法等方面也有极其迅速的发展，如电子显微技术的进步，再配合生物化学、电泳法、色层析法，梯度离心法和免疫化学等，使人们对各种微生物的特性、抗原构造都有了进一步的认识，对微生物的种属作出正确的分类和鉴定；利用荧光抗体技术及酶、放射性同位素标记技术快速检测病原微生物；单克隆抗体技术、核酸探针技术、PCR技术等的发展也进一步推动了微生物学的发展。

我国从20世纪50年代开始，即开始对沙门氏菌、葡萄球菌、链球菌、变形杆菌等食物中毒菌进行调查研究，并建立了各种食物中毒细菌的分离鉴定方法。近年来，在霉菌毒素方面，如对黄曲霉毒素等的污染和预防做了比较系统的研究，在广泛调查研究基础上，国家制定了一系列食品卫生微生物学标准，陆续出版了《中华人民共和国国家标准—食品卫生检验方法（微生物学部分）》《中华人民共和国食品卫生法》《中华人民共和国食品安全法》《食品安全国家标准　食品微生物学检验》等，并根据我国食品生产的具体情况不断进行修订，统一了全国食品微生物检验方法，对促进食品质量安全工作起到了一定作用。同时我们也在研究与制定国际上通行的食品微生物检验标准，加强进出口食品的检验，尽快与国际接轨。

随着社会的发展、生活水平的提高，人们在饮食结构上也发生了较大变化，尤其是动物性食品的比重在不断增加，因此，必然推动动物性食品工业的不断发展。近年来，各种类型的食品加工厂不断建立，各地还健全了食品研究机构和卫生检测中心，开展了食品卫生和微生物学的检验工作。食品药品监督管理机构和队伍在不断增多和扩大，也体现了国家对食品安全的重视程度。如QS制度、HACCP认证、ISO9000、进出口食品卫生注册、出入境查验、食品微生物风险评估和监测网络等，都是保障食品质量安全的重要措施。同时人们对食品的要求也愈来愈高，渴望有更多更好的优质安全的畜禽肉类、蛋类、乳类、水产品、粮食、水果、蔬菜及其制品出现，如无公害食品、绿色食品、有机食品等。因此，动物性食品微生物检验，作为给人类提供既有益于健康，又能确保食用安全的食品科学保障之一，已日益受到人们的重视，它将在食品工业发展中发挥重要作用，具有广阔的发展前景。

复习与思考

1. 什么是动物性食品微生物检验？
2. 简述动物性食品微生物检验的特点。
3. 动物性食品微生物检验的研究内容是什么？
4. 简述微生物学的形成和发展及各个发展时期的代表人物和其科学贡献。
5. 简述目前我国食品微生物检验的发展状况及前景。

1 项目一

动物性食品的微生物污染与控制

项目指南

动物性食品在生产、加工、贮藏、运输、销售、食用等过程中均有可能受到某些微生物及其毒素的污染，这些污染到食品中的微生物既有致腐性微生物，也有致病性微生物或中毒性微生物。自然界中微生物的分布受环境因素影响很大，不同环境条件下有不同类型和数量的微生物，因此，本项目主要内容是掌握动物性食品污染的基本概念和分类，了解微生物在动物性食品中的分布规律，掌握动物性食品微生物的污染来源、污染途径，明确动物性食品微生物污染的危害，掌握动物性食品微生物污染的控制措施。目的是可以更好地控制动物性食品的微生物污染，延长动物性食品的保藏期，减少动物性食品因微生物污染对人类造成的危害。本项目重点是动物性食品微生物的污染源，动物性食品微生物污染的途径，难点是如何采取措施、采取何种措施控制动物性食品微生物的污染。

通过本项目的学习，食品微生物检验人员必须明确动物性食品污染主要因素之一是微生物的作用。为了防止动物性食品微生物污染，应掌握食品从业人员健康管理、食品生产用水卫生标准等相关知识。

认知与解读

一、食品污染的认知

食品污染（food pollution）是指食品中原来含有的或者加工过程中人为添加的生物性或化学性物质，这些物质对人体健康都具有急性或慢性的危害。食品是我们赖以生存的物质基础之一，按其来源可分为动物性食品和植物性食品两大类。动物性食品富含蛋白质，更加适合人体的需要，但动物性食品具有易腐性，而且还是人兽共患病的主要传播媒介，如猪囊虫病、旋毛虫病、炭疽、牛型结核、布鲁氏菌病、口蹄疫等都可以通过动物性食品传播给人。植物性食品发霉变质后产生的霉菌毒素（如黄曲霉毒素），可造成食用者中毒或生理功能障碍。另外，环境中的各种污染物大多通过食物链的生物富集作用对食品造成污染。所以，无论何种食品，在原料的生产、加工、贮藏、销售过程中都可能受到不同程度的污染。

食品种类繁多，其生产加工的工艺各异，因此食品污染的原因十分复杂，涉及面也较广，根据污染物的性质不同，可分为生物性污染、化学性污染及放射性污染。

（一）生物性污染

生物性污染（biological pollution）是指食品受到了微生物及其毒素、寄生虫、有毒生物组织及昆虫的污染。

1. 微生物及其毒素污染　细菌与细菌毒素、霉菌与霉菌毒素和病毒是造成动物性食品污染的最主要因素。微生物在自然界中分布极广，无论是土壤、水、空气、用具及人和动物体均存在着种类不同、数量不等的微生物，这些微生物可以通过各种途径污染食品，并在其中生长繁殖造成食品腐败变质，或成为疾病的传染源。污染动物性食品的微生物包括人兽共患传染病的病原体，以食品为传播媒介的致病菌，以及引起食物中毒的细菌、真菌及其毒素等，如炭疽杆菌、致病性大肠埃希氏菌、结核分枝杆菌、布鲁氏菌、肉毒梭菌、衣原体、口蹄疫病毒、痢疾杆菌、沙门氏菌、金黄色葡萄球菌及黄曲霉毒素等。此外，还有大量的仅引起食品腐败变质的非致病性细菌，如假单胞菌属、产碱杆菌属、黄杆菌属、色杆菌属、盐杆菌属、醋酸杆菌属、乳杆菌属、微杆菌属、短杆菌属、微球菌属的细菌等。微生物污染问题是动物性食品污染的一个非常重要的方面，长期以来受到人们的广泛重视。

2. 寄生虫污染　主要是那些能引起人兽共患寄生虫病的病原体，通过动物性食品使人发病。属于这类的寄生虫很多，常见的有旋毛虫、囊尾蚴、弓形虫、棘球蚴、肉孢子虫等。这些人兽共患寄生虫病的病原体，一直都是动物性食品卫生检验的主要对象。

3. 有毒生物组织　是指本身具有毒性食用后会对人体产生不良影响的动植物组织，如动物的“三腺”、鸡的法氏囊、发芽的马铃薯、河豚、含氰植物、毒蕈等。

4. 昆虫污染　主要是指肉、蛋、鱼及其熟制品中寄生了蝇蛆、甲虫、螨、皮蠹等昆虫，食品被这些昆虫污染后，使其完整性受到破坏，感官性状不良，营养价值降低甚至完全丧失食用价值。

（二）化学性污染

化学性污染（chemical pollution）是指食品在生产、加工、销售及食用的各环节中，污染了“三废”、农药、药物及某些食品添加剂等。这些污染物质在食品中常以百万分之几甚至十亿分之几计量，易被人们所忽视。但这些污染物中很多是剧毒的，虽然摄入量很少，却能引起人体中毒；有些虽然不引起中毒，但若长期摄入，则会发生蓄积，导致多种疾病，如发生致癌、致畸、致突变等。进入动物饲料和人类食品中的化学污染物，除少数因浓度或数量过大引起急性中毒外，绝大部分构成潜在性危害。这种通过各种途径污染并残留于食品中的有毒化学物质称为食品残毒。随着工、农、牧业的发展，环境污染日趋严重，残毒给人类带来的威胁越来越受到人们的关注。监测表明，进入到食品中的有毒物质主要有汞、镉、铅、砷、铬、硒、氟化物、有机氯、多氯联苯、苯并芘、各种农药和药物等。所以环境污染也是造成食品污染的重要原因，环境中的各种污染物（特别是化学性污染物）就是通过食物链（food chain）的生物富集作用而最终进入人体，危及人体健康，甚至影响到子孙后代。因此，加强环境保护是控制食品化学性污染的重要措施。

（三）放射性污染

自然界本身存在着放射性核素，这些放射性核素构成了自然界的天然放射源，参与外界环境和生物体之间的物质交换，并存在于动植物体内，构成食品天然放射性本底。当食品吸附或吸收外来放射性核素，使其放射性高于天然放射性本底时，就称为放射性污染（radioactive pollution）。进入环境的放射性核素，通过吸附滞留、固着滞留、生化浓缩、物化浓缩、生物回游运转以及水体流动的稀释扩散等方式在环境中迁移转化，其中食物链的生物富集起了重要作用。放射性核素可引起人和动物癌症发生及多种基因突变及染色体畸变，对人和动物的遗传过程发生影响。近几十年来，原子能的利用在逐年增加，放射性核素在医学和科学实验室中的广泛应用，使人类环境中放射性物质的污染急剧增加，进而通过食物链进入人体，威胁着人类的健康。因此，调查研究和防止放射性物质对食品的污染，已成为食品卫生安全的重要课题。

食品受到污染的原因是多方面的，本项目重点研究食品微生物的污染与控制。微生物体形微小，繁殖速度快，同时广泛分布于自然界，食品及其原料很容易被微生物污染。食品加工与贮藏的目的之一就是要控制微生物对食品的污染而导致食品卫生质量的下降，于是有必要研究食品的微生物污染源、污染途径及其控制措施等以防止和减少食品污染，确保食品的食用安全性。

二、动物性食品的微生物污染源

动物性食品在其生产、加工、贮藏、运输、销售、食用过程中均有可能受到某些微生物及其毒素的污染，这些污染到食品中的微生物既有致腐性微生物，也有致病性微生物或中毒性微生物。他们可能成为某些传染病特别是人兽共患传染病的传染源或引起食物中毒。自然界中微生物的分布受环境因素的影响，不同环境条件下有不同类型和数量的微生物，了解微生物的分布规律，可以更好地控制食品的微生物污染，延长食品的保藏期，减少食品因微生物污染对人类造成的危害。食品中污染的微生物来源是多方面的，概括起来主要有水、土壤、空气、人和动植物、加工设备、原料和包装材料等方面。

（一）水中微生物的污染

水是微生物广泛分布的天然环境，是食品的重要微生物污染源，水的卫生质量与人类健康息息相关。水中的微生物种类很多，主要来自土壤、空气、动物排泄物、工厂和生活污物等。微生物在水中之所以能够存活，是因为水中含有一定量的有机物，水中有机物含量与微生物的量呈正相关。水中微生物数量受多方面因素影响，包括水体类型、有机物含量及环境条件等，阳光照射对微生物起一定的杀灭作用。江河、湖泊等淡水中的微生物，一部分能够适应淡水环境而长期生活下去，而构成水中天然微生物类群，其中与食品有关的有假单胞菌、产碱杆菌、黄杆菌、气单胞菌、不动杆菌及无色杆菌等，它们的最适生长温度为20～25℃；另一部分是来自土壤、空气、生产及生活污水以及人畜粪便的微生物。来自生活污水和人畜粪便的微生物有许多是人畜消化道内的正常菌群，如大肠埃希氏菌、粪链球菌和产气荚膜梭菌等；有些是腐生菌，如某些变形杆菌和厌氧性梭状芽孢杆菌；还有些是病原菌，如霍乱弧菌、伤寒沙门氏菌、痢疾杆菌等。由于水中不适宜这些微生物进行生命活动，有的完全不能生长，有的仅能生存很短的时间，只有少数病原微生物可以在淡水中生存较长时间，一些病原微生物在水中的生存时间如表1-1。

表 1-1　某些病原微生物在水中生存时间（d）

病原微生物	灭菌水	被污染的水	自来水	河　水	井　水
大肠埃希氏菌	8～365	—	2～262	21～183	1.5～107
伤寒沙门氏菌	6～365	2～42	2～93	4～183	—
志贺氏杆菌	2～72	2～4	15～27	12～92	1～92
霍乱弧菌	3～392	0.5～213	4～28	0.5～92	7～75
钩端螺旋体	16	—	—	150 以内	12～60
土拉杆菌	3～15	75 以内	92 以内	7～31	4～45
布鲁氏菌	6～168	2～77	5～85	—	—
坏死杆菌	—	—	—	4～183	—
鼻疽杆菌	365	—	—	—	—
马腺疫链球菌	9	—	9	—	—
结核分枝杆菌	—	—	—	150	—
口蹄疫病毒	—	103	—	—	—

微生物在水中的种类和数量经常在发生变化，这种变化与气候、地理位置、水中各成分含量、温度、含氧量、浮游生物种类、噬菌体及其他一些拮抗物等有关。例如，雨后的河水可被大量的微生物污染，严重污染的河水每升含菌量可高达 10^7 以上，但经一定时间后，微生物的数量会明显下降，这是水的自净作用所致，在自净过程中水中的多种抑制物质和阳光照射起了重要作用。另外河水流动冲淡了含菌量，水中有机物因细菌消耗而减少，浮游生物的吞噬和噬菌体的裂解等都有利于水的自净。水的自净度是水质卫生的重要指标。再如海水中的微生物与淡水中的不同，都有嗜盐特性。近陆的海水，因江河水的流入，有机物含量比远海多，微生物的数量也多。常见的细菌有：假单胞菌、无色杆菌、不动杆菌、黄杆菌、噬纤维菌、小球菌等。

（二）土壤中微生物的污染

土壤素有“微生物天然培养基”的称号，因为土壤中有丰富的营养物质和适宜的 pH 及比较恒定的温度，因此土壤是微生物生长发育的良好环境。溶解于土壤中的各种有机物为微生物提供了必要的营养和能量来源；土壤中经常保持了充足的氧气，适当的酸碱度和水分，环境温度较适宜而稳定，加之由于土壤覆盖防止了太阳紫外线对微生物的杀害作用，使大多数微生物能够在土壤中存活甚至繁殖，土壤是微生物在自然界中最大的贮藏所，也是人类利用微生物资源的主要来源。但土壤也经常受到病原微生物的污染，在传播疫病方面起到了一定的作用。

土壤中的微生物种类、数量和分布因土壤结构、有机物成分及土壤理化特性而异，同时还与施肥、耕作方法、季节、气候、植物覆盖等有关。微生物在同一地区的分布也因土层的深度而有所不同，在 10～20cm 深开始减少，到达数米深的地下只有个别微生物存在，即土壤越深，微生物数量越少，其原因是深层土壤营养不足，缺乏氧气、温度较低等限制了需氧菌的生长。一般土壤表层中微生物含量也不是最多的地方，通常细菌数为 10^7～10^8 个/g，这是因为土壤表层易受阳光直射，导致微生物被紫外线杀灭或丧失水分而死亡。

土壤中微生物种类以细菌为主，其次是放线菌和真菌，在果园的土壤中也可发现酵母菌。这些微生物多数以休眠状态存在于土壤中，细菌中以芽孢菌占优势，营养体细胞也是以代谢不旺盛状态存在，霉菌以霉菌孢子形式存在。常见的与食品有关的微生物主要有：不动杆菌、产碱杆菌、节杆菌、芽孢杆菌、梭状芽孢杆菌、棒状杆菌、黄杆菌、微球菌、假单胞菌、链球菌、肉毒梭菌等。

土壤中病原微生物主要来源于动物尸体、粪便、垃圾、医院污水等。因土壤中缺乏病原微生物所需要的营养物质和合适的理化因素，同时还有某些微生物所产生的抑制物，阻碍了病原微生物在土壤中的生存，一般无芽孢的病原菌在土壤中生存时间为几小时到几个月，如结核分枝杆菌为5个月至2年，伤寒沙门氏菌为3个月，化脓性链球菌为2个月，猪丹毒杆菌为166d，巴氏杆菌不超过14d，布鲁氏菌为100d，猪瘟病毒与血液一起在干燥条件下可存活3d。有芽孢的微生物抵抗力较强，能够在土壤中生存较长时间，如炭疽杆菌产生芽孢后可以在土壤中保存达10年以上，破伤风杆菌、肉毒梭菌等都能在土壤中长期生存。进入土壤中的病原微生物若没有立即死亡，就可能逐渐改变其体内寄生的生活方式而逐渐适应新的环境条件，产生某些变异或失去原有的致病力，但这些病原微生物重新进入人或动物体后，又可恢复其原有致病力。土壤中的微生物可以通过直接与食品接触或通过污染水、空气、食品器具等而污染到食品上。

（三）空气中微生物的污染

空气中的微生物主要来自土壤、水、人及动物。空气本身缺乏维持微生物生活所必需的营养物质，同时受到干燥、日光照射等因素的影响，不利于微生物的生长繁殖。进入空气中的微生物只能以浮游状态存在于空气的尘埃上和液滴（气溶胶）中，从而随着尘埃的飞扬而漂移，空气中的尘埃愈多，污染的微生物也愈多。由于空气的环境条件对微生物极为不利，大部分革兰氏阴性菌（如大肠菌群）很容易死亡，只能短期生存。只有一些抵抗力较强，特别是耐干燥和耐紫外线的微生物可以较长时间生存，一般在空气中检出率较高的是革兰氏阳性球菌和杆菌（特别是芽孢杆菌）、酵母和霉菌的孢子，它们可附着在尘埃上，或被包在微小水滴中而悬浮在空气中。空气中的微生物含量因气候条件、地理位置、空气距地面高度等而异。雨、雪后空气中微生物量显著降低；靠近地面的空气受微生物污染的程度最严重，与地面距离越高的空气，微生物愈少；一般人类生活环境中的空气每立方米含微生物的量为10^2～10^4个，室内空气微生物的含量与气候条件、人和动物密度以及室内外的清洁卫生状况等因素有关，室内被污染严重的空气，每立方米含微生物可达10^6个以上。畜禽舍空气中含细菌为10^6～2×10^6个/m^3，宿舍为2×10^5个/m^3，城市街道约为5×10^3个/m^3，市区公园约为2×10^2个/m^3，而海洋上空中含细菌量为1～2个/m^3，北极（北纬73°）为1个/m^3。

空气中微生物类型与地面生产活动有密切关系，在污水处理厂的空气中主要是克雷白杆菌、芽孢杆菌、黄杆菌、链球菌和微球菌；乳品厂附近的空气主要是链球菌；食品加工厂空气中的微生物主要来自冲洗设备和喷雾所产生的气溶胶及操作人员产生的气溶胶，另外还来自移动原料、设备、人员走动所造成的菌尘。空气中的病原微生物主要来源于人及动物呼吸道、地面产生的尘埃等，如结核杆菌、金黄色葡萄球菌等一些呼吸道疾病的病原菌可随患者口腔喷出的飞沫小滴散布于空气中。

加强空气净化是防止食品污染的重要措施。食品加工厂的空气可以通过过滤而除去灰尘和微生物。城市植树绿化在洁净空气方面也起着很大作用，它可以阻滞90%的灰尘，空气中的细菌数可减少到1/3～1/9，因此在食品加工厂植树绿化十分重要。另外，使用臭氧发生器可以进行空间消毒，减少空气中的微生物。

（四）人和动物体中微生物的污染

正常健康的人和动物，在其体表、呼吸道、消化道、泌尿生殖道等均有一定种类和数量的微生物存在，当人或动物被某些病原微生物侵害而发生疫病时，则体内含有大量病原微生物，并能向体外排出。

人体不同部位有不同类型和数量的微生物存在，手和手臂上的细菌主要是八叠球菌、消化球菌、葡萄球菌、芽孢杆菌、假单胞菌和棒状杆菌等，金黄色葡萄球菌也可经常见到。虽然皮肤上的细菌可被水部分洗掉，但不能完全除掉，有些细菌隐藏在汗腺、皮脂腺和毛囊里，很不易被清除。覆盖在皮肤上的毛发也有相当数量的微生物存在，这些部位都起到了散布微生物的作用。健康状况下，人体内部的微生物主要存在于消化道、呼吸道及泌尿生殖道。成人粪便中的细菌主要是厌氧的腐败菌，其数量约为10^{11}个/g，其余是大肠菌类、肠球菌、乳杆菌和少量的葡萄球菌、梭状芽孢杆菌、芽孢杆菌、肠杆菌、假单胞菌、酵母、霉菌和病毒。健康状况下降或患有某种传染病的人是病原微生物的携带者，并在一定时期内向体外排出病原微生物，而成为传染源。人的衣帽能沾染人体和环境中的微生物，起到传播微生物的作用，有些病毒易吸附在纤维上而不易清除。因此，食品厂的工作人员应定期进行健康检查，在食品加工过程中，应尽量减少用手操作，并穿戴洁净的工作服、工作帽，以防止人体的各种微生物污染食品。

动物是食品重要的微生物污染源，在健康畜禽体内均存在数量和种类相对稳定的正常菌群。而且畜禽易受到土壤、水、空气、饲料、分泌物和粪便等的污染，在其体表和肠道有大量的微生物存在，如畜禽皮肤上有细菌10^3～10^9个/cm^2，每克肠内容物含需氧菌可达10^6～10^{11}个；动物肠道中细菌的种类主要是大肠菌类、肠球菌、乳杆菌和双歧杆菌。患有某些传染病的畜禽，其皮毛上还常有各种病原微生物，如炭疽杆菌、布鲁氏菌、结核分枝杆菌和口蹄疫病毒和痘病毒等。这些微生物可以通过屠宰加工等环节直接污染食品，也可通过土壤、水和空气等间接污染食品。除畜禽之外，鼠类和某些昆虫也是食品微生物的重要污染源，如苍蝇的爪上带有大量细菌，经常分离到的有沙门氏菌、志贺氏菌、霍乱弧菌、大肠埃希氏菌等病原菌以及引起食品腐败变质的细菌；鼠类是沙门氏菌的重要传播者。因此，加强人和动物的卫生管理和防蝇灭鼠可以减少食品的微生物污染。

（五）原料及辅料中微生物的污染

食品原料种类繁多，来源各异，有动物性的，也有植物性的。这些原料在其种植或养殖过程中可能受到某些微生物的污染（内源性污染），同时在原料的运输销售过程中也存在污染（外源性污染）的可能，因此，食品原料的卫生质量是食品卫生质量的关键。另外，食品的品质还受辅料的影响，辅料虽然占食品总量的一小部分，但这些成分往往带有大量微生物。如调料中需氧菌可达10^8个/g，并有需氧菌和厌氧菌的芽孢；在一块姜上可有4 800万个细菌营养体，1 200万个酵母和霉菌，2 600万个需氧芽孢，72万个厌氧芽孢；有人对黑胡椒、姜和辣椒进行了细菌检查，发现细菌含量都超过了 10^6 个/g。因此，为了保证食品的卫生质量，必须对辅料进行微生物检查，其微生物学标准应符合国家的有关规定。

（六）器具和包装材料上微生物的污染

食品加工厂的器具一般是由金属、橡胶和塑料等制成的，这些材料本身没有微生物生活所需的营养物质，不利于微生物的生存。但在使用过程中，食品颗粒或汁液会残留在食品器具表面，如果残留的食品没有被清洗除去，就为微生物的生活提供了条件，因此，食品器具上也有大量的微生物存在，是食品重要污染源之一，特别是与腐败食品或被病原微生物污染的食品接触过的器具。使用过的器具虽然已经过清洗和消毒，肉眼看很干净，但并非绝对无菌，食品器具上的微生物易在凹陷和接头处滞留，因此清洗时要特别注意。

许多研究证明，容器和包装材料是食品的污染源，在食品加工厂用的食品箱都有一定数量的微生物存在，经过清洗看似干净的容器带菌数仍为 11～367 个/cm^2，肉、禽放置在容器内过夜就会受到污染。反复使用的容器比一次性使用的容器带有的微生物更多。用于食品包装的塑料带有电荷，会吸附灰尘或微生物而造成食品污染。虽然包装材料与容器可以防止微生物污染，但它们不能抑制食品中微生物的生长，因此，食品在包装前应尽量减少污染，同时包装材料与容器应有一定的坚固性，以便在食品贮存和运输过程中不致发生破漏而引起再次污染。

三、动物性食品微生物污染的途径

动物性食品污染的途径是多种多样的，食品在生产、加工、运输、贮藏、销售等环节均可受到污染。一般将污染途径分为内源性污染和外源性污染两大类。

（一）内源性污染

内源性污染是动植物在生长发育过程中，由本身带染的生物性或从环境中吸收的化学性或放射性物质而造成的食品污染，又称第一次污染。动物在生活期间，其消化道、上呼吸道和身体表面，总是存在一定类群和一定数量的微生物，这些微生物可以分为三大类，第一类为非致病性和条件致病性微生物，他们长期寄生在动物的特定部位，常见的有大肠埃希氏菌、变形杆菌、假单胞菌、链球菌、产色素杆菌、枯草杆菌及霉菌等。当动物在屠宰前处于不良条件，如长途运输、断食时间过长而造成饥饿、动物饲养密度过大、温度过高或过低等，而引起机体抵抗力下降，这些微生物便可通过各种途径侵入肌肉、肝、肾等器官和组织，使动物组织受到微生物污染而成为食品的污染源。第二类为致病性微生物，动植物体在生长发育过程中若被致病性微生物感染，它们的某些组织器官内在某一特定时期会存在病原微生物，如沙门氏菌、炭疽杆菌、布鲁氏菌、结核分枝杆菌、黄曲霉菌和口蹄疫病毒等，生产上若使用这个时期的动植物组织或动植物产品生产食品，即可造成食品污染。如病牛可带有结核分枝杆菌、布鲁氏菌和口蹄疫病毒等。据美国统计，纽约检查 107 处市售牛乳，16％的乳中有结核分枝杆菌；禽在卵巢内形成蛋黄时，微生物可以侵入蛋黄，禽类感染了某些传染病，病原微生物通过血液循环而侵入卵巢，在蛋黄形成时，即被病原微生物（如鸡白痢沙门氏菌、鸡伤寒沙门氏菌等）所污染。第三类为微生物毒素，有些微生物在适宜条件下，可以在食品或其他基质上生长繁殖并产生毒素，如肉毒梭菌可产生肉毒毒素、葡萄球菌可产生肠毒素，黄曲霉菌常在玉米、花生上生长，并产生黄曲霉毒素。这些毒素可以与微生物一起存在于食品之中，也可以单独污染食品引起食物中毒，特别是微生物毒素单独存在时，由于不能从原食品中检测到产生毒素的微生物而易被忽视。如黄曲霉毒素，它不仅在发霉的植物性食品或食品原料中经常存在，而且可以通过动物饲料污染动物性食品。人一次性摄入大量黄曲霉毒素可引起急性中毒，持续摄入低剂量的黄曲霉毒素则可造成慢性中毒或导致癌症等，因此，应当重视食品中微生物毒素的检验工作。

（二）外源性污染

外源性污染是食品在生产、加工、运输、贮藏和销售等过程中，若不遵守操作规程或不按卫生要求操作，而导致食品受到生物性、化学性或放射性污染，又称第二次污染。其中微生物造成的外源性污染尤为常见。导致食品外源性污染的途径主要有以下几个方面：

1. 通过水、空气和土壤的污染　各种天然水源，包括地下水（井水和泉水）、地表水（湖水、河水、塘水、海水），除含有自然的水栖微生物外，还受周围环境的影响，如生活区污水、医院污物、厕所、动物圈舍等的污染，致使水中出现致病性微生物。食品生产过程中需要大量的水，如果所使用的水含有大量的微生物，尤其是致病性微生物，则必然造成食品的污染，致使发生食物传染或食物中毒。因此，食品生产加工过程中所使用水的卫生质量必须符合《生活饮用水卫生标准》（GB 5749—2006），食品企业建立时，必须考虑具有良好的水源，同时更要严格防止水源的污染。

空气是食品常见的污染途径之一。空气中含有大量的微生物，而且这些微生物的分布极不均匀，易受到气候和周围环境的影响。空气中的微生物主要随着风沙尘土飞扬或沉降而附着在食品上。带有微生物的痰沫、鼻涕与唾液的飞沫，在讲话、咳嗽或打喷嚏时，也可随空气直接或间接地污染食品。此外，空气中的微生物还可以污染水和土壤而间接造成食品的污染。

土壤是自然界微生物存在的主要场所，土壤中除了正常的自养型微生物外，病人和患病动物的排泄物、尸体以及废弃物、污水等可使土壤污染各种致病性微生物。另外，土壤本身还有长期生存的致病性微生物，如肉毒梭状芽孢菌、炭疽杆菌等。食品从生产到食用的某个环节，若与土壤发生直接接触则可被土壤中的微生物所污染，因此食品加工时严禁原料和产品落地。此外，土壤中的微生物还可以通过尘土、雨水等污染空气和水，造成对食品的间接污染。

2. 通过生产加工的污染　食品生产主要以动植物为其原料，生产加工过程对食品的污染是多方面的，几乎每个环节都可能发生污染。如动物皮毛含有大量的微生物，在屠宰时放血、脱毛或剥皮、分割等过程中，微生物可以污染肉尸，或在取内脏时，弄破肠管，则肠道微生物即可污染到肉尸上。又如挤乳过程中，由于挤乳工人的手在挤乳前未经严格清洗和消毒，工作衣帽不清洁，或乳牛的乳房未经彻底清洗消毒等，都可将微生物带入乳汁中。如果挤乳工人是呼吸道或胃肠道传染病的带菌者，则可将病原菌传播到乳汁中去。总之，食品生产过程中的机器设备、不合理的生产工艺流程及操作人员等都可能造成对食品的污染。

3. 通过运输的污染　食品从生产加工到消费之间，要有各种运输手段。在运输过程中，如果运输工具不清洁，甚至装运过腐败物品或不洁的物品，在使用前未经彻底清洗和消毒，即可造成微生物的严重污染。在运输途中，若对食品不能进行良好包装或包装破损，则会受到尘土中微生物的污染。

4. 在保藏过程中的污染 食品在保藏过程中，往往由于环境被微生物污染而造成食品污染。如食品贮放于阴冷潮湿仓库中易发生霉菌滋生，造成霉菌或霉菌毒素污染；易腐性食品在保藏期间由于温度过高而导致微生物大量生长繁殖，引起微生物污染。贮放于露天的食品易受到空气中微生物的污染。因此，食品的保藏必须根据食品的性质、环境条件进行严格选择。

5. 病媒害虫的污染 自然界的许多病媒害虫，如苍蝇、老鼠、蟑螂等均带有大量的微生物，尤其是致病性微生物。例如一只家蝇的体表可达数百万个细菌，其肠道内可含数千万个细菌，另外约8%的苍蝇肠道内带有痢疾杆菌，有时还可带有炭疽杆菌。鼠类的粪、尿中常常有沙门氏菌、钩端螺旋体等病原微生物。因此，食品若被苍蝇、老鼠、蟑螂等病媒害虫叮咬，即可造成微生物污染。

四、动物性食品微生物污染的危害

各种动植物在加工成人类可食用的食品的过程中，可能受到内源性和外源性因素的污染，使食品潜在着某些危害人体健康的因素。因食用某种食品而引起的疾病称为食源性疾病，即通过摄食进入人体内的各种致病因子引起的具有感染性或中毒性的一类疾病。

食源性疾病是一个巨大并不断扩大的公共卫生问题，目前全球食源性疾病不断增长，其原因：一是通过自然选择造成微生物的变异，产生了新的病原体，如在人和动物的治疗中使用抗生素药物以后，选择性存活的病原菌株产生了抗药性，对人类造成新的威胁（变态反应与过敏反应）；另一方面是由于新的知识和分析鉴定技术的建立，对已广泛分布多年的疾病及其病原体获得了新的认识。

2011年第二季度，中国疾病预防控制中心网络直报系统共收到全国食物中毒事件报告57起，中毒2 658人，其中死亡29人。食源性疾病因食品中致病因素不同而表现出不同的性质和特征，一般可将食源性疾病分为食物传染、食物中毒及“三致”作用。在食源性疾病中，微生物对食品的污染是重要的因素。有资料显示，各地上报的重大食物中毒事件中，微生物性食物中毒发病人数最多，占总中毒人数的43.8%；化学性食物中毒的报告起数和死亡人数均为最多，分别占总数的45.2%和55.7%。

（一）食物传染

食物传染是指通过接触或食用某种食品而引起人类某种传染性疾病，或通过食品原料及副产品而引起动物发生某种传染性疾病。食物传染主要指动物性食品传染，在动物性食品中，人兽共患传染病的病原微生物是最主要的卫生问题。患有人兽共患传染病的动物在屠宰、加工、贮藏、运输和销售等环节中，可直接或间接地把病原微生物经由动物性食品传播给人或其他动物，而造成疫区扩大和疾病流行，危害人类健康和畜牧业生产。如结核病，人类除自身传染外，结核病牛亦是人结核病的重要传染源，人类可以通过食用未经彻底加热的牛肉及未经严格消毒的牛奶而感染结核。1987年因食用不卫生的毛蚶引起上海近30万人感染甲型肝炎病毒，死亡11人，成为轰动全国的一起严重的食源性病毒感染事件，这是由于毛蚶生长水域污染了大量的甲肝病毒造成的。2005 年发生在我国四川资阳地区的人感染猪链球菌事件，就是人们吃了患链球菌病死亡的猪肉造成的。美国疾病控制与预防中心的一项统计资料显示，美国 2000 年有 7 600 万人因食品污染原因而致病，导致 32.5 万人住院治疗，5 000 人死亡。其中大肠埃希氏菌 O157 在美国每年可造成 2 万人生病，250～500 人死亡。2011 年 5 月德国发生大肠埃希氏菌 O157 中毒事件，感染人数超过 1 500 例，死亡 16 人，原因是黄瓜污染了大肠埃希氏菌 O157 所致。另外，人兽共患传染病和动物固有传染病的病原微生物都可能通过食品原料或食品副产品在动物之间相互传播，如口蹄疫、猪瘟、兔病毒性出血症和鸡传染性法氏囊病等。人兽共患传染病在各个国家的危害性因地区而有所不同，常见的人兽共患传染病有：炭疽、破伤风、肉毒毒素中毒、土拉杆菌病、布鲁氏菌病、钩端螺旋体病、念珠菌病、衣原体病、Q 热、口蹄疫、日本乙型脑炎、狂犬病和轮状病毒病等。

据不完全统计，我国有人兽共患病 196 种，其中大部分是人兽共患传染病。人兽共患病不仅可通过食品传染给人，危害人类健康，而且可因畜产品及其废弃物的处理不当，造成动物疫病流行，严重影响畜牧业发展和食品资源的利用。因此，为了保障人类的健康，促进畜牧业的发展和食品工业的发展，必须加强对食品的卫生监督与检验，以防止食物传染的发生。

（二）食物中毒

食物中毒是指健康的人经口摄入正常数量的可食状态的食品后，所引起的以急性过程为主的疾病的总称。食品中污染了某些中毒性微生物或微生物毒素而引起的食物中毒称为微生物性食物中毒。这也是最常见的一类食物中毒。

食物中毒的共同特点是：潜伏期短，来势急剧，短时间内可能有大量病人同时发病；所有病人都有类似的临床表现，并有急性胃肠炎症状；病人在一段时间内都食用过同样食物，发病范围局限于食用该种食物的人群，一旦停止食用这种食物，发病立即停止；发病曲线呈现突然上升又迅速下降的趋势，一般无传染病流行时的余波。

微生物性食物中毒与食品的生产、加工、运输、贮藏、销售过程的中毒性微生物污染有密切关系，常见的中毒性微生物及其毒素有：沙门氏菌、变形杆菌、副溶血性弧菌、致病性大肠埃希氏菌、耶尔森氏菌、金黄色葡萄球菌、蜡样芽孢杆菌、产气荚膜梭菌、志贺氏菌、肉毒毒素和黄曲霉毒素等。其中沙门氏菌在微生物性食物中毒中最为常见，因为沙门氏菌不分解蛋白质，被沙门氏菌污染的食品外观正常，很容易被食用者忽视。

国内外食物中毒事件时有发生，如郑州市 1996 年曾发生了一起因婚宴上食用受到细菌污染的食品而引起 120 多人发生中毒的严重食物中毒事件；1999 年一年之内，海南省中小学校近 300 名学生因食物中毒被送进医院抢救；2001 年 9 月 4 日，吉林省吉化公司所属的 12 所中小学校 10 872 名学生饮用某公司生产的细菌总数和大肠埃希氏菌严重超标的豆奶造成6 362名学生中毒；2008 年 10 月 4 日晚，绍兴国际大酒店为 3 对新人举办婚宴，就餐人数 860 人，当晚 9 点 30 分始陆续有人去医院就诊，分别出现呕吐、腹痛、腹泻等胃肠炎症状，中毒 94 人，原因是副溶血性弧菌污染食品引起的食物中毒；1996 年 7 月日本发生的致病性大肠埃希氏菌 O157 食物中毒，与生食蔬菜有关，造成 9 017 人中毒，10 人死亡；同年，韩国在牛肝中也发现了 O157 大肠埃希氏菌；1998 年，日本近 15 000 人因饮用金黄色葡萄球菌污染的牛乳而中毒。

据世界卫生组织食品卫生微生物学专家委员会报道，至少有150种霉菌在适宜条件下，于某些食物中生长时会产生对人兽有毒的霉菌毒素，研究最多的霉菌毒素是黄曲霉毒素，有些霉菌毒素还可引起麦角中毒或营养中毒性白细胞缺乏症等。微生物性食物中毒和其他食物中毒一样，严重的可引起死亡，轻的经即时抢救治疗可以康复，但婴幼儿发生食物中毒，往往因消化吸收障碍造成营养缺乏而影响生长发育。

（三）"三致"作用

微生物对食品的污染除引起食物传染和食物中毒外，还具有致癌、致畸、致突变即"三致"作用。引起"三致"作用的物质主要是微生物毒素，常见的有霉菌毒素如黄曲霉毒素、肉毒毒素、肠毒素和内毒素等，这些微生物毒素污染食品的量大时即发生食物中毒，若污染量小而长期摄入，则可导致"三致"发生。

动物实验证明，微量持续摄入黄曲霉毒素时，可造成生长障碍，引起纤维性病变，致使纤维组织增生。黄曲霉毒素的致癌力是目前已知的最强的致癌物之一，比"六六六"强1万倍，比二甲基亚硝胺诱发肝癌的能力大75倍，比二甲基偶氮苯强900倍。黄曲霉毒素可诱发胃癌、肾癌、泪腺癌、直肠癌、乳腺癌、卵巢及小肠等部位的肿瘤。此外，还能引起染色体畸变和DNA损伤，发生畸胎。我国与部分亚非国家的肝癌流行病学调查资料发现，凡肝癌发病率高的地区，人类食物中黄曲霉毒素污染严重，且实际摄入量也高。

我国和世界上许多国家都对食品中黄曲霉毒素的含量作了限量，我国食品卫生标准中规定玉米、花生仁、花生油、玉米及花生仁制品（按原料折算）不得超过20μg/kg，大米及其他食用油不得超过10μg/kg，其他粮食、豆类、发酵食品不得超过5μg/kg，婴儿代乳食品不得检出黄曲霉毒素。世界卫生组织（WHO）和联合国粮农组织（FAO）建议，所有食品中黄曲霉毒素的总量不得超过30μg/kg。

动物性食品中的黄曲霉毒素主要是通过被污染的饲料而来的，并在动物体内产生生物富集作用。因此，严禁用霉变饲料饲喂动物。

五、动物性食品微生物污染的控制措施

动物性食品在加工前、加工过程中和加工后，都容易受到微生物的污染。如果不采取相应的措施加以预防和控制，那么食品的卫生质量势必要受到影响。

为了提高食品的卫生质量，确保食品的安全性，不仅要求食品的原料中所含的微生物降到最少的程度，而且要求在加工过程中和在加工后的贮藏、销售等环节不再或非常少受到微生物的污染。要达到这样的要求，必须采取相应的措施。

（一）防止食品原料的污染

食品原料在其生产过程中极易受到内源性污染，直接影响食品的卫生质量与安全性。防止原料污染要做到：

（1）提高食用动物的健康水平，防止人兽共患病及其他疾病的发生。

（2）建立无规定动物疫病区，减少某些病原微生物的污染。

（3）加强环境保护与治理，减少内源性污染。

（4）做好动物宰前管理和检验工作，确保食品原料的卫生质量。

（二）防止食品生产加工过程中的污染

食品生产只有在良好的卫生环境中进行，才能有效地防止微生物的污染。所以食品生产过程的卫生管理，直接关系到食品的微生物控制的效果，应引起高度重视。同时食品加工企业应积极采用国际质量标准进行生产加工。防止加工过程污染主要有以下几个方面：

（1）建立健全各种卫生制度，严格遵守卫生操作规程。

（2）加强食品生产过程中的卫生检测，经常或定期对食品进行采样化验。

（3）生产用的水必须符合生活饮用水卫生标准，若因条件限制使用地下水或湖水时，必须经卫生防疫部门检验合格后方可使用。

（4）清洁车间，及时消毒。做好粪便、污水和垃圾卫生管理工作，减少对食品的污染机会。

（5）从业人员应注意个人卫生，养成良好的卫生习惯，并应定期进行健康检查。

（6）食品生产工艺合理，尽量实行生产连续化、自动化和密闭化工艺，减少人为因素的污染。

（三）防止食品贮藏和流通环节的污染

（1）食品原料或成品的运输工具和贮藏场所，在使用前、后必须经过清洗和消毒。

（2）食品贮藏和流通环节要有防尘、防热设备。对于易腐败和变质的食品，应有冷藏设备。

（3）严禁与腐败变质食品及化学物品、农药等混合装运。

（4）直接供食用的熟食品，要有高度洁净的专用运输工具，以避免第二次污染。

（5）防止产品积压，注意食品包装完整，防止包装破损。

（6）食品贮藏和流通期间要有防尘、防蝇和防鼠害等设施。

（四）其他措施

1. 定期开展情报和技术交流　食品卫生执法机构应定期通报情报，经常收集汇总所管辖地区在食品卫生方面存在的问题，收集和迅速散发食源性疾病的流行病学资料。积极开展技术合作，建立和推广适宜的新技术，提高食品卫生检验的灵敏度和准确性。定期开展技术培训，提高检验人员的业务能力和技术水平。

2. 适当采取政府干预措施　对于有严重危害人类健康和公共卫生的食品生产企业，政府要强令其停业整顿，吊销营业执照，限期改进，待达到卫生标准后方可重新生产。对于某些不符合卫生标准的食品，要利用新闻媒介予以曝光，让广大消费者谨慎购买，促使企业改进卫生状况。

3. 加强食品安全的宣传教育，提高人们对食品安全的认识　食品安全问题是关系全人类的健康的重要问题，食品安全质量的真正提高要依靠全人类的共同努力，与人类的文化素质有着密切的关系。因此，应开展关于食品安全的群众教育宣传工作，包括针对基层、家庭和学龄儿童的教育活动。编写供饭店、餐馆和类似部门食品加工人员阅读的教育材料，以便在生产和服务过程中参考使用。

4. 严格执法 严格执行国家颁布的法律、法规、政策条例以及各地区制定的各种规定和卫生要求，建立健全各种监督机构及监督机制，如各地的动物卫生监督机构、疾病预防控制中心和食品药品监督管理局等是主要的食品安全执法机构，近年来执行的市场准入制度、产品质量认证制度等都是对食品质量的监控措施。

拓展与提升

一、食品从业人员健康管理

（1）食品生产经营者应当建立并执行从业人员健康管理制度。患有痢疾、伤寒、病毒性肝炎等消化道传染病的人员，以及患有活动性肺结核、化脓性或者渗出性皮肤病等有碍食品安全卫生疾病的人员，不得从事接触直接入口食品的工作。

（2）食品生产经营人员应当进行健康检查，取得健康证明后方可参加工作。

（3）凡从事食品经营工作的人员必须经岗前卫生知识、业务技能培训，合格者并持有效健康证明方可上岗，且每年进行健康检查，定期进行食品安全和有关卫生法律、法规、业务技能的培训。

（4）新上岗和临时参加工作的食品经营人员必须进行健康检查，上岗前进行相关的食品知识、法律、法规、业务技能的培训。

（5）上岗时必须穿戴统一整洁的工作服，不能佩带首饰、假发、假睫毛、假指甲、戒指、喷洒香水、化妆、涂抹指甲油；离开工作岗位时，更换下工作服，不得将工作服穿离工作岗位；工作服及工作帽应经常换洗，保持清洁、干净无污垢。

（6）上班时不能在工作岗位上嚼口香糖、进食和吸烟，私人物品、食品必须存放在指定的区域或更衣室内，不可放置在工作区内。

（7）必须注意个人清洁卫生，常洗澡、换衣、修剪指甲、洗发，做到个人仪表整洁。

（8）符合国家、省级有关部门规定的其他要求。

二、食品生产用水卫生标准

食品加工企业水质的好坏直接影响着其产品的卫生质量。食品加工企业用水应定期进行自检，并接受当地疾病预防控制中心的监督检查，供水应符合《生活饮用水卫生标准》（GB 5749—2006），其中微生物指标按《生活饮用水标准检验方法》（GB/T 5750.12—2006）进行检验。食品生产用水常采用氯化消毒，可以使用有自动释放装置的加氯器进行消毒。氯化消毒不但降低水中的细菌含量，还具有氧化有机物和某些盐类及驱除供水气味的作用。

1. 水源 食品加工企业的用水应来自于政府部门认可的供水公司，或食品加工厂自备的水井。供水公司的水质一般是安全的，卫生监督重点要放在保持水的清洁上。自备井水质要做必要的检查和评价，以便排除污染源。

2. 物理性状 应清净、无沉淀、透明、无色、无味，不应含有令人厌恶的异味和异臭。

3. 化学性质 供水不应含有任何对饮用者有损害的化学杂质和对供水系统有极度腐蚀性的物质。用于消毒水的化学药剂的浓度不得超过规定标准。

4. 细菌污染 供水的含菌量应符合国家卫生标准，不得含有病原微生物。其中菌落总数不得超过 100 个/mL，总大肠菌群、耐热大肠菌群、大肠埃希氏菌均不得检出。当水样检出总大肠菌群时，应进一步检验大肠埃希氏菌或耐热大肠菌群；水样未检出总大肠菌群，不必检验大肠埃希氏菌或耐热大肠菌群。

复习与思考

1. 解释下列名词：食品污染、生物性污染、外源性污染、内源性污染、食物中毒、食源性疾病、食物传染。

2. 动物性食品污染按污染物性质分为哪三类？

3. 生物性污染包括哪些方面的污染？

4. 患有哪些疾病的人不得直接从事食品生产、经营等工作？

5. 简述动物性食品微生物污染的危害。

6. 控制动物性食品污染的措施有哪些？

项目二

食品的腐败变质与控制

项目指南

动物性食品在生产、销售和贮藏等过程中如不采取预防微生物污染的措施，就会发生腐败变质现象。食品的化学变化和生物化学反应均能引起食品的腐败变质，但食品的腐败变质主要是由食品内酶的活动和微生物生长引起的。微生物无处不在，空气、水、土壤和人体表面等都有微生物，食品及其原料含有多种多样的微生物，在贮藏和加工过程中会生长繁殖而引起食品的腐败变质。食品的腐败变质不仅造成巨大的经济损失，而且可能给人类的健康带来严重危害，如食物中毒和食源性疾病。因此，本项目主要内容是掌握食品腐败变质与发酵的基本概念；了解食品腐败变质的机理和主要生物化学过程及产物；了解食品腐败变质的常见种类；掌握影响食品腐败变质的因素；明确食品腐败变质的危害；明确有效预防和控制食品腐败变质的措施。本项目重点是食品腐败变质的影响因素，预防和控制食品腐败变质应采取的措施。难点是食品腐败变质发生的机理及主要生物化学过程和产物。

通过本项目的学习，食品微生物检验人员必须明确腐败变质食品对人类的危害，加强对腐败变质食品的检验，严禁其上市销售。食品加工企业为保障其产品质量，在实际生产中常实行产品认证措施，如 HACCP 体系认证和微生物危害控制与风险评估等。同时了解细菌相与食品卫生的关系等相关知识。

认知与解读

一、食品腐败变质与发酵

（一）腐败变质

1. 腐败　狭义的腐败是指食品中的蛋白质受腐败细菌产生的蛋白质分解酶的作用而被分解，依次向低分子化合物降解下去，生成各种有毒物质和不愉快气味物质的过程。在氧气供给充足的环境中发生好氧性细菌引起的蛋白质氧化分解，比厌氧状态下的蛋白质分解更为迅速。

广义的腐败是指动植物组织由于微生物的侵入和繁殖而被分解，从而转变为低级化合物的过程。有时厌氧分解糖类、脂肪产生乙酸、丙酮、丁醇、异丙醇等具有异味的物质，这时的分解作用称酸败（腐败的一种）。

2. 变质　变质即品质变化。物理、化学或生物因素的作用使食品的化学组成和感官指标等品质发生改变的过程称为变质或品质变化，一般指有害的变化，有时也泛指有益或有害的变化。也有人把微生物分解食品中糖类、脂肪的过程称为变质，此时产生的有害物质较少。把含脂肪或脂肪量高的食品因细菌的作用被分解而发生变化的现象称为狭义的变质。

食品的腐败变质（food spoilage）一般是指食品在一定的环境因素影响下，由微生物为主的多种因素作用所发生的食品失去或降低食用价值的一切变化，包括食品成分和感官性质的各种变化，如鱼肉的腐臭、油脂的酸败、水果蔬菜的腐烂和粮食的霉变等。

食品的腐败变质是食品卫生检验中经常且普遍遇到的实际问题，因此我们必须掌握食品腐败变质的规律，以便采取有效的控制措施。

（二）发酵

狭义的发酵是指微生物在无氧条件下分解糖类（蔗糖、淀粉类等）产生各种有机酸（乳酸、乙酸等）和乙醇等产物的过程。

广义的发酵是指人类利用微生物或微生物的成分（如酶）等产生各种产品的有益过程。只要是利用微生物生产的产品，均属于发酵的范围。如乙酸、丙酮、丁醇、氨基酸和酶制剂等的生产就属于广义的发酵，由发酵而生产的食品称为发酵食品。发酵过程中有时也会使食品原料受到损害或使风味减少，但一般来说产生的有害作用较小。

（三）腐败变质与发酵的比较

腐败变质与发酵从微生物学的观点看都是微生物物质代谢的结果。区别是：如对人类有益则称之为发酵，无益的则称之为腐败变质。因此，腐败变质与发酵是站在经济的、卫生的观点上人为区分的。例如牛乳由环境污染细菌产生乳酸等而酸化，发生凝固现象，通常称之为腐败变质；然而向牛乳中接种乳酸菌而制成发酵乳和乳酸饮料，由于对人类有益，故称之为发酵。

二、食品腐败变质的影响因素

食品的腐败变质与食品本身的性质、微生物的种类和数量以及当时所处的环境因素都有着密切的关系，它们综合作用的结果决定着食品是否发生变质以及变质的程度。

（一）微生物

在食品腐败变质的过程中，微生物起着决定性的作用。如果某一食品经过彻底灭菌或除菌，不含活体微生物，那么不会发生腐败。反之，如果某一食品，污染了微生物，一旦条件适宜，就会发生腐败变质。所以说，微生物的污染是导致食品发生腐败变质的根源。

能引起食品发生变质的微生物种类很多，主要有细菌、酵母和霉菌。

1. 细菌　一般细菌都有分解蛋白质的能力。多数是通过分泌胞外蛋白酶和肽链内切酶来完成。其中分解能力较强的属有：芽孢杆菌属、假单胞菌属和变形杆菌属等。分解淀粉的细菌种类不及分解蛋白质的种类多，其中只有少数菌种能力较强。例如引起米饭发酵、面包黏液化的主要菌种是枯草芽孢杆菌、巨大芽孢杆菌、马铃薯芽孢杆菌。分解脂肪能力较强的细菌有荧光假单胞菌等。

从食品腐败变质的角度来讲，以下几属的细菌应引起注意。

(1) 假单胞菌属。引起食品腐败变质的主要菌属，能分解食品中的各种成分，并使食品产生各种色素。

(2) 微球菌属和葡萄球菌属。食品中极为常见，主要分解食品中的糖类，并能产生色素，是低温条件下的主要腐败菌。

(3) 芽孢杆菌属和梭状芽孢杆菌属。分布广泛，食品中常见，是肉、鱼类主要的腐败菌。

(4) 肠杆菌科各属。除志贺氏菌属与沙门氏菌属外，均为常见的食品腐败菌。多见于水产品和肉、蛋的腐败。

(5) 弧菌属和黄杆菌属。主要来自海水或淡水。在低温环境和含5%食盐的环境中可生长，在鱼类食品中常见。黄杆菌还能产生色素。

(6) 嗜盐杆菌属和嗜盐球菌属。在高浓度（28%～32%）食盐的环境中可生长，多见于腌制的咸肉、咸鱼中，可产生橙红色素。

(7) 乳杆菌属和丙酸杆菌属。主要存在于乳品中使其产酸变质。

2. 霉菌 霉菌生长所需要的水分活性（即Aw）较细菌低，所以在水分活性较低的食品中霉菌比细菌更易引起食品的腐败。霉菌利用分解有机物的能力很强，无论是蛋白质、脂肪还是糖类，都有很多种霉菌能将其分解利用，如根霉菌、毛霉菌、曲霉菌、青霉菌等霉菌既能分解蛋白质，又能分解脂肪或糖类。也有些霉菌只对某些物质分解能力较强，例如绿色木霉分解纤维素的能力特别强。

造成食品腐败变质的霉菌以曲霉菌和青霉菌属为主，是食品霉变的前兆。根霉菌和毛霉菌的出现往往表示食品已经霉变。

3. 酵母 酵母一般喜欢生活在含糖量较高或含一定盐分的食品上，但不能利用淀粉。大多数酵母具有利用有机酸的能力，但是分解利用蛋白质、脂肪的能力很弱，只有少数较强。例如解脂假丝酵母的蛋白酶、解脂酶活性较强。

酵母菌可耐高浓度的糖，可使糖浆和蜜饯等食品腐败变质。红酵母可在肉类及酸性食品上产生色素，形成红斑。

微生物能引起食品的腐败变质，食品中占优势的微生物能产生选择性分解食品中特定成分的酶，从而使食品发生带有一定特点的腐败变质。如细菌中的芽孢杆菌属、假单胞菌属和变形杆菌属等主要分解食品中的蛋白质；荧光假单胞菌属、无色杆菌属和产碱杆菌属等主要利用食品中的脂肪；枯草芽孢杆菌、马铃薯芽孢杆菌和丁酸梭菌等主要分解食品中的糖类；有些细菌还可使食品变黏、发光及变色。

酵母菌中的酵母菌属能发酵高浓度的糖类食品；汉逊酵母属、毕赤酵母属等可分解酸性食品中的有机酸或氧化酒中的酒精或使高盐食品变质；红酵母属可同化食品中的某些糖类而在食品上形成红斑。

霉菌能引起富含糖类的粮食、蔬菜和水果等植物性食品的霉变。

表2-1 部分常见食品的腐败类型和引起腐败的微生物

食品	腐败类型	微生物
新鲜肉	腐败变臭	产碱菌属、梭菌属、普通变形菌、荧光假单胞菌
	变黑	腐败假单胞菌
	发霉	曲霉属、根霉属、青霉属

（续）

食品	腐败类型	微生物
冷藏肉	变酸	假单胞菌属、微球菌属、乳杆菌属
	变绿色、变黏	明串珠菌属
鱼	变色	假单胞菌属
	腐败	产碱菌属、黄杆菌属、腐败桑瓦拉菌
蛋	绿色腐败、褐色腐败	荧光假单胞菌、假单胞菌属、产碱菌属
	黑色腐败	变形菌属
家禽	变黏、有气味	假单胞菌属、产碱菌属
浓缩橘汁	失去风味	乳杆菌属、明串珠菌属、醋杆菌属
面包	发霉	黑根霉、青霉属、黑曲霉
	产生黏液	枯草芽孢杆菌
新鲜水果和蔬菜	软腐	根霉属、欧文氏菌属
	灰色腐烂	葡萄霉孢属
	黑色腐烂	黑曲霉、假单胞菌属
泡菜、酸菜	表面出现白膜	红酵母属
糖浆	产生黏液	产气肠杆菌、酵母属
	发酵	接合酵母属
	呈粉红色	玫瑰色微球菌
	发霉	曲霉属、青霉属

（二）食品的理化特性

食品的理化性质包括营养组成、基质条件、完整性和食品的种类。

1. 营养组成　食品含有蛋白质、糖类、脂肪、无机盐和维生素等丰富的营养物质，不仅可供人类食用，而且也是微生物的良好营养源。微生物污染食品后容易在其中生长繁殖。

某些食品富含蛋白质，如肉、鱼等，某些食品含糖类较高，如米饭等粮食制品，如果污染了微生物，则容易发生腐败。

2. 基质条件　食品的基质条件，通常包括氢离子浓度、渗透压和水分含量等。

（1）氢离子浓度。各种食品都具有一定的氢离子浓度，例如动物食品的 pH 一般在 5～7，蔬菜 pH 一般在 5～6，水果一般在 2～5。

根据食品 pH 范围的特点，可将所有食品划分为两大类：酸性食品和非酸性食品。一般规定，凡 pH 在 4.5 以上者，属于非酸性食品。pH 在 4.5 以下者为酸性食品。几乎所有的水果为酸性食品，几乎所有的动物性食品和大多数蔬菜是非酸性食品。

食品 pH 高低是制约微生物生长、影响食品腐败变质的重要因素之一。一般细菌最适宜 pH 下限在 4～5，因而非酸性食品是适合于多数细菌生长的。而酸性食品则主要适合于酵母和霉菌的生长，某些耐酸细菌如乳杆菌属（最适 pH 为 3.3～4.0）也能在酸性食品中生长。

（2）水分。一般来说，含水分多的食品，微生物容易生长；含水分少的食品，微生物不易生长。食品中微生物能利用的水分只能是游离水。食品中游离水的多少常用水分活性

（Aw）表示。表2-2中列出了不同水分活性的食品及对应的可生长微生物的主要种类。如果某食品的Aw在0.50以下，则微生物不能生长；若在0.60以上，则污染的微生物容易生长繁殖而造成食品的腐败变质。

表2-2 食品的水分活性与微生物的生长

Aw	低于此范围Aw所能抑制的微生物	相对应食品
1.00～0.95	假单胞菌、大肠埃希氏菌、变形杆菌、部分酵母、志贺氏菌、克氏杆菌、芽孢杆菌、产气荚膜梭菌	新鲜豆腐食品；果蔬、鱼、肉、奶和罐头；熟香肠、面包；含44%以下蔗糖或8%以下食盐的食物
0.95～0.91	沙门氏菌、副溶血性弧菌、肉毒梭状芽孢杆菌、乳杆菌、沙雷氏杆菌、小球菌、部分霉菌、酵母类	一些干酪；熏肉、火腿；一些浓缩果汁；含糖44%～59%或含盐8%～14%的食物
0.91～0.87	多数酵母（如假丝酵母、圆酵母、汉逊氏酵母）、微球菌属	发酵香肠；松软糕点；较干干酪；人造奶油；含糖59%或含盐15%以上的食物
0.87～0.80	多数霉菌、金黄色葡萄球菌、多数酵母、德氏酵母	多数浓缩果汁、甜炼乳、巧克力糖浆、枫糖浆和果糖浆、面粉、大米、水果蛋糕、含水分15%～17%的食品、干火腿、高油饼
0.80～0.75	多数嗜盐菌、产毒素曲霉	果酱、橘子果汁、杏仁软糖、糖渍凉果、一些棉花糖
0.75～0.65	嗜干霉菌、二孢酵母	含水分燕麦片、颗粒牛轧糖、棉花糖、啫喱糖、糖蜜、甘蔗糖、一些干果、坚果类
0.65～0.60	耐高渗酵母、少数霉菌	含水分15%～20%的干果、蜂蜜
0.50以下	微生物不能生长繁殖	含水分12%的面条、含水分10%的香料、含水分5%的全蛋粉

（3）渗透压。不同食品的渗透压不同。绝大多数微生物在低渗透压的食品中能够生长，在高渗透压的食品中，各种微生物的适应状况不同。多数霉菌和少数酵母能耐受较高的渗透压，绝大多数细菌不能在较高渗透压的食品中生长。在高渗透压食品中微生物生存的时间与微生物的种类有关，如少数细菌能适应较高的渗透压，但其耐受能力远不如霉菌和酵母。

3. 完整性 食品完好无损，则不易发生腐败变质。例如没有破损的马铃薯、苹果等，可以放置较长的时间。如果食品组织破溃或细胞膜碎裂，则易受到微生物的污染，容易发生腐败变质。

4. 食品的种类 根据食品腐败变质的难易程度可以把食品分为以下类型。

（1）易保存的食品。包括一般不会腐败的天然食品，如盐、糖、干豆类和部分谷物、小麦粉、精制淀粉等；具有完全包装或固定贮藏场所的食品，如罐头、部分酸性和瓶装罐头、干燥米、冷冻食品、包装的干燥粉末食品和蒸馏酒类等。

（2）较易保存的食品。包括由于适当的处理和适当的贮藏，相当长时间不腐败变质的天然食品，如坚果、个别品种的苹果、土豆和部分谷物；未包装的干燥食品，例如晾干后贮藏的米饭，干紫菜、蘑菇、部分干鱼、干燥贝类等，根菜类、盐渍食品、糖渍食品、部分发酵食品，挂面、火腿、腊肉、某些腊肠（意大利风味香肠）、醋腌食品、咸菜类。

（3）易腐败变质的食品。系指不采取特别保存方法（冷藏、冷冻、使用防腐剂等）而容易腐败变质的食品，大部分天然食品属于这一类。包括畜肉类、禽肉类、鲜鱼类、鲜贝类、蛋类和牛乳等动物性蛋白食品，大部分水果和蔬菜等植物性生鲜食品；鱼类和贝类及肉的烹调食品、开过罐的罐头食品、米饭、面包和面类食品，鱼肉糊馅制品、馅类食品、水煮土豆、盒饭快餐、色拉类、凉拌菜等大部分日常食品。

（三）环境因素

微生物在适宜的环境（如温度、湿度、阳光和水分等）条件下，会迅速生长繁殖，使食品发生腐败变质。

1. 温度和湿度　食品在温度和湿度较高的环境中存放，可加速微生物的生长繁殖。特别在温度25～40℃、相对湿度超过70%时，是大多数嗜温微生物生长繁殖最适宜的条件。富含蛋白质的鱼、肉、蛋、豆类制品等食品在这种环境中存放，则很快会发黏、发霉、变色、变味，甚至发臭。

2. 其他　阳光、空气、紫外线、氧的作用可促进油脂氧化和酸败。空气中的氧气可促进好氧性腐败菌的生长繁殖，从而加速食品的腐败变质。

三、食品腐败变质的主要生物化学过程及其产物

食品的腐败变质实质上是食品中蛋白质、糖类、脂肪等营养成分的分解变化的过程，其程度因食品的种类、微生物的种类和数量以及其他条件的影响而异。由于食品营养成分的分解代谢过程和形成的产物十分复杂，因此建立食品腐败变质的定量检测尚有一定的难度，这里只是定性地加以介绍。

（一）蛋白质类食品的腐败变质

肉、鱼、禽、蛋及其他含蛋白质较多的食品，主要是以蛋白质分解为其腐败变质的主要特征。蛋白质受到食品中动植物组织酶以及微生物酶作用。由于蛋白质分解酶（如肽链内切酶）的作用首先分解为肽，再经过断链分解为氨基酸，氨基酸在相应酶的作用下，通过各种方式分解，生成醇、胺、氨或硫醇等各种产物，这时即开始表现出食品腐败的特征。

1. 氨基酸的分解　氨基酸通过脱氨基、脱羧基被分解。

（1）脱氨反应。在氨基酸脱氨反应中，通过氧化脱氨生成羧酸和α-酮酸，直接脱氨则生成不饱和脂肪酸，若还原脱氨生成有机酸。

$$\underset{\text{氨基酸}}{RCH_2CHNH_2COOH}+O_2 \longrightarrow \underset{\text{酮酸}}{RCH_2COCOOH}+NH_3$$

$$\underset{\text{氨基酸}}{RCH_2CHNH_2COOH}+O_2 \longrightarrow \underset{\text{羧酸}}{RCOOH}+NH_3+CO_2$$

$$\underset{\text{氨基酸}}{RCH_2CHNH_2COOH} \longrightarrow \underset{\text{不饱和脂肪酸}}{RCH=CHCOOH}+NH_3$$

$$\underset{\text{氨基酸}}{RCH_2CHNH_2COOH}+H_2 \longrightarrow \underset{\text{有机酸}}{RCH_2CH_2COOH}+NH_3$$

（2）脱羧反应。氨基酸脱羧基生成胺类。

$$CH_2NH_2COOH \longrightarrow CH_3NH_2 + NH_3$$

甘氨酸　　　　甲胺

$$CH_2NH_2(CH_2)_2CHNH_2COOH \longrightarrow CH_2NH_2(CH_2)_2CH_2NH_2 + CO_2$$

鸟氨酸　　　　腐胺

$$CH_2NH_2(CH_2)_3CHNH_2COOH \longrightarrow CH_2NH_2(CH_2)_3CH_2NH_2 + CO_2$$

精氨酸　　　　尸胺

（3）脱氨脱羧同时进行。通过加水分解、氧化和还原等方式生成醇、脂肪酸、碳氢化合物和氨、二氧化碳。

$$(CH_3)_2CHCHNH_2COOH + H_2O \longrightarrow (CH_3)_2CHCH_2OH + NH_3 + CO_2$$

缬氨酸　　　　异丁醇

$$CH_3CHNH_2COOH + O_2 \longrightarrow CH_3COOH + NH_3 + CO_2$$

丙氨酸　　　　乙酸

$$CH_2NH_2COOH + H_2 \longrightarrow CH_4 + NH_3 + CO_2$$

甘氨酸　　　　甲烷

2. 胺的分解　腐败中生成的胺类通过细菌的胺氧化酶被分解，最后生成氨、二氧化碳和水。

$$RCH_2NH_2 + O_2 + H_2O \longrightarrow RCHO + H_2O_2 + NH_3$$

胺

过氧化氢通过过氧化氢酶被分解，同时，醛也经过相应酶再分解为二氧化碳和水。

3. 硫醇的生成　硫醇是通过含硫化合物的分解而生成的。例如甲硫氨酸被甲硫氨酸脱硫醇脱氨基酶进行如下分解作用。

$$CH_3SCH_2CHNH_2COOH + H_2O \longrightarrow CH_3SH + NH_3 + CH_3CH_2COCOOH$$

甲硫氨酸　　　　甲硫醇　　　　α-酮酸

4. 三甲胺的生成　鱼贝类、肉类的正常成分三甲胺氧化物被细菌的三甲胺氧化还原生成三甲胺，此时细菌需要一些中间代谢产物（有机酸、糖、氨基酸等）作为供氢体。

$$(CH_3)_3NO + NADH \longrightarrow (CH_3)_3N + NAD^+$$

三甲胺

5. 蛋白质分解造成的食品腐败变质的鉴定　食品腐败变质的鉴定一般是从感官、物理、化学和微生物等四个指标的检测来进行。

（1）感官试验。感官试验是以人的视觉、嗅觉、触觉、味觉来查验食品初期腐败变质的方法，比较简单。食品初期腐败时，产生一种腐败臭（胺臭、氨臭、酒精臭、腐败臭、刺激臭、霉臭、粪便臭、酯臭等），颜色发生变化（褪色、变色、着色、失去光泽等），出现变软、变黏等现象；食品味道淡薄，有异味、无味，有刺激性等。由于感官实验是通过感觉器官得到的，故因人而有差异，虽没有客观标准，但一般还是很灵敏的，特别是通过嗅觉可以判定食品是否有极轻微的腐败变质。人的嗅觉刺激阈值在空气中的浓度（mol/L）为：氨 2.14×10^{-8}、三甲胺 5.01×10^{-9}、硫化氢 1.91×10^{-10}、粪臭素 1.29×10^{-10}。各种变质肉、禽、鱼类的感官鉴别特征见表 2-3。

（2）活菌数的测定和 TTC 试验。检查食品中的活菌数是判定食品腐败的有效方法。发酵食品含有许多微生物，这时不能仅凭活菌数来了解腐败程度。活菌数的测定虽然培养时间长，不方便，但要调查腐败的过程却是不可缺少的。一般食品中的活菌数达到 10^8 个/g 时，

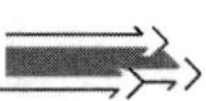

则可认为处于初期腐败阶段。TTC 试验是测定食品中细菌繁殖程度的一种简便的酶化学方法。具体方法为：将 0.2%TTC（2,3,5-氯化三苯四唑）注入食品，如每克样品存在有几百万至几千万及更多细菌时，其脱氢酶使食品中基质物质氧化，TTC 作为氢的接受体而被还原，形成红色的化合物，所以根据变红的程度就可以判别腐败的程度。

表 2-3　各种变质肉、禽、鱼类的感官鉴别特征

	色泽	外表	弹性	气味	肉汤	处理
变质肉	肌肉无光泽，脂肪灰绿色	外表发黏，粘手	弹性差，指压后凹陷不能恢复，留有明显痕迹	有臭味	混浊、有絮状物，并带有臭味	不可食用
变质禽	体表无光泽，颈部常带暗褐色	眼球干缩，凹陷，晶体混浊，角膜无光	弹性差，指压后的凹陷不能恢复，留有明显痕迹	体表和腹腔有恶臭	混浊，有白色或黄色絮状物，脂肪可浮于表面，有腥臭味	不可食用
变质鱼	暗淡无光泽，鳃呈灰褐色	眼球凹陷，角膜混浊，体表有污秽黏液，鳞片脱落不全，有腐臭味	腹部松软、膨隆，肉质松弛，骨肉分离，指压凹陷不能恢复，留有明显痕迹	有臭味	混浊，有腥臭味	不可食用

（3）化学检查法。检查的对象是腐败时产生的氨、胺类等腐败生成物，有时 pH 的变化也可作为参考。

①挥发性盐基总氮（TVBN）：系指肉、鱼类样品浸出液在弱碱性条件下与水蒸气一起蒸馏出来的总氮量，该指标现已列入我国食品卫生标准。通常食品中的挥发性盐基总氮若超过 0.2mg/g，则可判定为初期腐败。

②三甲胺：三甲胺是构成挥发性盐基氮的主要胺类之一，鱼虾等水产品腐败时的常见产物，是季胺类含氮物经微生物还原产生的。新鲜鱼肉中没有三甲胺，初期腐败时，其量可达 0.04～0.06mg/g。

③组胺：在鱼贝类的腐败过程中，通过细菌的组氨脱羧酶使组氨酸脱羧生成组胺。鱼中的组胺达到 0.04～0.1mg/g，就会发生变态反应性的食物中毒。

④pH 的变化：随着食品的腐败，其 pH 发生变化。含糖类多的食品，由于细菌生长使有机物发酵产酸，pH 降低，其他食品则不尽相同。腐败细菌不会使 pH 完全变动。有时还会慢慢上升。一般来说，腐败开始时食品的 pH 略微降低，随后上升，多呈现 V 字形变动。由于食品的种类、加工方法、微生物不同，pH 的变化有很大差别，所以一般不用 pH 作为初期腐败的指标。

（二）脂肪类食品的腐败变质

食用油脂与食品中脂肪的腐败程度，受脂肪的饱和程度、紫外线、氧、水分、天然抗氧化物以及铜、铁、镍等金属离子的影响。油脂本身的脂肪酸不饱和度和油料动植物残渣等，均有促进油脂腐败的作用。油脂腐败的化学反应主要是油脂自身氧化过程，其次是加水水解。油脂的自身氧化基本经过三个阶段。

1. 起始反应 脂肪酸（RH）在能量（如紫外线）作用下产生自由基。

2. 传播反应 自由基使其他基团氧化生成新的自由基，循环往复，不断氧化。

3. 终结反应 在抗氧化物作用下，自由基消失，氧化过程终结，产生一些相应产物。

在这一系列氧化过程中，主要的分解产物是氢过氧化物、羰基化合物如醛类、酮类、低分子脂肪酸、醇类、酯类等，还有如脂肪基聚合物、缩合物等如二聚体、三聚体等。

另一方面，脂肪酸败也包括脂肪的加水分解作用，如脂肪在细菌脂肪酶的作用下加水生成游离脂肪酸、甘油及其不完全分解产物的甘油一酯、甘油二酯等。

$$\underset{\text{油脂（甘油三酯）}}{C_3H_5(OOCR)_3} + 3H_2O \longrightarrow \underset{\text{甘油}}{C_3H_5(OH)_3} + \underset{\text{游离脂肪酸}}{3RCOOH}$$

$$\underset{\text{饱和脂肪酸}}{RCH_2CH_2COOH} + O_2 \longrightarrow \underset{\text{醇酸}}{RCHOHCH_2COOH}$$

$$\underset{\text{醇酸}}{RCHOHCH_2COOH} + O_2 \longrightarrow \underset{\text{酮酸}}{RCOCH_2COOH}$$

$$\underset{\text{酮酸}}{RCOCH_2COOH} \longrightarrow \underset{\text{甲基酮}}{RCOCH_3} + CO_2$$

脂肪自身氧化以及加水分解所产生的复杂分解产物，使食品油脂或食品中脂肪带有若干明显特征：首先是过氧化值上升，这是脂肪腐败最早期的指标，其次是酸度上升，羰基（醛酮）反应阳性。在油脂腐败过程中，脂肪酸的分解必然影响其固有的碘价（值）、凝固点（溶点）、比重、折光指数、皂化价等，使其发生变化。脂肪腐败所特有的“哈喇”味，肉、鱼类食品脂肪变黄，即肉类的超期氧化，鱼类的“油烧”现象，也是油脂腐败鉴定的较为实用的指标。

（三）糖类食品的腐败变质

食品中的糖类包括单糖类、寡聚糖、多糖类及糖类衍生物。含糖类较多的食品主要是粮食、蔬菜、水果、糖类以及这些食品的制品。这类食品在细菌、酵母和霉菌所产生的相应酶作用下发生分解或酵解，生成各种糖类的低级产物，如醇类、羧酸、醛、酮、二氧化碳和水。

1. 醇类发酵 例如酵母、细菌利用糖类能生成乙醇、高级脂肪酸和二氧化碳；耐高渗透压酵母利用糖类会产生甘油；丙酮丁醇梭状芽孢杆菌发酵过程生成丁醇。

2. 羧酸生成 乳酸菌利用糖类发酵乳酸；醋酸杆菌发酵生成乙酸；根霉利用淀粉，发酵产生乳酸和乙醇。

3. 生成醛酮 丙酮丁醇梭状芽孢杆菌发酵过程生成丙酮；酵母酒精发酵中会产生副产物乙醛。

当食品发生以上变化时，由于酸度升高、产气、产生甜味、醇类等气味物质，因而破坏了食品原有的风味。

四、食品腐败变质的常见类型及危害

（一）食品腐败变质的常见类型

食品的腐败变质是一个复杂的生物化学反应过程，涉及食品内酶的作用、污染微生物的生长和代谢，但主要是由于微生物的作用。从腐败变质对食品感官品质的影响来看，食品腐败变质的类型主要有以下六种。

1. 变黏　腐败变质食品变黏主要是由于细菌生长代谢形成的多糖所致，常发生以糖类为主的食品中。常见的使食品变黏的微生物有：黏液产碱杆菌、类产碱杆菌、无色杆菌属、气杆菌属、乳酸杆菌、明串珠菌等，少数酵母也会使食品腐败变黏。

2. 变酸　食品变酸常发生在糖类为主的食品和乳制品中。食品变酸主要是由于腐败微生物生长代谢产酸所致，主要的微生物包括：醋酸菌属、丙酸菌属、假单胞菌属、微球菌属、乳酸链球菌属和乳杆菌属细菌等；少数霉菌如根霉也会利用糖类产酸，从而造成食品腐败变质。

3. 变臭　食品变臭主要是由于细菌分解蛋白质为主的食品产生有机胺、氨气、三甲胺、硫醇和粪臭素等所致。常见的分解蛋白质的细菌有：梭状芽孢杆菌属、变形杆菌属、假单胞菌属、芽孢杆菌属等。

4. 发霉和变色　食品发霉主要发生在糖类为主的食品，主要的微生物有：赤霉菌、柑橘青霉、青霉、毛霉、根霉、曲霉、黑根霉、黑曲霉和红曲霉等。使食品变色除霉菌生长代谢引起的色素分泌外，还有细菌的作用。细菌可使蛋白质为主的食品和糖类为主的食品产生色变，如嗜盐菌属、黏质沙雷氏菌、玫瑰色微球菌、荧光假单胞菌、黄杆菌属、黄色微球菌、黑色假单胞菌和变形杆菌属的细菌等均可使食品腐败产生色变。

5. 变浊　变浊发生在液体食品。食品变浊是一种复杂的变质现象，发生于各类食品中。酵母菌在高酸性罐藏食品中生长能引起汁液混浊和沉淀；酵母菌的酒精发酵能引起果汁的混浊；肉汁类液体食品的混浊主要由细菌引起。

6. 变软　变软主要发生于水果蔬菜及其制品。变软的原因是水果蔬菜内的果胶质等物质被微生物分解。分解果胶的微生物包括：细菌如胡萝卜软腐欧氏杆菌、软腐欧氏杆菌、环状芽孢杆菌、多黏芽孢杆菌和费地浸麻梭状芽孢杆菌；霉菌如黑曲霉、米曲霉、灰绿青霉、蜡叶芽枝霉、大毛霉、灰绿葡萄孢霉和爱氏青霉等；另外脆壁酵母也具有分解果胶的能力，从而引起水果蔬菜的变软。

这里介绍了食品腐败变质的常见类型，但有些食品的腐败变质不会呈现特殊的感官特征。另外，许多食品腐败变质的感官特征是多种类型的交叉反映。

（二）食品腐败变质的危害

食品腐败变质的分解产物对人体的直接危害，目前无系统的研究报告，但某些腐败变质食品的组胺中毒，脂肪腐败产物引起人的不良反应及中毒，以及腐败过程产生胺类为亚硝胺形成提供前提物等，都是构成直接危害的重要因素。

腐败变质食品含有大量微生物及其产生的有害物质，有的可能含有致病菌，因此吃腐败变质食品极易导致食物中毒。食品腐败变质引起的食物中毒，多数是轻度变质食品。严重腐败变质食品感官性状明显异常，如发臭、变色、发酵、变酸、液体混浊等，容易识别，一般不会继续销售食用。轻度变质食品外观变化不明显，检查时不易发现或虽被发现，但难判定是否变质，往往认为问题不大或不会引起中毒，因此容易疏忽大意食用后引起中毒。

腐败变质食品对人体健康的影响主要表现在以下三个方面。

1. 产生厌恶感 由于微生物在生长繁殖过程中促进食品中各种成分（分解）变化，改变了食品原有的感官性状，使人对其产生厌恶感。例如蛋白质在分解过程中可以产生有机胺、硫化氢、硫醇、吲哚、粪臭素等，以上物质具有蛋白质分解所特有的恶臭；细菌和霉菌在繁殖过程中能产生色素，使食品呈现各种异常的颜色，使食品失去原有的色香味；脂肪腐败的“哈喇”味和糖类分解后产生的特殊气味，也往往使人们难以接受。

2. 降低食品的营养价值 由于食品中蛋白质、脂肪、糖类腐败变质后结构发生变化，因而丧失了原有的营养价值。例如蛋白质腐败分解后产生低分子有毒物质，因而丧失了蛋白质原有的营养价值；脂肪腐败、水解、氧化产生过氧化物，再分解为羰基化合物、低分子脂肪酸与醛、酮等，丧失了脂肪对人体的生理作用和营养价值；糖类腐败变质，分解为醇、醛、酮、酯和二氧化碳，也失去了糖类的生理功能。总之，由于营养成分分解，因而使食品营养价值降低。

3. 引起中毒或潜在危害 食品从生产加工到销售的整个过程中，食品被污染的方式和程度也很复杂，食品腐败变质产生的有毒物质多种多样，因此，腐败变质食品对人体健康造成的危害也表现不同。

（1）急性毒性。一般情况下，腐败变质食品常引起急性中毒，轻者多以急性胃肠炎症状出现，如呕吐、恶心、腹痛、腹泻、发热等，经过治疗可以恢复健康；重者可在呼吸、循环、神经等系统出现症状，抢救及时转危为安，如贻误时机可危及生命。有的急性中毒，虽经千方百计治疗，但仍给中毒者留下后遗症。据全国8个省市不完全统计，仅因食用霉变甘蔗引起急性中毒造成残废或终身残废者，总数就有数千名儿童。

（2）慢性毒性或潜在危害。有些变质食品中的有毒物质含量较少，或者由于本身毒性作用的特点，并不引起急性中毒，但长期食用，往往可造成慢性中毒，甚至可以表现为致癌、致畸、致突变的作用。大量动物试验研究资料表明：食用被黄曲霉污染的霉变花生、粮食和花生油，可导致慢性中毒、致癌、致畸和致突变。由此可见，食用腐败变质、霉变食物具有极其严重的潜在危害，损害人体健康，必须予以注意。

五、食品腐败变质的控制措施

食品的腐败变质，不仅会损害食品的可食性，而且严重时会引起食物中毒，产生食品安全问题。因此，控制食品的腐败变质，对保证食品的安全和质量具有十分重要的意义。

针对食品腐败变质的原因，采取不同的措施即可减少甚至消除食品的腐败变质。最有效的措施是减少微生物的污染，控制微生物的生长繁殖，如采取抑菌或灭菌的方法来控制食品的腐败变质。食品的保存方法见表2-4。

所有控制食品腐败变质的方法都是建立在下述一种或几种原理的基础上：①阻止或消除微生物的污染；②抑制微生物的生长和代谢；③杀死微生物。

表 2-4　食品的保存方法

类　型	实　例
无菌处理	
添加剂	盐或糖，盐和糖，调味料，酸（醋、酸奶等），烟熏，抑制剂
低温	冷藏、冻藏
加热	巴斯德灭菌、煮沸、罐装、高压灭菌
发酵	酸、乙醇
脱水干燥	
过滤	
高压	
气体（气调）	
辐射	紫外线、电离辐射
防腐剂	山梨酸、苯甲酸钠

1. 加热杀菌法　加热杀菌的目的在于杀灭微生物，破坏食品中的酶类，可以明显地控制食品的腐败变质，延长保存时间。

不同微生物耐热的程度有差别。大部分微生物营养细胞在60℃停留30min便死亡。但细菌芽孢耐热性强，需较高温度和较长时间杀死。由于高温杀菌对食品营养成分破坏较大，因此对鲜奶、果汁和酱油等采用巴斯德灭菌，但这种处理方法不能杀死全部的微生物，因而必须将巴氏灭菌的产品置于低温条件下保存。

对于需要较长时间保存的食品，为了防止腐败变质，必须杀死全部微生物，并结合其他的保存手段如隔氧、加添加剂等。这时要高温灭菌，采取合理的加工工艺，使食品无菌。

但加热杀菌处理食品不可能使所有的食品保存它们原有的美味和营养价值。

2. 低温保藏法　降低食品温度，可以有效地抑制微生物的生长繁殖和作用，降低酶的活性和食品内化学反应的速度，有利于保证食品质量，所以低温保藏是一种最常用的食品保藏方法。

现代的冷藏和冰冻装置使易腐败食品可能经历长时间的运输和保存。冷藏汽车和火车车厢、轮船上的储藏室和家用冰箱及冷冻容器在食品储藏和运输中的应用对改善食品的品质，保证日常生活中适宜食品的多样性做出了重要贡献。在美国，冰冻食品的生产已占总食品生产的50%。由于低温保藏的重要性，食品工业已把着重点放在低温微生物活动规律的研究上，例如它们的生存、生长和代谢活动。

食品在冰冻之前，应将新鲜产品蒸煮到酶类丧失活性，因为酶在低温的条件下也可能使产品发生改变。使用-23℃或更低温度的快速冷冻方法在食品保藏上被认为是最为理想的；在这种情况下，形成较小的冰晶体，但不会破坏食品的细胞结构。然而，无论怎样低的温度来冰冻食品都不可能杀死全部的微生物。冰冻食品中存在的微生物数量和类型将反映出食品污染的程度、加工厂的卫生条件、产品加工时的速度和管理情况。大多数冰冻食品在保藏时微生物数量会减少；但是，许多微生物包括致病微生物如沙门氏菌，在-17～-9℃仍能长时间存活，甚至-163℃能够存活3d。

随着预煮食品销售的增加和自动售货机分装易腐烂食品的盛行，必须掌握微生物在低温下生长和生存的数据。当食品内部温度在5.5℃或更低时，就能阻止食品中致病菌（肉毒梭菌A型和B型、金黄色葡萄球菌、沙门氏菌）的生长；但是，据报道肉毒梭菌E型在温度3.3℃下还能生长，需要引起注意。

低温保藏法保藏的食品，营养和质地能得到较好的保持，对一些生鲜食品如水果、蔬菜等更适宜。但低温下保存食品有一定的期限，超过一定的时间，保存的食品仍可能腐败变质，因为低温下不少微生物仍在缓慢生长，能造成食品的腐败变质。

3. 脱水干燥法 为了达到保藏的目的，食品中水分含量需降至一定限度以下，使微生物不能生长，酶的活性也受到限制，从而防止食品的腐败变质。

脱水干燥法保存食品已经使用了几个世纪，而且较冰冻食品保藏法用得更普遍。如利用太阳和空气或具有引起脱水作用的热作用除去水分。

为了延长脱水后干燥食品的储藏时间，需要进行严密的包装，以防微生物的污染和吸收水分。因此，储藏的湿度也很重要，湿度过高，干燥食品吸湿，食品将发生黏结以至结块，失去原有特性。当水分达到一定程度时，微生物的生长会引起食品变质。

4. 增加渗透压保藏法 微生物放在含有大量可溶性物质如糖或盐的溶液里，将失去水分，细胞发生质壁分离，代谢停止。用增加渗透压的方法得到抗微生物的条件与借脱水作用抑制微生物生长的原理有关，尽管酵母菌和霉菌抵抗渗透压变化的能力较强，但是基于这个原理的食品保存法仍然是很有效的。果子冻和果酱由于糖含量高，很少受到细菌的影响。但是，在暴露于空气中的果子冻表面上发现有霉菌的生长是很普遍的。炼乳是用增加乳糖浓度和补充蔗糖的办法来进行保存的。用盐水腌肉和腌其他食品，可得到同样的结果。高渗透压可以抑制微生物，但不可能完全杀死微生物。

5. 化学添加剂保藏法 为了保藏的目的而加入食品的化学物质需符合食品添加剂的有关规定。根据《中华人民共和国食品安全法》规定，食品中如果添加了任何有损于人体健康的有毒或有害物质，那么这种食品就是掺了假的；《食品安全国家标准 食品添加剂使用标准》(GB 2760—2014）规定了能够用于食品保藏的化学物质的明细表。其中有苯甲酸、苯甲酸钠、山梨酸、山梨酸钾、乙酸、乳酸和丙酸，这些酸全部是有机酸（盐）。山梨酸和丙酸加入面包中用来抑制霉菌生长；用硝酸盐和亚硝酸盐腌肉，主要用来保持颜色，但它也是某些厌氧细菌的抑制剂。

6. 提高食品氢离子浓度 当食品的pH在4.5以下时，除少数酵母、霉菌和乳酸菌属等耐酸菌外，大部分致病菌可被抑制或杀死。这种方法多用来保存蔬菜。向食品中加酸或加乳酸菌进行酸发酵。前者如酸渍黄瓜、番茄。后者如泡菜和渍酸菜。酸渍食品的质量主要决定于酸发酵过程中微生物的菌相，即与食品腐败微生物相比，乳酸菌必须占优势地位，为此应保持清洁，减少污染，酸发酵可杀死蔬菜中的致病菌和寄生虫卵。

7. 辐射食品保藏法 辐射食品保藏是继冷冻、腌渍、脱水等传统保藏方法之后发展起来的新方法。辐射源多用钴（60Co）、铯（137Cs）等放射性同位素放出的射线直接辐射食品。紫外线可用来减少一些食品的表面污染。肉类加工厂冷藏室常安装能减少表面污染的紫外线灯，因此使得贮藏物较长时间不腐败。

辐射保存食品的原理是利用高能射线的作用，使微生物的新陈代谢、生长发育受到抑制或破坏，从而杀死微生物或破坏微生物的代谢机制，延长食品的保藏时间。食品辐照的目的是杀菌、杀虫、抑芽和改性，主要作用是前三种。辐射食品保藏法的优点是经辐射的食品温度基本不上升，减少营养素的损失，并有利于保持食品质量，延长保存期。辐射处理所用剂量因要求不同而异，国际原子能机构（IAEA）统一规定为三种：辐射杀菌，用高剂量杀死一切微生物；辐射消毒，采用适当的剂量消除致病菌；辐射防腐，主要以消灭腐败菌为目的。

除以上控制食品腐败变质的方法外，对不含病毒但含有其他微生物的液体食品也可采用过滤的方法除去微生物，从而达到消除微生物污染、控制食品腐败变质的目的。

拓展与提升

一、细菌相与食品卫生的关系

细菌相是指存在于某一种物质中的细菌种类与其相对数量的构成。食品中的各种细菌就成了该食品的细菌相，如水中的细菌构成了水的细菌相。细菌相是对细菌的种类而言，在菌相中相对数量较大的一种或几种细菌被称为优势菌。

1. 细菌相对食品卫生质量的影响　在一定条件下生产的食品其细菌有相对的稳定性，如新鲜畜禽肉的细菌相主要是嗜温菌，包括大肠菌群、肠球菌、金黄色葡萄球菌、产气荚膜梭菌和沙门氏菌等。液体蛋品的细菌相主要是革兰氏阴性菌，包括假单胞菌属、产碱杆菌属、变形菌属和埃希氏菌属等。鲜鱼的细菌相以嗜冷菌为主，有假单胞菌属、黄色杆菌属和弧菌属等。对细菌相的了解有利于加工、贮藏、销售和检验工作。如在水产品中发现了沙门氏菌，一般认为是外来污染，应对该产品的生产、加工过程进行分析、检测，从而找到污染源。

细菌相是环境、食品性质和加工方法等诸多因素的产物，在一定条件下，细菌相会影响甚至决定食品的卫生质量。例如，新鲜肉类的细菌相以嗜温菌为主，在温度适宜时，嗜温菌会大量繁殖造成肉的变质，同时发出臭味；在冷藏条件下，嗜温菌生长很慢甚至不生长，嗜冷菌开始大量繁殖，逐渐成为优势菌，最后会导致肉表面形成黏液并产生气味；在冷冻条件下，所有的细菌都不再生长繁殖，因而可以较长期保存而不变质。

2. 食品的正常菌相和细菌数量　食品及原料都有正常的细菌相，它们因受多种因素的影响，其种类和数量有很大差别。下面介绍的是卫生状况较好的原料和经过良好加工的食品的细菌相及其数量。

新捕获的鱼和甲壳类动物的细菌相以假单胞菌属、黄色杆菌等嗜冷菌为主，微细球菌属、芽孢杆菌属和梭菌属较少。1cm^2 体表或 1g 腮组织的细菌数为 10^2～10^3 个，在良好条件下保存的优质原料的细菌数为 10^4～10^5 个/g。经烹煮加工的产品细菌相不再是原有的而是再污染形成的，细菌总数通常低于 10^5 个/g，葡萄球菌不超过 10^2 个/g，粪大肠菌群低于 0.4 个/g。

鲜肉的细菌相以嗜温菌为主，其次为嗜冷菌。加工良好的鲜肉细菌数为 10^3 个/g 左右，如加工不良会达到 10^6 个/g，肉制品的细菌数为 10^3～10^4 个/g，大肠菌群 MPN 为 0.1～1 个/g，金黄色葡萄球菌为 10～10^2 个/g。鲜蛋的细菌相以革兰氏阳性菌为主，革兰氏阴性菌数量少。液体蛋品的细菌相是革兰氏阴性菌，细菌数量一般为 10^4～10^6 个/g，大肠菌群为 10^3～10^5 个/g，沙门氏菌为 1～100 个/g。

二、微生物风险评估与HACCP体系

1. 微生物风险评估 微生物风险评估（MRA）是利用现有的科学资料以及适当的试验方式，对因食品中某些微生物因素的暴露对人体健康产生的不良后果进行识别、确认以及定性和（或）定量，并最终做出风险特征描述的过程。其评估方法多种多样，但大体上可分为定性风险评估和定量风险评估两类。

定性风险评估是根据风险的大小，人为地将风险分为低风险、中风险、高风险等类别，以衡量危害对人类影响的大小。早在1988年，国际食品微生物标准委员会（ICMSF）就特别指出，如果想让危害分析有意义就必须定量。定量风险评估是根据危害的毒理学特征、感染性和中毒性作用特征，以及其他有用的资料，确定污染物（或危害物）的摄入量及其对人体产生不良作用概率之间关系的数学描述，它是风险评估最理想的方式。

风险管理的目的是将微生物污染控制在“可接受水平”，但究竟什么是“可接受水平”，却是一个不确定的答案。例如，由于一般成人具有完备的免疫系统，从而对微生物的感染具有一定的抵抗力，而对于幼儿及老年人而言，同样剂量的微生物却可能引起严重的感染，导致疾病或其他并发症。因此对不同产品、不同人群、不同微生物所进行的风险评估意义重大。这就需要进一步完善国家公共卫生监督系统，更加全面地收集因摄入被污染食品而引发疾病的真实资料和数据。通过对食源性疾病集体暴发的调查，来确定摄入被污染食品的剂量同发病率以及患病的严重程度之间的关系，是做好食品微生物危害风险评估的基础性工作。同时食品微生物危害风险评估也需要进一步加强消费方式方面的资料收集，比如消费者购买食品后，对食品的储存（时间和温度）、烹饪蒸煮方式（如发生交叉感染，则要考虑交叉污染程度及污染途径的数据）等。这些数据可以作为确定消费者环节是否是影响食品中带菌数量增加或减少的因素之一。总而言之，数据收集是建立风险暴露模型所需资源中最基础的部分，它是影响风险评估结果质量的关键环节之一。

近年来，随着预测微生物学及其数学模型研究的进步，为微生物定量风险评估提供了途径和手段。国际上已经对烤鸡中的空肠弯曲杆菌，肉鸡和蛋及其产品中的沙门氏菌，牡蛎中的副溶血性弧菌和即食食品中的单核细胞增生李斯特菌等进行了定量风险评估。

2. HACCP体系 HACCP是Hazard Analysis Critical Control Point英文缩写，即危害分析和关键控制点。HACCP体系是1960年美国航空航天局（NASA）和美国军事NATIK实验室建立的防止沙门氏菌污染食品、保证食品安全的控制体系。HACCP体系被认为是控制食品安全和风味品质的最好最有效的管理体系，近年来，已经成为国际上共同认可和接受的食品安全保证体系，主要是对食品中微生物、化学和物理危害的安全进行控制。2002年12月中国认证机构国家认证认可监督管理委员会正式启动对HACCP体系认证机构的认可试点工作，开始受理HACCP认可试点申请。

HACCP作为科学的预防性食品安全体系，具有以下特点：预防性的食品安全保证体系，但它不是一个孤立的体系，必须建筑在良好操作规范（GMP）和卫生标准操作程序（SSOP）的基础上；每个HACCP计划都反映了某种食品加工方法的专一特性，其重点在于预防，设计上防止危害进入食品；不是零风险体系，但使食品生产最大限度趋近于“零缺陷”，可用于尽量减少食品安全危害的风险；恰如其分地将食品安全的责任首先归于食品生

产商及食品销售商；强调加工过程，需要工厂与政府加强交流沟通，政府检验员通过确定危害是否正确地得到控制来验证工厂 HACCP 实施情况；克服传统食品安全控制方法（现场检查和成品测试）的缺陷，当政府将力量集中于 HACCP 计划制定和执行时，对食品安全的控制更加有效；可使政府检验员将精力集中到食品生产加工过程中最易发生安全危害的环节上；HACCP 概念可推广延伸应用到食品质量的其他方面，控制各种食品缺陷；有助于改善企业与政府、消费者的关系，树立食品安全的信心。

3. 微生物风险评估与 HACCP 体系　微生物风险评估（MRA）中加工过程的危害识别和危害特征描述过程类似于 HACCP 的危害分析，都是对生产中存在的可能对食品造成危害的因素进行确定，并对其产生不良健康影响进行认定。暴露评估中对每个环节的分析，其中对危害影响最大的可成为关键控制点，HACCP 体系中控制点（CCP）是风险评估模型中选择参数的重要指标且对于该模型具有很大的影响，进而从某个角度而言，CCP 对剂量-反应模型及暴露评估模型的修正提供有益参考。

微生物风险评估同 HACCP 的区别在于，微生物风险评估是通过对产生健康不良影响的各种病原菌及其产生的毒素进行评估，并定性或定量地描述风险的特征，该评估是制定微生物食品安全标准的基础。而且，风险评估研究通常会得出明确的结论，即食品的某一特征是否构成了食品安全危害，以及危害的风险程度。HACCP 则是在食品生产、加工过程中保证食品安全的“预防性”控制体系，是风险管理措施，且更多目标是针对微生物危害，宗旨是“防患于未然”，即在危害发生之前将风险尽量减少到零。另外，微生物风险评估是对各种食品的个别危害进行研究，而 HACCP 却主要是对单一食品中的多种危害进行研究。HACCP 是企业常用的工具，而风险评估的过程一般是由政府部门和有关科研机构完成的。

复习与思考

1. 解释下列名词：食品腐败变质、食品腐败、食品酸败、商业灭菌、细菌相、优势菌。
2. 简述影响食品腐败变质的因素。
3. 简述食品腐败变质的危害。
4. 控制食品腐败变质的方法和措施主要有哪些？
5. 什么是食品微生物的风险评估？
6. 简述食品微生物风险评估与 HACCP 体系的区别。

项目三 动物性食品微生物检验样品的采集与处理

项目指南

动物性食品微生物检验是根据一小部分样品的抽检结果对整批食品进行评价。因此，样品的采集和处理在动物性食品微生物检验中是十分关键的环节，必须按照规定的原则、科学的方法进行操作，否则会造成检验结果的偏差，影响对动物性食品卫生质量的最终评价。本项目主要内容是食品检验样品采集原则，样本的种类和选择原则；根据某些微生物限量检测要求，掌握国际食品微生物标准委员会（ICMSF）采样方案；掌握动物性食品检验样品的运送、保存、融化及均质处理等知识，为后续微生物指标的检验奠定基础。重点是掌握动物性食品检验样品采集原则，尤其是近年来采用的 ICMSF 采样方案，固体样品均质处理。难点是动物性食品 ICMSF 采样方案。

通过本项目的学习，食品微生物检验人员必须高度重视样品采集与处理的重要性和专业性。在实际检验工作中，应根据检验目的、食品特点、批量、检验方法和微生物危害程度等确定采样方案，保证采集的样品具有代表性。

认知与解读

一、动物性食品微生物检验样品的采集

采样也称为取样或抽样，是指在一定质量或数量的产品中，取一个或多个单元用于检测的过程。要保证所检测样品对整批产品具有代表性，通过"抽样计划"能够保证整批产品中的每个样品被抽取的概率相等。但微生物在食品中的分布具有特殊性，因为微生物在食品表面和内部的分布不均匀，即不均匀分布可能是随机的，也可能是聚集的，后者反映了微生物污染的方式和（或）微生物菌群的形成。随机抽样正是为了尽量避免微生物分布不均所带来的偏差而成为人们广为接受的抽样程序，但这种抽样程序仍无法绝对保证所抽样品的特性与该批商品的特性一致，因而抽样存在风险性。所以这种抽样程序只能实际预测样品中微生物的分布范围。鉴于微生物分布的特点，可以通过增加样品的规格和数量来提高其代表性，但如果单纯增加被检样品的数量，不仅限制了微生物检验程序的实用性，而且还受到检测成本的限制；反之，如果仅抽取少量样品进行检测，难以保证能够发现产品中的不合格批次，除非这些产品批次中不合格单元的发生率非常高。因此，食品微生物的抽样和制样对操作人员

提出了较高的专业要求，既要保证样品的代表性和一致性，又要保证整个操作过程在无菌操作的条件下完成。如果样品不具代表性，或在样品抽取、运送、保存或制备的过程中操作不当，就会使实验室检测结果变得毫无意义。

（一）样品采集的原则

1. 应采用随机原则进行采样，确保所采样品具有代表性　如在食品生产企业的生产过程中，应在不同时间内各取少量样品予以混合，而不能在同一个时段内采集大量的样品，每批食品应随机抽取一定数量的样品；液体食品在采样前必须将食品充分混合均匀，如果该食品不可能进行充分混合或振摇，则必须采取重复样品；固体的或半固体的食品应按表层、中层和底层，中间和四周不同部位“三层五点”法取样。总之，应尽可能地使所采集的样品能代表该批食品的整体状态。

2. 采样过程遵循无菌操作程序，防止一切可能的外来污染　采样的器械和容器等用品必须经过严格灭菌，采样过程应严格遵守无菌操作的要求，并要准备好足够数量的采样用具，一件用具只能用于一个样品的采集，防止交叉污染。

3. 样品在保存和运输的过程中，应采取必要的措施防止样品中原有微生物的数量变化，保持样品的原有状态　非冷冻状态的食品样品采集后应预冷藏，最适温度为0～5℃，不宜冷藏的食品应立即检验；冷冻状态的食品样品必须保持其冻结状态。样品采集后应尽快检验，一般应于36h内进行，以防样品中微生物数量和生活能力发生改变，影响检验结果的准确性。

4. 根据检验目的、食品特点、批量、检验方法和微生物的危害程度等确定采样方案　如查找食物中毒病原微生物与鉴定畜禽产品中是否含有人兽共患病原体，因检验目的不同采用不同的取样方案；一批产品采若干个样后混合在一起检验，按百分比抽样；按微生物对食品的危害程度不同采用不同的抽样方案（二级法、三级法）；按数理统计的方法决定抽样个数等。

采样后应立即贴上标签，每件样品都标记清楚。标签内容应完整，如品名、来源、数量、采样地点及时间、采样的条件（如采样现场的温度、湿度和卫生状态等）、检验的目的和要求、采样人等，并尽可能提供详尽的资料（如所采集样品的来源、加工、贮藏、包装、运输和销售等情况）。

（二）采样准备

进行微生物检测的食品样品除具有代表性外，抽样所使用的工具还要达到无菌的要求，对取样工具和一些试剂材料应提前准备并灭菌。

1. 开启容器的工具　包括剪刀、刀子、开罐器、钳子及其他所需工具。这些工具用双层纸包装灭菌（121℃、15min）后，通常可在干燥洁净的环境中保存两个月，超过两个月后要重新灭菌。

2. 样品移取工具　包括灭菌的铲子、勺子、取样器、镊子、刀子、剪子、锯子、压舌板、木钻（电钻）、打孔器、金属试管和棉拭子等。

3. 抽样容器　包括灭菌的广口或细口瓶，预先灭菌的聚乙烯袋（瓶），金属试管或其他类似的密封金属容器。取样时，最好不要使用玻璃容器，因为在运输途中易破碎而造成取样失败。

4. 温度计　通常使用－20～100℃，温度间隔为1℃即可满足要求，为避免取样时破碎，最好使用金属或电子温度计。取样前用75%乙醇溶液或次氯酸钠（浓度不小于100mg/L，浸泡不小于30s）消毒，然后再插入食品中检测温度。

5. 消毒剂 75%乙醇溶液，中等浓度（100mg/L）的次氯酸钠溶液或其他有类似效果的消毒剂。

6. 标记工具 能够记录足够信息的标签纸（不干胶标签纸），油性或不可擦拭记号笔。

7. 样品运输工具 便携式冰箱或保温箱。运输工具的容量应足以放下所取的样品。使用保温箱或替代容器（如泡沫塑料箱）时，应将足够量的预先冷冻的冰袋放在容器的四周，以保证运输过程中容器内的温度。

8. 天平 感量为0.1g。

9. 搅拌器和混合器 配备带有灭菌缸的搅拌器或混合器，必要时使用。

10. 稀释液 灭菌的磷酸盐缓冲液，灭菌的0.1%蛋白胨水，灭菌的生理盐水，灭菌的Ringer溶液以及其他适当的稀释液。

11. 防护用品 对于食品微生物的检测样品，抽样时防护用品主要是用于对样品的防护，即保护生产环境、原料和成品等不会在抽样过程中被污染，同样也保护样品不被污染。主要的防护用品有工作服（联体或分体）、工作帽、口罩、雨鞋、手套等。这些防护用品应事先消毒灭菌（或使用无菌的一次性物品）。

应根据不同的样品特征和取样环境对取样物品和试剂进行事先准备和灭菌等工作。实验室的工作人员进入车间取样时，必须更换工作服，以避免将实验室的菌体带入环境，造成产品加工过程的污染。

（三）食品微生物学的抽样点

食品微生物的抽样计划中常包括以下抽样点：原料、生产线（半成品、环境）、成品、库存样品、零售商店或批发市场、进口或出口口岸等。

原料的抽样包括食品生产所用的原始材料、添加剂、辅助材料及生产用水等。

生产线样品是指食品生产过程中不同加工环节所抽取的样品，包括半成品、加工台面、与被加工食品接触的仪器面以及操作器具等。对生产线样品的采集能够确定细菌污染的来源，可用于食品加工企业对产品加工过程卫生状况的了解和控制，同时能够用于特定产品生产环节中关键控制点的确定和HACCP的验证工作。另外还可以配合生产加工，在生产前后或生产过程中对环境样品（如地面、墙壁、天花板以及空气等）取样进行检验，以检测加工环境的卫生状况。

库存样品的抽样检验可以测定产品在保质期内微生物的变化情况，同时也可以间接对产品的保质期是否合理进行验证。

零售商店或批发市场的样品的检测结果能够反映产品在流通过程中微生物的变化情况，能够对改进产品的加工工艺起到反馈作用。

进口或出口样品通常是按照进出口商所签订的合同进行抽样和检测的。但要特别注意的是，进出口食品的微生物指标除满足进出口合同或信用证条款的要求外，还必须符合进口国的相关法律规定，如世界上很多国家禁止含有致病菌的食品进口。

（四）样品采集的方法

1. 液体样品的抽样方法 通常情况下，液态食品较容易获得代表性样品。液态食品一般盛放在大罐中，取样时，可连续或间歇搅拌；对于较小的容器，可在取样前将液体上下颠倒，使其完全混匀。较大的样品（100～500mL）要放在已灭菌的容器中送往实验室，实验室在对抽样检测之前应将液体再彻底混匀一次。

2. 固体样品的抽样方法　依所抽样品材料的不同，所使用的工具也不同。固态样品常用的取样工具有灭菌的解剖刀、勺子、软木钻、锯子和钳子等。奶粉等易于混匀的食品，其成品质量均匀、稳定，可以抽取小样品（如 100g）检测。但散装样品就必须从多个点取大样，且每个样品都要单独处理，在检测前要彻底混匀，并从中取一份或多份样品进行检测。

肉类、鱼类或类似的食品既要在表皮抽样又要在深层抽样。表皮抽样采用表层切片法，用灭菌解剖刀或镊子切取一薄层表层样品。这种方法最适用于家禽皮肤的抽样。将样品放入装有适当稀释液的容器中，均质后得到初始浓度为 10^{-1} 的样品原液。深层取样时要小心，不要被表面污染。有些食品如鲜肉或熟肉可用灭菌的解剖刀和钳子抽样；冷冻食品在不解冻的状态下可用锯子、木钻或电钻（一般斜角钻入）等获取深层样品；全蛋粉等粉末状样品抽样时，可用灭菌的抽样器斜角插入箱底，样品填满抽样器后提出箱外，再用灭菌小勺从上、中、下部位采样。

3. 表面样品的抽样方法　通过惰性载体可以将表面样品上的微生物转移到合适的培养基中进行微生物检测，这种惰性载体既不能引起微生物死亡，也不应使其增殖。这样的载体包括清水、拭子、胶带等。取样后，要使微生物长期保存在载体上，既不死亡又不增殖十分困难，所以，应尽早地将微生物转接到适当的培养基中。转移前耽误的时间越长，品质评价的可靠性就越差。

表面抽样技术只能直接转移菌体，不能做系列稀释，只有在菌体数量较少时才适用。其最大优点是检测时不破坏食品样品。

（1）棉拭子法。进行定量检测时，必须先用灭菌抽样框（塑料或不锈钢等）确定被测试的区域。

①棉花—羊毛拭子：将干燥的棉花—羊毛缠在 4cm 长、直径 1～1.5cm 的木棒或不锈钢丝上做成棉花—羊毛拭子。然后将拭子放在合金试管中，盖上盖子后灭菌。抽样时先将拭子在稀释液中浸湿，然后在待测样品的表面缓慢旋转拭子平行用力涂抹两次。涂抹的过程中应保证拭子在抽样框内。抽样后拭子重新放回装有 10mL 抽样溶液的试管中。

②藻酸盐棉拭子：由海藻酸钙羊毛制成，将海藻酸盐羊毛缠在直径为 1.5mm 的木棒上做成长 1～1.5cm、直径 7mm 的拭子头，灭菌后放入试管中。抽样步骤同棉花—羊毛拭子。抽样后放入装有 10mL 的 1＋4Ringer 溶液（含 1%偏磷酸六钠）的试管中。

（2）淋洗法。用十倍于样品的灭菌稀释液（质量比）对样品进行淋洗，得到 10^{-1} 的样品原液，这种抽样方法可用于香肠、干果、蔬菜等食品。报告结果时，应注明该结果仅代表样品表面的细菌数。

（3）胶带法。这种抽样方法要用到不干胶胶带或不干胶标签。不干胶标签的优点是能把抽样的详细情况写在标签的背面，抽样后贴在粘贴架上。不干胶胶带抽样后同样需转接到一个无菌粘贴架上。这种方法可用于检测食品表面和仪器设备表面的微生物。胶带和标签制成后，可用易挥发溶液进行短时间的灭菌。必须确保灭菌后的胶带无菌或残留的微生物失去活性。胶带或标签的一端要向内弯回大约 1cm，以方便使用。抽样时，把胶带从粘贴架上取下压在待测物质表面，迅速取样后，重新粘回到模板上。送到实验室后，将胶带（或标签）从粘贴架上取下，压在所需培养基的表面。

（4）琼脂肠法。琼脂肠由无菌圆塑料袋（或塑料筒）和加入其中的无菌琼脂培养基制成。可在实验室制作，一些国家也有成品出售。使用时，在琼脂的末端无菌切开，将暴露的琼脂面压在样品表面，用无菌解剖刀切下一薄片，放在培养皿上培养。

（5）影印盘。影印盘是一种无菌的塑料盘，也可称为触盘或RODAC盘，可以从许多生产厂商处买到。制作时按要求在容器中央填满足够的琼脂培养基，并形成凸状面，需要时，将琼脂表面压在待测物表面。抽样后在适当的温度进行培养。

（6）触片法。用一个无菌玻片触压食品表面，带回实验室。固定染色（如革兰氏法）后在显微镜下检测。也可以将抽样的玻片压在倒有培养基的平板上，将细菌转接到琼脂表面（用无菌镊子）移去玻片后，培养平板。这种方法不能用于菌体计数，但能快速判断优势菌落的类型，对生肉、禽肉和软奶酪等食品更为适用。

（五）样品的种类

对于需要进行微生物检验的一批食品，其样品的采集数量及每个样品的大小是首先要遇到的问题。实际工作中一般将样品分为大样、中样和小样三种。大样是指一整批样品，中样是从大样中各部分取得的混合样品，小样则是分析用的检样。检样一般以25g（mL）为准，中样以200g（mL）为准。

二、动物性食品微生物检验的采样方案

采样方案是指为实施抽样而制定的一组策划，包括抽样方法、抽样数量和样本判断准则等。食品微生物检验的采样方案有食品卫生学微生物检验的取样、食物中毒微生物检验的取样、人兽共患病病原体的取样。其中食品卫生学微生物检验的取样方案包括ICMSF取样方案、美国食品药品管理局（FDA）取样方案、FAO取样方案以及我国的食品取样方案等。

（一）ICMSF采样方案

ICMSF是国际食品微生物标准委员会的简称。ICMSF依据统计学原理制定出了科学的、实际的、合理的采样方案，将微生物的危害度、食品的特性和处理条件综合在一起进行食品中微生物危害度分类，根据不同情况分别规定采样数量和样品污染数，另外还提出了各类食品的微生物限量标准。ICMSF的方法在国际上受到很高评价，一些国际组织和国家已将该方法作为采样的标准方法。

1. ICMSF采样方案的基本原则

（1）根据食品的特性、食品类型。

（2）各种微生物对人体健康的危害程度。

（3）目标消费群体的易感性（如老年人、婴幼儿、孕妇、免疫缺陷人群等）。

（4）由生物污染、化学污染及热处理不当造成的损害（食品经不同条件处理后，其危害度变化情况分为三类，即降低危害度、危害度未变、增加危害度），来设定抽样方案并规定其不同采样数。

（5）抽样产品的批量大小。

2. ICMSF的采样方法　传统的采样方法常在每批产品中，仅采一个检样进行检验，该批产品是否合格，全凭这个检样来决定。而ICMSF采样方法是从统计学原理来考虑而设定的，使一批产品的检样具有代表性，并能客观地反映出该产品的质量。

ICMSF采样方法包括二级法和三级法两种。二级法只设有n、c及m值，三级法则设有n、c、m及M值。M即附加条件后判定合格的菌数限量。其中n代表同一批次产品应采集的样品件数；c代表最大可允许超出m值的样品数；m代表微生物指标可接受水平的限量值；M代表微生物指标的最高安全限量值。

（1）二级抽样方案　自然界中材料的分布曲线一般是正态分布，以其一点作为食品微生物的限量值，只设合格判定标准m值，超过m值的，则为不合格品。检查在检样中是否有超过m值的，来判定该批是否合格。以生食海鱼为例，$n=5$，$c=0$，$m=10^2$，$n=5$即抽样5个，$c=0$即意味着在该批检样中，未见到有超过m值的检样，此批货物为合格品。即二级采样方案要求n个样品中允许有$\leqslant c$个样品其相应微生物指标检验值小于m值。

（2）三级抽样方案　设有微生物标准m及M值两个限量，其中以m值到M值的范围内的检样数，作为c值，如果在此范围内，即为附加条件合格，超过M值者，则为不合格。例如：冷冻生虾的细菌数标准$n=5$，$c=3$，$m=10^2$，$M=10^3$，其意义是从一批产品中，取5个检样，经检样结果，允许$\leqslant 3$个检样的菌数是在m值和M值之间，如果有3个以上检样的菌数是在m值和M值之间或一个检样菌数超过M值者，则判定该批产品为不合格品。即三级采样方案要求n个样品中允许全部样品中相应微生物指标检验值小于或等于m值；允许有$\leqslant c$个样品其相应微生物指标检验值在m值和M值之间；不允许有样品相应微生物指标检验值大于M值。

3. 食品微生物的危害度分类与抽样方案　ICMSF将微生物检验指标对食品卫生的重要程度分为一般、中等和严重三档。根据微生物危害度的分类，又将取样方案分为二级法和三级法。为了强调抽样与检样之间的关系，ICMSF阐述了严格的抽样计划与食品危害程度相联系的概念。在中等或严重危害的情况下使用二级抽样方案，对健康危害低的则建议使用三级抽样方案。

ICMSF是将微生物的危害度、食品的特性及处理条件三者综合在一起进行食品中微生物危害度分类的。这个设想是很科学的、符合实际情况的，对生产厂及消费者来说都是比较合理的。ICMSF是以二级法、三级法和抽样的概念为基础，再将微生物的知识加进来，提出各种食品的微生物标准。婴幼儿配方奶粉微生物标准见表3-1，速冻预包装米面食品微生物指标见表3-2。

表3-1　婴幼儿配方奶粉微生物标准

微生物		采样方案			
		n	c	m	M
致病菌	阪崎肠杆菌	30	0	0/10g	—
	沙门氏菌	60	0	0/25g	—
加工卫生指标	菌落总数	5	2	500/g	5 000/g
	肠杆菌	10	2	0/10g	—

表 3-2　速冻预包装米面食品-微生物指标

项　　目	指标							
	生制品				熟制品			
	n	*c*	*m* (CFU/g)	*M* (CFU/g)	*n*	*c*	*m* (CFU/g)	*M* (CFU/g)
菌落总数			—		5	1	10 000	100 000
大肠菌群			—		5	1	10	100
霉菌计数			—		5	2	100	1 000
沙门氏菌	5	0	0/25g	—	5	0	0/25g	—
金黄色葡萄球菌	5	1	1 000/25g	10 000/25g	5	1	100/25g	1 000/25g
单核细胞增生李斯特菌[a]			—		5	0	0/25g	—

注：a. 仅适用于以肉、禽、蔬菜为主要原料的速冻熟制品。

（二）美国 FDA 采集方案

美国 FDA 采样方案与 ICMSF 采样方案基本一致，所不同的是严重危害的指标菌 15、30、60 个样可以分别混合。混合的样品量最大不超过 375g，即所取样品每个为 100g，从中取出 25g，然后将 15 个 25g 混合成一个 375g 样品，混匀后再取 25g 作为试样检验，混合样品的最低数量不同，剩余样品妥善保管备用。

三、动物性食品检验样品的运送及处理

（一）动物性食品样品的运送

样品采集后应尽可能在原有状态下迅速运送或发送到实验室。样品的运输过程中必须有适当的保护措施（如密封、冷藏等），以保证样品的微生物指标不发生变化。运送冷冻和易腐样品时，应在包装容器内加适量的冷却剂或冷冻剂。保证在途中样品不升温或不融化，必要时在途中补加冷却剂或冷冻剂。

样品暂存时，冷冻样品应存放在－18℃以下的冰箱或冷库内；冷藏和易腐样品应存放在 0～4℃冰箱或冷却库内，其他食品可放在常温冷暗处。

盛样品的容器可用煮沸或者其他加热灭菌的方法处理后使用，不得用消毒剂处理，不能在样品内加入任何防腐剂。样品容器上应贴防水性的标签，并应附有详细的书面说明，如应标明“易腐败”“以干冰包装”“冷藏的生物学材料”或“易碎”等适当的字样。若是发生食物中毒的可疑原因食品还应包括发生中毒时的情况和采样的时间等。样品包装应防止破损、溢出或温度改变。

样品采集后，最好由专人立即送检，越快越好，一般不应超过 3h。样品送检的日期和时间等应予以登记，认真填好申请单，以供检验人员参考。

（二）动物性食品样品的处理

1. 食品样品的接收　在接受样品时，实验室应与送样人共同相互确认样品与委托单上的内容是否一致，确认内容一般包括：品名、检验目的、检验项目、形状和包装状况（固体、粉

状、冷冻、冷藏、无菌包装等)、抽样数量、抽样时间、送达时间、抽样地点、申请单编号、生产厂家（单位)、抽样者单位及姓名等，填写样品委托登记单或样品登记交接手续。

实验室接到样品后，应积极准备条件，在36h内进行检验（贝类样品要求在6h内检验)。对不能立即进行检验的样品，要采取适当的方式保存，使样品在检验之前维持取样时的状态，即样品的检测结果能够代表整个产品。需要同时做微生物检验和化学分析的样品，必须在做化学分析之前做微生物检验。

接收样品时，假如容器有破损则可导致样品漏出，引起交叉污染。容器的破损、样品的膨胀产气、冷冻样品的融化、易腐样品的腐败变质以及容器的表皮层是否有潜在性分解变质等都应记载于鉴定书上，最后双方应签字确认。

2. 食品样品的融化　冷冻的样品应于检验前解冻，一般可在0～4℃解冻，时间不超过18h，也可在45℃以下解冻，时间不超过15min。解冻时，必须防止病原菌的死亡和因在生长温度下而使细菌数量增加。

3. 检样的制备　检样的制备也称样品处理，应在无菌室内进行。不同类型的样品制备方法也不同，微生物检测的样品主要有液体样品、小颗粒固体样品和表面样品等。

(1) 液体样品的制备。制备液体样品稀释液时，用无菌移液管移取25mL完全混匀的样品到带盖的无菌玻璃瓶（无菌袋）中。加稀释液至250mL配成体积比为1∶10的稀释液。也可选择质量体积比，称取25g完全混匀的样品加入玻璃瓶（无菌袋)，用无菌稀释液配制成250mL，制成质量体积比为1∶10的稀释液。必要时按常规方法进一步稀释。

黏度不超过牛乳的非黏性液体食品，可以直接用吸管吸取检样，加到稀释剂中。黏性液体食品可用灭菌容器称取一定量加到稀释剂中。

(2) 小颗粒固体样品的制备。奶粉等小颗粒固体样品的初始稀释液较容易配制。用灭菌勺或其他适用工具将样品搅拌均质后无菌称取25g样品加入到容积为250mL的无菌带盖玻璃瓶（无菌袋）中，加入无菌稀释液至250mL刻度，配成质量体积比为1∶10的稀释液。然后手摇或机器振荡，手摇均质一般为7s内振摇25次，幅度为30cm。机器振荡一般为15s。有些含脂肪较多或易形成团块的粉状食品可加入1%的吐温80作为乳化剂。

必要时按常规方法进一步稀释，对高溶解度样品计数时必须小心，计数结果取决于样品在稀释液中的均匀性，而均匀性又与样品的初始状态有关（常表述为个/g)。要得到准确的检测结果，第一个稀释液的体积是否准确达到250mL非常重要。除体积因素外，pH和水分活性值的变化也必须加以考虑。

(3) 表面样品的制备。表面样品取样后，先放到一定体积的稀释液中，妥善保存，使样品保持原始状态。检测时，用适当的稀释剂进行定量稀释（根据预测的污染程度稀释到所需的稀释度)。检测后根据稀释的倍数进行换算。检测表层下面样品中的细菌时，应将至少25g样品加入适量的无菌稀释液，并在适当的设备中均质。

(4) 固体样品的制备。以无菌操作称取检样后加到稀释剂中，用均质器均质。常用的均质方法是使用拍击式均质器进行均质。将样品和稀释液一起放入无菌、耐用、薄而软的无菌聚乙烯袋中。袋子放入拍击式均质器内，留出几厘米袋口在均质器门外，均质时，关紧均质器门以密封袋子。启动均质器，两个大而平的不锈钢踏板交替拍击袋子，袋中内容物在踏板与均质器门的平滑内表面之间挤压，即产生均质效果。对于大多数样品，均质60s即可，而脂肪浓度高的样品则需要90s。这种仪器的优点之一是将样品装在便宜且使用方便的袋子中而不接触均质器。均质时不会引起样品温度升高，较好地保护了待测菌株。即便是冷冻样品，均质效果也很好。

对于微生物分析检测，均质法比搅拌法效果更好。因为均质法有以下优点：第一可以使细菌从食品颗粒上脱离下来；第二可以使细菌在液体中分布均匀；第三可以使食品中的营养物质更多地释放到液体中，以利于细菌的生长。

从样品均质到稀释和接种，不要超过 15min。

检样的量至少需要 10g，一般为 25～50g。检样与稀释剂或培养基的比例通常为 1∶9。肉品等大多数食品的检样都是 25g（mL），稀释剂为 225mL。

食品微生物检验室必须备有专用冰箱存放样品，一般阳性样品发出报告后 3d（特殊情况可适当延长）方能处理样品；进口食品的阳性样品，需保存六个月方能处理，每种指标都有一种或几种检验方法，应根据不同的食品、不同的检验目的来选择恰当的检验方法。本教材重点介绍的是通常所用的常规检验方法，主要参考现行国家标准。但除了国标外，国内尚有行业标准（如出口食品微生物检验方法），国外尚有国际标准（如 FAO 标准、WHO 标准等）和进口国的标准（如美国 FDA 标准、日本厚生省标准、欧共体标准等）。总之应根据食品的消费去向选择相应的检验方法。

样品检验完毕后，检验人员应及时填写报告单，签名后送主管人核章，以示生效。

拓展与提升

一、各种样品采样数量

动物性食品样品的采样数量及注意事项见表 3-3。

表 3-3　动物性食品种类及采样数量

检样种类	采样数量	备　注
肉及肉制品	生肉：取屠宰后两腿内侧肌或背最长肌 250g 脏器：根据检验目的而定 光禽：每份样品 1 只 熟肉制品：熟禽、肴肉、烧烤肉、肉灌肠、酱卤肉、熏煮火腿，取 250g 熟肉干制品：肉松、油酥肉松、肉干、肉脯、肉糜脯、其他熟肉干制品等，取 250g	要在容器的不同部位采取
乳及乳制品	鲜乳：250mL 干酪：250g 消毒、灭菌乳：250mL 乳粉：250g 稀奶油、奶油：250g 酸奶：250g（mL） 全脂炼乳：250g 乳清粉：250g	每批样品按千分之一采样，不足千件者抽 250g（mL）

（续）

检样种类	采样数量	备　注
冷冻软品	冰棍、雪糕：每批不得少于3件，每件不得少于三支 冰淇淋：原装四杯为一件，散装250g 食用冰块：每件样品取250g	班产量20万支以下者，一班为一批；以上者以工作台为一批
蛋品	巴氏杀菌冰全蛋、冰蛋黄、冰蛋白：每件各采样250g 巴氏杀菌全蛋粉、蛋黄粉、蛋白片：每件各采样250g 皮蛋、糟蛋、咸蛋等：每件各采样250g	一日或一班生产为一批，检验沙门氏菌按5%抽样，每批不少于3个检样；测定菌落总数、大肠菌群：每批按装听过程前、中、后流动取样三次，每次100g，每批合为一个样品
水产品	鱼、大贝甲类：每个为一件（不少于250g） 小虾蟹类 鱼糜制品：鱼丸、虾丸等 即食动物性水产干制品：鱼干、鱿鱼干 腌醉制生食动物性水产品、即食藻类食品，每件样品均取250g	
罐头	可采用下述方法之一： 1. 按杀菌锅抽样 （1）低酸性食品罐头杀菌冷却后抽样两罐，3kg以上大罐每锅抽样一罐 （2）酸性食品罐头每锅抽一罐，一般一个班的产品组成一个检验批，各锅的样罐组成一个样批组，每批每个品种取样基数不得少于三罐 2. 按生产班（批）次抽样 （1）取样数为1/6 000，尾数超过2 000者增取一罐，每班（批）每个品种不得少于三罐 （2）某些产品班产量较大，则以30 000罐为基数，其取样数按1/6 000；超过30 000罐以上的按1/20 000；尾数超过4 000罐者增取一罐 （3）个别产品量过小，同品种同规格可合并班次为一批取样，但并班总数不超过5 000罐，每个批次样数不得少于三罐	产品如按锅分堆放，在遇到由于杀菌操作不当引起问题时，也可以按锅处理

二、各类食品的采样方法

1. 即食类预包装食品　取相同批次的最小零售原包装，检验前要保持包装的完整，避免污染。

2. 非即食类预包装食品　原包装小于500g的固态食品或小于500mL的液态食品，取相同批次的最小零售原包装；大于500mL的液态食品，应在采样前摇动或用无菌棒搅拌液体，使其达到均质后分别从相同批次的n个容器中采集5倍或以上检验单位的样品；大于

500g 的固态食品，应用无菌采样器从同一包装的几个不同部位分别采取适量样品，放入同一个无菌采样容器内，采样总量应满足微生物指标检验的要求。

3. 散装食品或现场制作食品 根据不同食品的种类和状态及相应检验方法中规定的检验单位，用无菌采样器现场采集 5 倍或以上检验单位的样品，放入无菌采样容器内，采样总量应满足微生物指标检验的要求。

4. 食源性疾病及食品安全事件的食品样品 采样量应满足食源性疾病诊断和食品安全事件病因判定的检验要求。

三、空气和水样的采集方法

1. 空气样品的采集方法 空气的抽样方法有直接沉降法和过滤法。在检验空气中细菌含量的各种沉降法中，平皿沉降法是最早的方法之一。到目前为止，这种方法在判断空气中浮游微生物分次自沉现象方面具有一定的意义。沉降法是指用直径 9cm 的营养琼脂平板在采样点暴露 5min，经 37℃、48h 培养后，计数生长的细菌菌落的采样测定方法。过滤法是使定量的空气通过吸收剂，然后将吸收剂培养，计算出菌落数。

2. 水样的采集方法 抽水样时，最好选用带有防尘磨口瓶塞的广口瓶。对于用氯气处理过的水，抽样后在每 100mL 的水样中加入 0.1mL 的 2%硫代硫酸钠溶液。抽样时应特别注意防止样品的污染，样品应完全充满抽样瓶。如果样品是从水龙头上取得，水龙头嘴的里外都应擦干净。打开水龙头让水流几分钟，关上水龙头并用酒精灯灼烧，再次打开水龙头让水流 1～2min 后再接水样并装满抽样瓶。这样的抽样方法能确保供水系统的细菌学分析的质量，但是如果检测的目的是用于追踪微生物的污染源，建议还应在水龙头灭菌之前取水样或在水龙头的里边和外边用棉拭子涂抹取样，以检测水龙头自身污染的可能性。

从水库、池塘、井水、河流等取水样时，用无菌的器械或工具拿取瓶子和打开瓶塞。在流动水中抽样时，瓶嘴应直接对着水流。大多数国家的官方抽样程序中已明确规定了抽样所用器械。如果不具备适当的抽样仪器或临时抽样工具，只能用手操作，抽样时应特别小心，防止用手接触水样或抽样瓶内部。

复习与思考

1. 食品检验样品采集的原则有哪些？
2. 检样制备时一般采用均质法，均质法的优点有哪些？
3. ICMSF 采样方案有几种？简述三级采样方案并举例说明。

4 项目四

动物性食品菌落总数的测定

项目指南

菌落总数的测定是动物性食品微生物检验的重要指标之一，是食品微生物检验工作者应掌握的基本操作技能。由于微生物广泛分布于自然界中，动物性食品及其原料很容易被微生物污染，有的微生物污染动物性食品以后能在其中迅速生长繁殖，从而导致动物性食品的卫生质量下降，甚至腐败变质。污染动物性食品的微生物中以细菌最多，也最具有食品卫生意义。因此，本项目主要内容是检测动物性食品中细菌数量是否超标，掌握菌落总数、细菌总数的基本概念；掌握菌落总数国家标准检验方法及结果报告；了解菌落总数的其他检验方法。本项目重点是菌落总数标准检验方法（GB 4789.2—2022）的正确操作；难点是检验时对样品的处理、稀释与接种，对检验结果的正确报告。

通过本项目的学习，食品微生物检验人员必须严格执行无菌操作，建立搞好食品卫生监督与检查，保证消费者吃到安全放心食品的理念。食品生产环境、动物养殖环境和无菌室消毒效果检查及食品生产用水卫生质量检查等，会使用不同的菌落总数测定方法。在检验实际生产中，应根据不同的检验对象和目的选用合适的细菌学检查方法。

认知与解读

一、菌落总数及其测定意义

天然食品内部没有或仅有很少的细菌，食品中的细菌主要来源于产、储、运、制、销等各个环节的外界污染。而食品中的细菌数量对食品的卫生质量具有极大的影响，它反映了食品受微生物污染的程度。如细菌总数为 10^5 个/cm^2 的鱼在 0℃可保存 6d，而细菌总数为 10^3 个/cm^2时，在同样的条件下，保存时间可延长至 12d；细菌总数 10^5 个/cm^2 的牛肉在 0℃可保存 7d，而细菌总数为 10 个/cm^2 时，在同样的条件下可保存 18d。由此可见，食品中细菌数量越多，则食品腐败变质的速度越快，甚至可引起食用者的不良反应，如有人认为细菌数量达到 100 万～1 000 万个/g 时，此食品就可引起食用者的食物中毒。细菌数量的表示方法由于所采用的计数方法不同而有两种：菌落总数和细菌总数。

菌落总数是指食品检样经过处理，在一定条件下培养所得的 1g（mL、cm^2）检样中细菌菌落的数量。此方法要求每一个适应该条件的细菌必须而且只能形成一个肉眼可见的菌落。

细菌总数是指一定数量或面积的食品检样经过处理，在显微镜下对细菌进行直接计数。其中包括各种活菌数和尚未消失的死菌数，也称细菌直接显微镜数。通常以 1g 或 1mL 或 $1cm^2$ 样品中的细菌总数来表示。

世界上大多数国家在实际工作中多采用菌落总数（平板菌落计数法）来评价食品的污染情况。食品的菌落总数越低，表明食品被细菌污染的程度越轻，存放时间越长，食品的卫生质量相对也较好，反之亦然。

平板菌落计数法测定的细菌总数只是检样中部分活菌数，测定结果比检样中实际存在的活菌数值小，这主要是由于培养基的营养状况和培养条件不能满足某些细菌的要求，致使这些细菌不能正常地生长繁殖。首先，不同的细菌对营养物质的要求不同，而平板菌落计数法常选用的是一种培养基，其不可能满足检样中所有细菌的营养需求；其次，不同的细菌对环境条件的要求不同，在平板菌落计数中常选择中温（一般 36℃±1℃）培养，于是嗜热细菌和嗜冷细菌的生长繁殖就要受到影响。但由于平板菌落计数法操作简便，重复性好，可较早地报告结果，测得的结果是食品中包含消化道传染病病原菌和食物中毒病原菌在内的活菌数，其能真实地反映食品的微生物污染程度。所以，目前食品卫生检验中常用此法。

二、菌落总数的国家标准测定方法

菌落总数的国家标准测定方法（GB 4789.2—2022）是取一定量的被检样品做成几个适当倍数的稀释度，然后选择 1～3 个适宜的稀释度，各取 1mL 稀释液加入灭菌平皿中，然后各皿内加入平板计数琼脂培养基，在一定温度、一定时间内培养后进行菌落计数，再用所得菌落数乘以稀释倍数得出报告结果。菌落总数的检验程序见图 4－1。

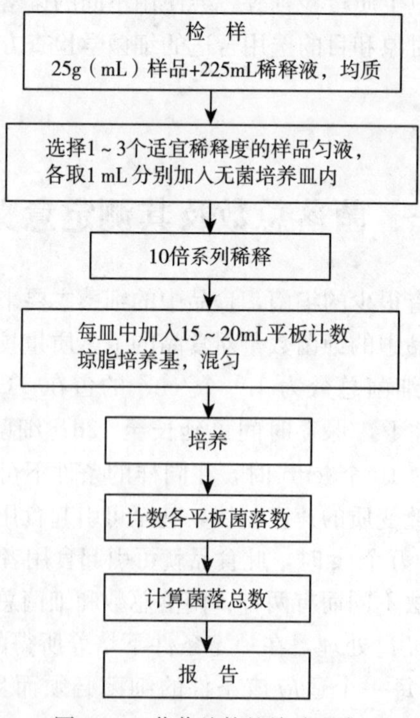

图 4－1 菌落总数的检验程序

1. 样品的稀释

（1）固体和半固体样品：称取25g样品置盛有225mL磷酸盐缓冲液或生理盐水的无菌均质杯内，8 000～10 000r/min均质1～2min，或放入盛有225mL稀释液的无菌均质袋中，用拍击式均质器拍打1～2min，制成1∶10的样品匀液。

（2）液体样品：以无菌吸管吸取25mL样品置盛有225mL磷酸盐缓冲液或生理盐水的无菌锥形瓶（瓶内预置适当数量的无菌玻璃珠）中，充分混匀，制成1∶10的样品匀液。

（3）用1mL无菌吸管或微量移液器吸取1∶10样品匀液1mL，沿管壁缓慢注于盛有9mL稀释液的无菌试管中（注意吸管或吸头尖端不要触及稀释液面），振摇试管或换用1支无菌吸管反复吹打使其混合均匀，制成1∶100的样品匀液。

（4）按（3）操作程序，制备10倍系列稀释样品匀液。每递增稀释一次，换用1支1mL无菌吸管或吸头。

（5）根据对样品污染状况的估计，选择1～3个适宜稀释度的样品匀液（液体样品可包括原液），在进行10倍递增稀释时，吸取1mL样品匀液于无菌平皿内，每个稀释度做两个平皿。同时，分别吸取1mL空白稀释液加入两个无菌平皿内作空白对照。

（6）及时将15～20mL冷却至46～50℃的平板计数琼脂培养基（可放置于46℃±1℃恒温水浴箱中保温）倾注平皿，并转动平皿使其混合均匀。

2. 培养

（1）待琼脂凝固后，将平板翻转，36℃±1℃培养48h±2h（水产品30℃±1℃培养72h±3h）。

（2）如果样品中可能含有在琼脂培养基表面弥漫生长的菌落时，可在凝固后的琼脂表面覆盖一薄层琼脂培养基（约4mL），凝固后翻转平板，按上述条件进行培养。

3. 菌落计数

可用肉眼观察，必要时用放大镜或菌落计数器，记录稀释倍数和相应的菌落数量。菌落计数以菌落形成单位（colony-forming units，CFU）表示。

（1）选取菌落数在30～300CFU、无蔓延菌落生长的平板计数菌落总数。低于30CFU的平板记录具体菌落数，大于300CFU的可记录为多不可计。每个稀释度的菌落数应采用两个平板的平均数。

（2）其中一个平板有较大片状菌落生长时，则不宜采用，而应以无片状菌落生长的平板作为该稀释度的菌落数；若片状菌落不到平板的一半，而其余一半中菌落分布又很均匀，即可计算半个平板后乘以2，代表一个平板菌落数。

（3）当平板上出现菌落间无明显界线的链状生长时，则将每条单链作为一个菌落计数。

4. 结果与报告

（1）菌落总数的计算方法。详见表4-1。

表4-1　稀释度选择及菌落数的报告方式

例次	稀释液及菌落数			菌落总数（个/g或mL）	报告方式（个/g或mL）
	10^{-1}	10^{-2}	10^{-3}		
1	多不可计	164	20	16 400	16 000或1.6×10^4

（续）

例次	稀释液及菌落数			菌落总数（个/g或mL）	报告方式（个/g或mL）
	10^{-1}	10^{-2}	10^{-3}		
2	多不可计	295（298、292）	46（55、37）	31 000	31 000或3.1×10^4
3	多不可计	多不可计	313	313 000	310 000或3.1×10^5
4	27	11	5	270	270或2.7×10^2
5	0	0	0	$<1\times10$	<10
6	多不可计	305	12	30 500	31 000或3.1×10^4

①若只有一个稀释度平板上的菌落数在适宜计数范围内，计算两个平板菌落数的平均值，再将平均值乘以相应稀释倍数，作为每1g（mL）样品中菌落总数结果（见表4-1中例次1）。

②若有两个连续稀释度的平板菌落数在适宜计数范围内时，按下列公式计算（见表4-1中例次2）。

$$N=\frac{\sum C}{(n_1+0.1n_2)d}$$

式中：N——样品中菌落数；

$\sum C$——平板（含适宜范围菌落数的平板）菌落数之和；

n_1——第一稀释度（低稀释倍数）平板个数；

n_2——第二稀释度（高稀释倍数）平板个数；

d——稀释因子（第一稀释度）。

③若所有稀释度的平板上菌落数均大于300CFU，则对稀释度最高的平板进行计数，其他平板可记录为多不可计，结果按平均菌落数乘以最高稀释倍数计算（见表4-1中例次3）。

④若所有稀释度的平板菌落数均小于30CFU，则应按稀释度最低的平均菌落数乘以稀释倍数计算（见表4-1中例次4）。

⑤若所有稀释度（包括液体样品原液）平板均无菌落生长，则以小于1乘以最低稀释倍数计算（见表4-1中例次5）。

⑥若所有稀释度的平板菌落数均不在30～300CFU，其中一部分小于30CFU或大于300CFU时，则以最接近30CFU或300CFU的平均菌落数乘以稀释倍数计算（见表4-1中例次6）。

（2）菌落总数的报告。

①菌落数小于100CFU时，按“四舍五入”原则修约，以整数报告。

②菌落数大于或等于100CFU时，第3位数字采用“四舍五入”原则修约后，取前2位数字，后面用0代替位数；也可用10的指数形式来表示，按“四舍五入”原则修约后，采用两位有效数字。

③若所有平板上为蔓延菌落而无法计数，则报告菌落蔓延。

三、菌落总数的其他测定方法

菌落总数的测定方法除了国家标准（常规）检验方法外，还有涂布平板法、点滴平板法和螺旋平板法。螺旋平板法是由一台机器完成的。下面着重介绍涂布平板法和点滴平板法。

1. 涂布平板法　将营养琼脂制成平板，经 50℃、1～2h 或 35℃、18～20h 干燥后，在上面滴加检样稀释液 0.2mL，用 L 棒涂布于整个平板的表面，放置约 10min，将平板翻转，放至 36℃±1℃温箱内培养 24h±2h（水产品用 30℃培养 48h±2h）取出，进行菌落计数，然后乘以 5（由 0.2mL 换算成 1mL），再乘以样品稀释液的倍数，即得每克或每毫升检样所含菌落数。

优点：效果好，因为菌落生长在表面，便于识别和检查形态，虽检样含有食品颗粒，也不会发生混淆，同时还可以使细菌免受融化琼脂的热力，不致因此而使细菌细胞受到损伤而不生长，从而避免由于检验操作中不良因素而使检验中细菌菌落数降低。

缺点：检样量少，代表性会受到一定影响。

2. 点滴平板法　与上法不同的是用标定好的微量吸管或注射器针头按滴（每滴相当于 0.025mL）将检样稀释液滴加于琼脂平板上固定的区域（预先在平板背面用标记笔划成四个区域），每个区域滴 1 滴，每个稀释度滴两个区域，作为平行试验。滴加后，将平板放平约 10min，然后翻转平板，如上法一样移入温箱中，培养 16～18h 后进行计数，将所得菌落数乘以 40（由 0.025mL 换算成 1mL），再乘以样品的稀释倍数，即得每克或每毫升检样所含的菌落数。

操作与体验

菌落总数的测定（GB 4789.2—2022）

【目的要求】　掌握平板菌落计数原理和方法，能够对食品检样进行处理与稀释，正确选择适宜稀释度，稀释的同时完成接种，按国家标准方法进行菌落计数与报告，对食品质量作出正确评价。

【仪器及材料】　高压灭菌锅、恒温培养箱、冰箱、恒温水浴箱、天平（感量为 0.1g）、均质器、漩涡振荡器、1mL 无菌吸管（具 0.01mL 刻度）、10mL 无菌吸管（具 0.1mL 刻度）或微量移液器及吸头、无菌锥形瓶（容量 250mL、500mL）、无菌培养皿（直径 90mm）、pH 计或 pH 比色管或精密 pH 试纸、试管、试管架、酒精灯、灭菌刀或剪刀、灭菌镊子、75%酒精棉球、玻璃蜡笔、放大镜或/和菌落计数器。

食品检样、平板计数琼脂培养基、磷酸盐缓冲液或无菌生理盐水。

【方法与步骤】

1. 样品的稀释

（1）无菌操作称取 25g 样品置于盛有 225mL 稀释液的无菌均质袋中，用拍击式均质器拍打 1～2min，制成 1∶10 的样品匀液。若为液体样品以无菌吸管吸取 25mL 样品置于盛有 225mL 生理盐水的无菌锥形瓶（瓶内预置适当数量的无菌玻璃珠）中，充分混匀，制成

1∶10的样品匀液。

（2）用1mL无菌吸管吸取1∶10样品匀液1mL，注于盛有9mL灭菌生理盐水的无菌试管中，振摇试管使其混合均匀，制成1∶100的样品匀液。

（3）按（2）操作程序，制备10倍系列稀释样品匀液。每递增稀释一次，换用1支1mL无菌吸管或吸头。

（4）根据食品卫生标准或对样品污染状况的估计，选择3个适宜稀释度的样品匀液，在进行10倍递增稀释时，吸取1mL样品匀液于无菌平皿内，每个稀释度做两个平皿。同时，分别吸取1mL空白稀释液加入两个无菌平皿内作空白对照。

（5）及时将15～20mL冷却至46～50℃的平板计数琼脂培养基倾注平皿，并转动平皿使其混合均匀。

2. 培养

（1）待琼脂凝固后，将平板翻转，36℃±1℃培养48h±2h（水产品30℃±1℃培养72h±3h）。

（2）如果样品中可能含有在琼脂培养基表面弥漫生长的菌落时，可在凝固后的琼脂表面覆盖一薄层琼脂培养基（约4mL），凝固后翻转平板，按上述条件进行培养。

3. 菌落计数 数出每个稀释度的菌落数，计算出两个平板的平均数。选取菌落数在30～300CFU、无蔓延菌落生长的平板计数菌落总数。低于30CFU的平板记录具体菌落数，大于300CFU的可记录为多不可计。

4. 结果与报告

（1）菌落总数的计算方法。见本项目认知与解读。

（2）菌落总数的报告。

①菌落数小于100CFU时，按四舍五入原则修约，以整数报告。

②菌落数大于或等于100CFU时，第3位数字采用“四舍五入”原则修约后，取前2位数字，后面用0代替位数；也可用10的指数形式来表示，按“四舍五入”原则修约后，采用两位有效数字。

③若所有平板上为蔓延菌落而无法计数，则报告菌落蔓延。

【注意事项】

（1）无菌操作。

（2）吸管进出瓶子或试管时，吸管口不得触及瓶口、管口的外围部分。进行稀释时，吸管口不得与下一个稀释液接触。

（3）吸管插入试样液内的深度不得小于2.5cm，调整时要使管尖与容器内壁紧贴。

（4）检样从开始稀释到倾注最后一个平皿所用时间不宜超过15min。

（5）稀释倍数愈高菌落数愈少，稀释倍数愈低菌落数愈多。如出现逆反现象，不可作为检样计数报告的依据，但应考虑被检样品中的抑菌物质。

（6）应提前做好稀释用试管和各稀释度培养皿的标记。

（7）若空白对照上有菌落生长，则此次检测结果无效。

拓展与提升

一、水中菌落总数的测定（GB 5750.12—2023）

水中菌落总数是指 1mL 水样在营养琼脂培养基中，于 37℃培养 48h 后，所生长细菌菌落的总数。平板计数法是测定水中需氧菌、兼性厌氧菌和异养菌密度的方法。本法适用于主要生活饮用水及其水源水中菌落总数的测定。其操作步骤如下：

1. 样品的稀释与接种

（1）生活饮用水。以无菌操作方法用灭菌吸管吸取 1mL 充分混匀的水样，注入灭菌平皿中，倾注约 15mL 已融化并冷却到 46℃左右的营养琼脂培养基，并立即旋摇平皿，使水样与培养基充分混匀，每次检验时应做一平行接种，同时另用一个平皿只倾注营养琼脂培养基作为空白对照。

待冷却凝固后，翻转平皿，使底面向上，置于 36℃±1℃培养箱内培养 48h，进行菌落计数，即为水样 1mL 中的菌落总数。

（2）水源水。以无菌操作方法吸取 1mL 充分混匀的水样，注入盛有 9mL 灭菌生理盐水的试管中，混匀制成 1∶10 稀释液。

吸取 1∶10 的稀释液 1mL 注入盛有 9mL 灭菌生理盐水的试管中，混匀制成 1∶100 稀释液。按同法依次稀释成 1∶1 000、1∶10 000 稀释液等备用。如此递增稀释一次，必须更换一支 1mL 灭菌吸管。

用灭菌吸管取未稀释的水样和 2～3 个适宜稀释度的水样 1mL，分别注入灭菌平皿内，以下操作同生活饮用水的检验步骤。

2. 菌落计数 作平皿菌落计数时，可用眼睛直接观察，必要时用放大镜检查，以防遗漏。在记下各平皿的菌落数后，应求出同稀释度的平均菌落数，供下一步计算。

若其中一个平皿有较大片状菌落生长时，则不宜采用，而应以无片状菌落生长的平皿作为该稀释度的平均菌落数。若片状菌落不到平皿的一半，而其余一半中菌落数分布又很均匀，则可将此半皿计数后乘 2 以代表全皿菌落数。然后再求该稀释度的平均菌落数。

3. 不同稀释度的选择及报告方法

（1）首先选择平均菌落数在 30～300CFU 者进行计算，若只有一个稀释度的平均菌落数符合此范围时，则将该菌落数乘以稀释倍数报告之（表 4－2 中实例 1）。

表 4－2 稀释度选择及菌落总数报告方式

实例	不同稀释度的平均菌落数			两个稀释度菌落数之比	菌落总数/（CFU/mL）	报告方式/（CFU/mL）
	10^{-1}	10^{-2}	10^{-3}			
1	1 365	164	20	—	16 400	16 000
2	2 760	295	46	1.6	37 750	38 000
3	2 890	271	60	2.2	27 100	27 000
4	150	30	8	2	1 500	1 500

（续）

实例	不同稀释度的平均菌落数			两个稀释度菌落数之比	菌落总数/（CFU/mL）	报告方式/（CFU/mL）
	10^{-1}	10^{-2}	10^{-3}			
5	多不可计	1 650	513	—	513 000	510 000
6	27	11	5	—	270	270
7	多不可计	305	12	—	30 500	31 000

（2）若有两个稀释度，其生长的菌落数均在30～300CFU，则视二者之比值来决定，若其比值小于2，应报告两者的平均数（表4-2中实例2）；若大于2，则报告其中稀释度较小的菌落总数（表4-2中实例3）；若等于2，亦报告其中稀释度较小的菌落数（表4-2中实例4）。

（3）若所有稀释度的平均菌落数均大于300CFU，则应按稀释度最高的平均菌落数乘以稀释倍数报告之（表4-2中实例5）。

（4）若所有稀释度的平均菌落数均小于30CFU，则应按稀释度最低的平均菌落数乘以稀释倍数报告之（表4-2中实例6）。

（5）若所有稀释度的平均菌落数均不在30～300CFU，则应以最接近30CFU或300CFU的平均菌落数乘以稀释倍数报告之（表4-2中实例7）。

（6）若所有稀释度的平板上均无菌落生长，则以未检出报告之。

（7）如果所有平板上都菌落密布，不要用“多不可计”报告，而应在稀释度最大的平板上，任意数其中2个平板1cm^{2}中的菌落数，除2求出每平方厘米内平均菌落数。乘以皿底面积63.6cm^2，再乘其稀释倍数作报告。

菌落计数的报告：菌落数在100CFU以内时按实有数报告，大于100CFU时，采用两位有效数字，在两位有效数字后面的数值，以四舍五入方法计算，为了缩短数字后面的零数也可用10的指数来表示，见表4-2“报告方式”栏。

二、空气中细菌总数的检验（GB/T 18204.1—2000）

空气中细菌的检验方法主要有沉降法、气流撞击法及滤过法。其中沉降法所测的细菌数虽欠准确，但方法最简便，因此使用普遍。后两者检测准确，但需要特殊设备，难以全面推广。空气中细菌总数标准：撞击法＜4 000CFU/皿，沉降法＜45CFU/皿。沉降法操作步骤如下。

1. 设置采样点 应根据现场的大小，选择有代表性的位置作为空气细菌检测的采样点。通常设置5个采样点，即室内墙角对角线交点为一采样点，该交点与四墙角连线的中点为另外4个采样点。采样高度为1.2～1.5m。采样点应远离墙壁1m以上，并避开空调、门窗等空气流通处。

2. 放置平板 将营养琼脂平板置于采样点处，打开皿盖，暴露5min，盖上皿盖，翻转平板，置36℃±1℃恒温箱中，培养48h。

3. 计数 计数每块平板上生长的菌落数，求出全部采样点的平均菌落数。

4. 结果报告 以每平皿菌落数（CFU/皿）报告结果。

复习与思考

1. 解释下列名词：菌落总数、细菌总数、无菌操作、菌落计数标准。

2. 平皿菌落计数法（GB 4789.2—2022）测定的细菌数量是食品中的实际菌数吗？为什么？

3. 菌落总数测定时如何选择适宜的稀释度？

4. 某样品菌落总数测定时，所有稀释度平板上都无菌落生长，试分析出现此结果的原因。

5. 某乳品厂进行灭菌乳菌落总数测定时，按国家标准将乳样处理及培养后，培养皿上生长的菌落数量记录如表 4-3 所示。

表 4-3

菌落数 / 皿号	稀释倍数		
	10^{-1}	10^{-2}	10^{-3}
1 号平皿	291	32	1
2 号平皿	279	25	0

请回答下列问题：①对乳样进行处理及培养条件是指什么？②本次实验选择的稀释度是多少？选择依据是什么？③列式计算并正确地对测定结果进行报告。

项目五　动物性食品大肠菌群的测定

项目指南

在生产实践中，动物性食品微生物检验时除测定菌落总数外，同时要进行大肠菌群的测定，因为食品遭受病原微生物污染，就会通过消化道感染引起食物中毒或消化道传染病的发生。本项目主要内容是检测动物性食品中大肠菌群的最近似数；掌握大肠菌群、总大肠菌群、粪大肠菌群、大肠菌群 MPN、大肠菌群值、指示菌的基本概念；掌握大肠菌群标准检验第一法中初发酵试验、复发酵试验、MPN 检索表查阅方法及大肠菌群结果报告；掌握大肠菌群标准检验第二法；了解大肠菌群的其他检验方法。本项目重点是大肠菌群标准检验方法（GB 4789.3—2010）第一法的正确操作；难点是处理初发酵试验和复发酵试验之间的关系，LST 双料发酵管制备，大肠菌群 MPN 检索表的正确查阅和结果报告。

通过本项目的学习，食品微生物检验人员应明确生产实践中为严格监控消化道传染病的病原菌和引起食物中毒的病原菌污染，常用某些指示菌如大肠菌群，来评定食品的卫生质量，推测病原微生物对动物性食品污染的可能性。为进一步掌握本项目的知识与技能，教学过程中引入了水样总大肠菌群的测定和粪大肠菌群计数等知识和技能。

认知与解读

一、大肠菌群及其测定意义

大肠菌群系指一群在 37℃能发酵乳糖、产酸、产气、需氧和兼性厌氧的革兰氏阴性的无芽孢杆菌。从种类上讲，大肠菌群包括许多生化及血清学特性均很不相同的细菌，其中有埃希氏菌属、枸橼酸菌属、肠杆菌属和克雷白杆菌属等，以埃希氏菌属为主。大肠菌群 MPN 是指 100g（mL）食品检样中所含的大肠菌群的最近似数或最可能数。

食品中是不应含有病原微生物的，若遭受病原微生物污染，则会通过消化道感染引起食物中毒或消化道传染病的发生，对食品中病原菌的监测，是食品卫生质量评价的重要内容之一。生产实践中为严格监控消化道传染病的病原菌和引起食物中毒的病原菌污染，常用某些指示菌来评定食品的卫生质量，推测病原微生物污染的可能性。作为指示菌，应是人和动物肠道内特有的细菌，在肠道内占有极高的数量，尽管少量存在，也能用简单方法快速准确地检查出来，对不良因素的抵抗力应与肠道致病菌相同。所以指示菌应具有下列条件：和肠道致病菌的来源相同，并且在相同的来源中普遍存在和数量甚多，以易于检出；在外界环境中的生存时间与肠道致病菌相当或稍长；检验方法比较简便。人们通过大量研究发现，大肠菌群的来源与肠道致病菌相同，均来源于人和温血动物的粪便中，且在外界环境中的生存时间也与主要肠道致病菌一致，在数量和检验方面均符合指示菌的三项要求。我国近年来有人研究了人、畜、禽类104份粪便，结果大肠菌群检出率为88.8%～100%。因此，用大肠菌群作为标志食品是否已被肠道致病菌污染及其污染的程度的指标菌是合适的。大肠菌群作为食品的指示菌即是说：在食品中存在的大肠菌群数量越多，表示该食品受粪便污染的程度越大，也就相应地表示该食品被肠道致病菌污染的可能性越大。为确保食品的卫生质量，就必须要求尽可能使大肠菌群的数量降低到最小的程度，因为要求食品中完全不存在大肠菌群实际上是不可能的，重要的是它的污染程度。

大肠菌群测定方法有两种，即MPN计数法和平板计数法。大肠菌群数量的表示方法也有两种，即大肠菌群MPN和大肠菌群值。大肠菌群MPN是采用一定的方法，应用统计学的原理所测定和计算出的一种最近似数值；大肠菌群值是指在食品中检出一个大肠菌群细菌时所需要的最少样品量。故大肠菌群值越大，表示食品中所含的大肠菌群细菌的数量越少，食品的卫生质量也就越好。在这两种表示方法中，目前国内外普遍采用大肠菌群MPN，而大肠菌群值逐渐趋于不用。

在以大肠菌群作为指示菌对食品进行卫生检测的过程中，人们发现其中有一部分并非来源于粪便，所以食品内检测出大肠菌群并不能都看成是粪便来源的直接污染，有可能在加工过程中受到环境中大肠菌群的污染。为解决和克服非粪便来源的大肠菌群作为指示菌存在的问题，我国补充了用粪便大肠菌群作为指示菌。粪便来源的大肠菌群与非粪便来源的大肠菌群的主要区别是前者于44.5℃±0.2℃的条件下，在EC肉汤培养基中能生长并产酸产气，而后者却不能。粪大肠菌群计数方法按《食品安全国家标准 食品微生物学检验 粪大肠菌群计数》(GB 4789.39—2013）进行检验。

二、大肠菌群的国家标准检验方法

大肠菌群MPN国家标准检验方法有三管系列、五管系列和其他系列，其原理相同，区别在于样品滴度和各滴度的管数，三管系列是接种三个滴度、每个滴度三管；五管系列是接种三个滴度、每个滴度五管。以三管系列较为简便。

大肠菌群国家标准检验方法（GB 4789.3—2010）有两种：大肠菌群MPN计数法和大肠菌群平板计数法。

（一）大肠菌群MPN计数法

大肠菌群MPN计数法是大肠菌群测定的第一法，其检验程序见图5-1。

1. 样品的稀释

（1）固体和半固体样品：称取25g样品，放入盛有225mL磷酸盐缓冲液或生理盐水的无菌均质杯内，8 000～10 000r/min均质1～2min，或放入盛有225mL磷酸盐缓冲液或生理盐水的无菌均质袋中，用拍击式均质器拍打1～2min，制成1∶10的样品匀液。

（2）液体样品：以无菌吸管吸取25mL样品置盛有225mL磷酸盐缓冲液或生理盐水的无菌锥形瓶（瓶内预置适当数量的无菌玻璃珠）中，充分混匀，制成1∶10的样品匀液。

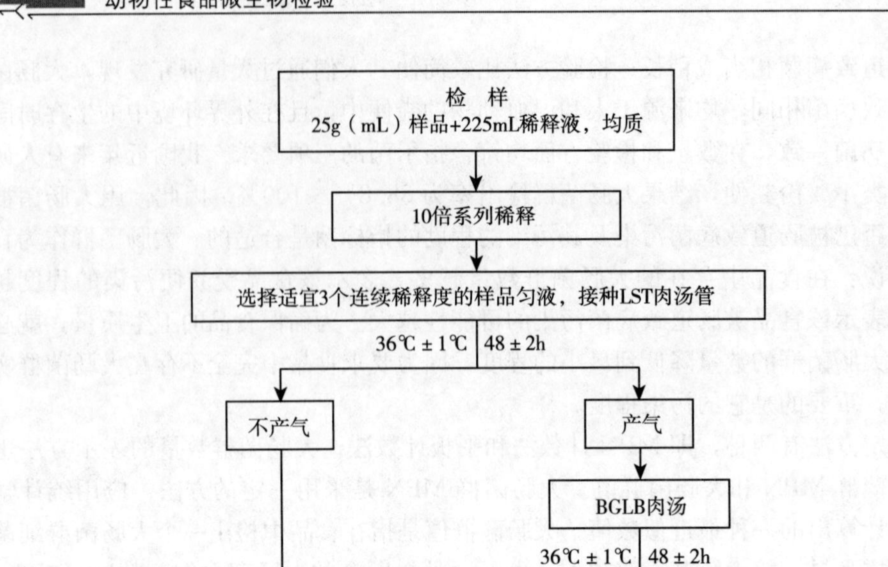

图 5-1 大肠菌群 MPN 计数法

（3）样品匀液的 pH 应在 6.5～7.5，必要时分别用 1mol/L 氢氧化钠或 1mol/L 盐酸调节。

（4）用 1mL 无菌吸管或微量移液器吸取 1∶10 样品匀液 1mL，沿管壁缓缓注入 9mL 磷酸盐缓冲液或生理盐水的无菌试管中（注意吸管或吸头尖端不要触及稀释液面），振摇试管或换用 1 支 1mL 无菌吸管反复吹打，使其混合均匀，制成 1∶100 的样品匀液。

（5）根据对样品污染状况的估计，按上述操作，依次制成十倍递增系列稀释样品匀液。每递增稀释 1 次，换用 1 支 1mL 无菌吸管或吸头。从制备样品匀液至样品接种完毕，全过程不得超过 15min。

2. 初发酵试验 每个样品，选择 3 个适宜的连续稀释度的样品匀液（液体样品可以选择原液），每个稀释度接种 3 管月桂基硫酸盐胰蛋白胨（LST）肉汤，每管接种 1mL（如接种量超过 1mL，则用双料 LST 肉汤），36℃±1℃培养 24h±2h，观察倒管内是否有气泡产生，24h±2h 产气者进行复发酵试验，如未产气则继续培养至 48h±2h，产气者进行复发酵试验。未产气者为大肠菌群阴性。

3. 复发酵试验 用接种环从产气的 LST 肉汤管中分别取培养物 1 环，移种于煌绿乳糖胆盐肉汤（BGLB）管中，36℃±1℃培养 48h±2h，观察产气情况。产气者，计为大肠菌群阳性管。

4. 大肠菌群最可能数（MPN）的报告　按 3 确证的大肠菌群 LST 阳性管数，检索 MPN 表（见附录三表 1），报告每 1g（mL）样品中大肠菌群的 MPN 值。

（二）大肠菌群平板计数法

大肠菌群平板计数法是大肠菌群测定的第二法，其检验程序见图 5－2。

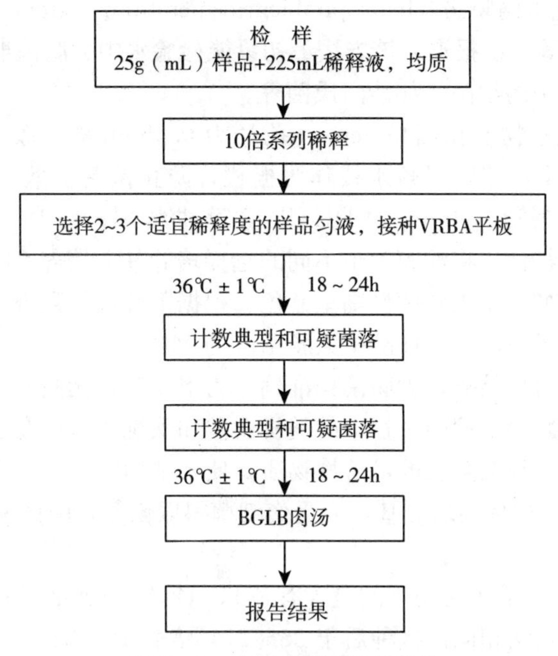

图 5－2　大肠菌群平板计数法

1. 样品的稀释　按第一法进行。

2. 平板计数

（1）选取 2～3 个适宜的连续稀释度，每个稀释度接种 2 个无菌平皿，每皿 1mL。同时取 1mL 生理盐水加入无菌平皿作空白对照。

（2）及时将 15～20mL 冷至 46℃的结晶紫中性红胆盐琼脂（VRBA）倾注于每个平皿中。小心旋转平皿，将培养基与样液充分混匀，待琼脂凝固后，再加 3～4mL VRBA 覆盖平板表层。翻转平板，置于 36℃±1℃培养 18～24h。

3. 平板菌落数的选择　选取菌落数在 15～150CFU 的平板，分别计数平板上出现的典型和可疑大肠菌群菌落。典型菌落为紫红色，菌落周围有红色的胆盐沉淀环，菌落直径为 0.5mm 或更大。

4. 证实试验　从 VRBA 平板上挑取 10 个不同类型的典型和可疑菌落，分别移种于 BGLB 肉汤管内，36℃±1℃培养 24～48h，观察产气情况。凡 BGLB 肉汤管产气，即可报告为大肠菌群阳性。

5. 大肠菌群平板计数的报告　经最后证实为大肠菌群阳性的试管比例乘以 3 中计数的平板菌落数，再乘以稀释倍数，即为每 1g（mL）样品中大肠菌群数。例：10^{-4}样品稀释液 1mL，在 VRBA 平板上有 100 个典型和可疑菌落，挑取其中 10 个接种 BGLB 肉汤管，证实有 6 个阳性管，则该样品的大肠菌群数为：$100\times6/10\times10^4$/g(mL)＝6.0×10^5 CFU/g(mL)。

三、大肠菌群的其他检验方法

大肠菌群 MPN 的其他测定方法有疏水网膜法、TTC 显色法、DC 半固体试管法和纸片法等。

1. 疏水网膜法 疏水网膜法（hydrophobicgrid-membrane filter，HGMF）是 1974 年加拿大的 Sharp AN 博士等首次报道，该方法最初只能检验水中大肠菌群和大肠埃希氏菌，现在几乎可检验所有食品中的细菌，如沙门氏菌等。

其基本原理是以疏水物质在面积 $5cm^2$、孔径为 0.45μm 的滤膜上，横竖各刻印 40 条线，将滤膜分为 1 600 个小格，以疏水线作为栅栏，防止菌落扩散。样品稀释液首先通过 5μm 的前滤器过滤，再通过 0.45μm 的 HGMF 滤膜过滤，样品中的细菌被截留在滤膜上，然后根据所需检验菌的特性，将滤膜置于不同的选择培养基上培养 24～48h，阳性菌落即可通过显色而进行鉴定，如果是大肠菌群则呈蓝色。根据阳性菌落数查“阳性菌落数与单位生长最近似值换算表”即可得出单位样品中大肠菌群的 MPN。

本法可在 24～30h 得出结果，大肠菌群准确率为 100 %，无假阳性。该法优点在于只使用单一的稀释度，大大减少了检验过程中的随机误差和系统误差；在过滤时除掉了所含的一些固体物质及一些不利于细菌生长的可溶性物质，便于细菌的生长；因为滤膜先在营养琼脂上培养 4～5h，再转移到选择性培养基，使受伤细菌得以恢复，因此缩短了检出时间，提高了灵敏度。

2. TTC 显色法 TTC 显色法使用的是含有 TTC（2,3,5-氯化三苯四氮唑）的乳糖发酵培养基，接种方法与常规法相同。接种后于 35～37℃培养 18～24h，观察 TTC 乳糖培养基的显色和产气现象来判断大肠菌群，然后根据阳性管数，查大肠菌群 MPN 检索表，报告大肠菌群数。

3. DC 半固体试管法 DC 半固体试管法是将检样稀释成 3 个稀释度，分别接种于含有 DC（去氧胆酸钠）的半固体培养基中，充分混合，待凝固后，放入 37℃温箱内培养 18～24h，根据培养基的颜色和有无气泡的产生或琼脂崩裂现象来判断大肠菌群，并根据阳性管数查 MPN 检索表报告大肠菌群数。

4. 纸片法 纸片法是将含有溴甲酚紫和 TTC 成分的培养基浸渍纸片，然后将稀释成三个不同稀释度的检样分别涂布在三张纸片上，置 36℃±1℃温箱中培养 15h，根据纸片上菌落颜色和菌落周围纸片颜色来判断大肠菌群，并根据纸片的阳性片数，查大肠菌群 MPN 检索表进行报告。

操作与体验

技能一 大肠菌群的测定（GB 4789.3—2010 第一法）

【目的与要求】 掌握食品中大肠菌群 MPN 的计数方法，能够对食品检样进行处理与稀释，正确选择适宜稀释度，熟练操作大肠菌群初发酵试验和复发酵试验，会查阅大肠菌群 MPN 检索表，对食品质量作出正确评价。

【仪器及材料】 高压灭菌锅、恒温培养箱、冰箱、恒温水浴箱、天平（感量 0.1g）、均质器、漩涡振荡器、1mL 无菌吸管（具 0.01mL 刻度）、10mL 无菌吸管（具 0.1mL 刻度）或微量移液器及吸头、无菌锥形瓶（容量 500mL）、无菌培养皿（直径 90mm）、pH 计或 pH 比色管或精密 pH 试纸、试管、试管架、酒精灯、灭菌刀或剪刀、灭菌镊子、75%酒精棉球。

食品检样、月桂基硫酸盐胰蛋白胨（lauryl sulfate tryptose，LST）肉汤、煌绿乳糖胆盐（brilliant green lactose bile，BGLB）肉汤、无菌生理盐水、无菌 1mol/L 氢氧化钠、无菌 1mol/L 盐酸。

【方法与步骤】

1. 样品的稀释　同菌落总数的测定。

2. 初发酵试验　每个样品，选择 3 个适宜的连续稀释度的样品匀液，每个稀释度接种 3 管月桂基硫酸盐胰蛋白胨（LST）肉汤，每管接种 1mL（如接种量超过 1mL，则用双料 LST 肉汤），36℃±1℃培养 24h±2h，观察倒管内是否有气泡产生，24h±2h 产气者进行复发酵试验，如未产气则继续培养至 48h±2h，产气者进行复发酵试验。未产气者为大肠菌群阴性。

3. 复发酵试验　用接种环从产气的 LST 肉汤管中分别取培养物 1 环，移种于煌绿乳糖胆盐肉汤（BGLB）管中，36℃±1℃培养 48h±2h，观察产气情况。产气者，计为大肠菌群阳性管。

4. 大肠菌群最可能数（MPN）**的报告**　按 3 确证的大肠菌群 LST 阳性管数，查对 MPN 检索表，报告每 1g（mL）样品中大肠菌群的 MPN 值。

技能二　大肠菌群的测定（GB 4789.3—2010 第二法）

【目的与要求】 掌握食品中大肠菌群的平板计数方法，能够对食品检样进行处理与稀释，正确选择适宜稀释度，熟练操作平板计数和证实试验，会进行大肠菌群平板计数的报告，对食品质量作出正确评价。

【仪器及材料】 高压灭菌锅、恒温培养箱、冰箱、恒温水浴箱、天平（感量 0.1g）、均质器、漩涡振荡器、1mL 无菌吸管、10mL 无菌吸管或微量移液器及吸头、无菌锥形瓶、无菌培养皿、pH 计或 pH 比色管或精密 pH 试纸、菌落计数器、试管、试管架、酒精灯、灭菌刀或剪刀、灭菌镊子、75%酒精棉球。

食品检样、结晶紫中性红胆盐琼脂（violet red bile agar，VRBA）、无菌生理盐水、无菌 1mol/L 氢氧化钠、无菌 1mol/L 盐酸。

【方法与步骤】

1. 样品的稀释　同大肠菌群 MPN 计数法。

2. 平板计数

（1）选取 2～3 个适宜的连续稀释度，每个稀释度接种 2 个无菌平皿，每皿 1mL。同时取 1mL 生理盐水加入无菌平皿作空白对照。

（2）及时将 15～20mL 冷至 46℃的结晶紫中性红胆盐琼脂（VRBA）倾注于每个平皿中。小心旋转平皿，将培养基与样液充分混匀，待琼脂凝固后，再加 3～4mL VRBA 覆盖平板表层。翻转平板，置于36℃±1℃培养18～24h。

3. 平板菌落数的选择 选取菌落数在15～150CFU的平板，分别计数平板上出现的典型和可疑大肠菌群菌落。典型菌落为紫红色，菌落周围有红色的胆盐沉淀环，菌落直径为0.5mm或更大。

4. 证实试验 从VRBA平板上挑取10个不同类型的典型和可疑菌落，分别移种于BGLB肉汤管内，36℃±1℃培养24～48h，观察产气情况。凡BGLB肉汤管产气，即可报告为大肠菌群阳性。

5. 大肠菌群平板计数的报告 经最后证实为大肠菌群阳性的试管比例乘以3中计数的平板菌落数，再乘以稀释倍数，即为每1g（mL）样品中大肠菌群数。

【注意事项】

（1）LST肉汤管和BGLB肉汤管使用前注意检查有无气泡。

（2）初发酵试验只有产气的LST管才接种复发酵试验的BGLB管，并且保证接种前后两种培养基的稀释度和管数是一致的。

（3）平板计数法适合于乳与乳制品等食品中大肠菌群限量指标检测。

（4）平板计数法在凝固后琼脂平板上，再加3～4mL VRBA覆盖平板表层，防止菌落呈蔓延生长。

拓展与提升

一、水中总大肠菌群的测定（GB 5750.12—2023）

总大肠菌群是细菌中的一部分，是指一群在37℃培养24h能发酵乳糖、产酸产气、需氧和兼性厌氧的革兰氏阴性无芽孢杆菌，包括粪大肠菌群和非粪大肠菌群。一般用多管发酵法测定生活饮用水及其他水源水中的总大肠菌群。

1. 乳糖发酵试验 取10mL水样接种到10mL双料乳糖蛋白胨培养液中，取1mL水样接种到10mL单料乳糖蛋白胨培养液中，另取1mL水样注入9mL灭菌生理盐水中，混匀后吸取1mL（即0.1mL水样）注入10mL单料乳糖蛋白胨培养液中，每一稀释度接种5管。

对已处理过的出厂自来水，需经常检验或每天检验一次的，可直接用5份10mL水样双料培养基，每份接种10mL水样。

检验水源水时，如污染较严重，应加大稀释度，可接种1mL、0.1mL、0.01mL甚至0.001mL，每个稀释度接种5管，每个水样共接种15管。接种1mL以下水样时，必须作10倍递增稀释后，取1mL接种。每递增稀释一次，换用1支1mL灭菌刻度吸管。

将接种管置36℃±1℃培养箱内，培养24h±2h，如所有乳糖蛋白胨培养管都不产气产酸，则可报告为总大肠菌群阴性，如有产酸产气者，则按下列步骤进行。

2. 分离培养 将产酸产气的发酵管分别转种在伊红美蓝琼脂平板上，于36℃±1℃培养箱内培养18～24h，观察菌落形态，挑取符合下列特征的菌落作革兰氏染色、镜检和证实试验。

深紫黑色、具有金属光泽的菌落；

紫黑色、不带或略带金属光泽的菌落；

淡紫红色、中心较深的菌落。

3. 证实试验　经上述染色镜检为革兰氏阴性无芽孢杆菌，同时接种乳糖蛋白胨培养液，置36℃±1℃培养箱中培养24h±2h，有产酸产气者，即证实有总大肠菌群存在。

4. 结果报告　根据证实为总大肠菌群阳性的管数，查MPN检索表，报告每100mL水样中的总大肠菌群最可能数（MPN）值。5管法结果和15管法结果见附录三表2。稀释样品查表后所得结果应乘稀释倍数。如所有乳糖发酵管均为阴性时，可报告总大肠菌群未检出。

二、粪大肠菌群计数（GB 4789.39—2013）

粪大肠菌群是一群在44.5℃培养24～48h能发酵乳糖、产酸产气的需氧和兼性厌氧革兰氏阴性的无芽孢杆菌。该菌群来自人和温血动物粪便，作为粪便污染指标评价食品的卫生状况，推断食品中肠道致病菌污染的可能性。

1. 样品的稀释

（1）固体和半固体样品：称取25g样品，置盛有225mL磷酸盐缓冲液或生理盐水的无菌均质杯内，8 000～10 000r/min均质1～2min，制成1∶10样品匀液，或置225mL稀释液的无菌均质袋中，用拍击式均质器拍打1～2min，制成1∶10的样品匀液。

（2）液体样品：以无菌吸管吸取样品25mL置盛有225mL磷酸盐缓冲液或生理盐水的无菌锥形瓶（瓶内预置适当数量的无菌玻璃珠）中，充分混匀，制成1∶10的样品匀液。

（3）样品匀液的pH应在6.5～7.5，必要时分别用1mol/L氢氧化钠或1mol/L盐酸调节。

（4）用1mL无菌吸管或微量移液器吸取1∶10样品匀液1mL，沿管壁缓缓注入盛有9mL磷酸盐缓冲液或生理盐水的无菌试管中（注意吸管或吸头尖端不要触及稀释液面），振摇试管或换用1支1mL无菌吸管反复吹打，使其混合均匀，制成1∶100的样品匀液。

（5）根据对样品污染状况的估计，依次制成十倍递增系列稀释样品匀液。每递增稀释1次，换用1支1mL无菌吸管或吸头。从制备样品匀液至样品接种完毕，全过程不得超过15min。

2. 初发酵试验　每个样品，选择3个适宜的连续稀释度的样品匀液（液体样品可以选择原液），每个稀释度接种3管月桂基硫酸盐胰蛋白胨（LST）肉汤，每管接种1mL（如接种量需要超过1mL，则用双料LST肉汤），36℃±1℃培养24h±2h，观察倒管内是否有气泡产生，24h产气者进行复发酵试验，如未产气则继续培养至48h±2h。记录在24h和48h内产气的LST肉汤管数。未产气者为粪大肠菌群阴性，产气者则进行复发酵试验。

如采用多个稀释度，最终确定最适的三个连续稀释度方法参见《食品安全国家标准　食品微生物学检验粪大肠菌群计数》（GB 4789.39—2013）附录B。

3. 复发酵试验　用接种环从产气的LST肉汤管中分别取培养物1环，移种于预先升温至44.5℃的EC肉汤管中。将所有接种的EC肉汤管放入带盖的44.5℃±0.2℃恒温水浴箱内，培养24h±2h，水浴箱的水面应高于肉汤培养基液面，记录EC肉汤管的产气情况。产气管为粪大肠菌群阳性，不产气为粪大肠菌群阴性。同时以已知为44.5℃产气阳性的大肠埃希氏菌和44.5℃不产气的产气肠埃希氏菌或其他大肠菌群细菌作阳性和阴性对照。

4. 粪大肠菌群MPN计数的报告　根据证实为粪大肠菌群的阳性管数，查粪大肠菌群最可能数（MPN）检索表［见《食品安全国家标准　食品微生物学检验粪大肠菌群计数》（GB 4789.39—2013）附录C］，报告每1g（mL）粪大肠菌群的MPN值。

复习与思考

1. 解释下列名词：大肠菌群、粪大肠菌群、大肠菌群MPN、总大肠菌群、指示菌。

2. 判断食品是否被肠道致病菌所污染及其污染程度时，常用大肠菌群作为指示菌来表示，该指示菌应具备的条件有哪些？

3. 大肠菌群和粪大肠菌群有什么区别？如何区分粪大肠菌群和非粪大肠菌群？

4. 大肠菌群测定时为什么要进行复发酵试验？

5. 双料培养基如何制备？什么样的检样需要用双料培养基进行培养？

项目六 食物中毒性微生物的检验

项目指南

致病性微生物是评价食品卫生质量极其重要且不可缺少的指标，致病性微生物包括食物中毒性微生物和病原微生物，动物性食品中多数致病菌均不得检出，个别致病菌限量检出。因为食品首先是应考虑其安全性，其次才是可食性和其他。食品中一旦含有致病性微生物，其安全性就随之丧失，食用性也不复存在了。所以，各国卫生部门对致病性微生物都作了严格规定，把它作为食品卫生质量最重要的评价指标。本项目的主要内容是掌握食物中毒的基本概念；了解各种食物中毒性微生物的生物学特性、致病性；掌握主要的引起食物中毒性微生物标准检验方法，包括增菌培养、分离培养、纯培养、生化试验、血清学试验等；掌握各种细菌在相应培养基上的菌落特征；明确不同食物中毒性细菌检验方法的区别。本项目重点是掌握沙门氏菌的标准检验方法（GB 4789.4—2024），霉菌酵母菌检验方法（GB 4789.15—2010）。难点是沙门氏菌在不同选择性培养基上菌落特征的识别，生化试验及生化结果分析，沙门氏菌结果报告。

通过本项目的学习，食品微生物检验人员必须牢固树立标准化操作的观念并严格执行无菌操作。特别需要强调的是，食品监督管理部门实验室出具的检验报告签名盖章后具有法律效力，是食品监管执法的重要依据。本项目注重教材的实时性、时效性和权威性，使用了最新版本的食品安全国家标准，如食品安全国家标准食品中致病菌限量（GB 29921—2021）及沙门氏菌、志贺氏菌和致泻大肠埃希氏菌的肠杆菌科噬菌体诊断检验（GB 4789.31—2013）。

认知与解读

一、食物中毒的认知

食物中毒是指健康的人经口摄入正常数量的可食状态的食品后所引起的非传染性急性或亚急性的疾病。常常是因为食用了被某种微生物或微生物毒素、有毒化学物质及其他有毒物质（如有毒生物组织）所引起的一种疾病，属于食源性疾病的范畴，是食源性疾病中最为常见的疾病。食物中毒既不包括因暴食暴饮而引起的急性胃肠炎、食源性肠道传染病（如伤寒）和寄生虫病（如旋毛虫病、囊虫病），也不包括因长期少量多次摄入某些有毒、有害物质引起的慢性毒害为主要特征（如致癌、致畸、致突变）的疾病。

(一) 食物中毒的分类

食物中毒按其污染的种类大致分为细菌性食物中毒、真菌毒素中毒、动物性食物中毒、植物性食物中毒和化学性食物中毒五种类型。细菌性食物中毒，是指人们摄入含有细菌或细菌毒素的食品而引起的食物中毒。细菌性食物中毒的发生与不同区域人群的饮食习惯有密切关系。美国多食肉、蛋和糕点，葡萄球菌食物中毒最多；日本喜食生鱼片，副溶血性弧菌食物中毒最多；我国食用畜禽肉、禽蛋类较多，则沙门氏菌食物中毒居首位。真菌毒素中毒，是指真菌在谷物或其他食品中生长繁殖产生有毒的代谢产物，人和动物食入这种毒性物质发生的中毒。真菌生长繁殖及产生毒素需要一定的温度和湿度，因此中毒往往有比较明显的季节性和地区性。动物性食物中毒，是指食入动物性中毒食品引起的食物中毒。动物性中毒食品主要有两种：将天然含有有毒成分的动物或动物的某一部分当做食品；在一定条件下产生了大量的有毒成分的可食的动物性食品。近年，我国发生的动物性食物中毒主要是河豚中毒，其次是鱼胆中毒。植物性食物中毒，一般因误食有毒植物或有毒的植物种子，或烹调加工方法不当，没有把植物中的有毒物质去掉而引起的中毒。最常见的植物性食物中毒为菜豆、有毒蘑菇、马铃薯、曼陀罗、银杏、苦杏仁、桐油等中毒。化学性食物中毒，是指食入一些有毒的金属、非金属及其化合物如农药、亚硝酸盐等化学物质污染食品而引起的食物中毒。

细菌性食物中毒、真菌毒素中毒又称微生物性食物中毒，是最常见的食物中毒。2011年第二季度，中国疾病预防控制中心网络直报系统共收到全国食物中毒事件报告57起，中毒2 658人，其中死亡29人。其中微生物性食物中毒的中毒人数最多，占总数的三成以上，主要是由于食用了受细菌污染的食品而引起，与食品加工、销售、保存等环节条件差，群众食品卫生意识淡薄等密切相关。

1. 细菌性食物中毒 细菌性食物中毒可分为感染型食物中毒、毒素型食物中毒和混合型食物中毒。

(1) 感染型食物中毒。指食用被污染并繁殖了大量食物中毒性微生物（包括病原菌和条件致病菌）的食物引起的食物中毒。如沙门氏菌、致病性大肠埃希氏菌、副溶血性弧菌、变形杆菌、蜡样芽孢杆菌、产气荚膜梭菌、耶尔森氏菌、嗜盐菌、枯草杆菌及肠球菌等，这种含有大量活菌（一般含菌数在 10^7 个/g 以上）的食物被摄入机体后，在肠道内继续生长繁殖，靠其侵袭力附于肠黏膜或侵入黏膜下层，引起肠黏膜充血、白细胞浸润、水肿、渗出等炎性病理变化。某些病原菌如沙门氏菌进入黏膜固有层后可被吞噬细胞吞噬或杀灭，菌体裂解后释放出内毒素，内毒素作为致热源刺激体温调节中枢引起体温升高，亦可协同致病菌作用于肠黏膜，引起腹泻等胃肠道症状。此类中毒是由细菌本身引起的。

(2) 毒素型食物中毒。食物被能产生毒素的微生物如葡萄球菌、肉毒梭菌、产气荚膜梭菌等污染，并在适宜的条件下生长繁殖，产生了某种毒素，这种毒素同污染的微生物一起或单独随食物被摄入人体后所引起的一系列中毒现象，称为毒素型食物中毒。此种中毒主要是细菌产生的大量毒素所引起的，如葡萄球菌肠毒素、产气荚膜梭菌毒素及肉毒毒素引起的食物中毒，所以在检验毒素型食物中毒时，不仅要检测引起中毒的细菌，更重要的是测定其所产生的毒素。

(3) 混合型食物中毒。有的细菌性食物中毒，既具有感染型食物中毒的特征，又具有毒素型食物中毒的特征，称为混合型食物中毒。如副溶血性弧菌、蜡样芽孢杆菌引起的食物中毒。这种中毒在检验时，应特别重视对其毒素的测定，以免发生漏检。

2. 细菌性食物中毒的临床特征　细菌性食物中毒因污染食品的种类和微生物及其毒素不同，临床上既有某些共同的特征，也有各自不同的表现（表 6-1）。

表 6-1　细菌性食物中毒的主要特征

引起食物中毒的病原菌或其毒素	常见食品	潜伏期	病程	主要特征	重点检查材料
沙门氏菌	肉类、蛋品	最短 6～8h，长可达 2～3d，平均 12～24h	3～7d	恶心、呕吐、腹痛、腹泻、发热（38～40℃）、出冷汗、头痛、全身痛	粪便、食品、血液
副溶血性弧菌	水产品、腌制品	8～24h，平均约 10h	1～3d	恶心、呕吐、腹痛（以上腹痛为主）、腹泻、多为水样便	粪便、食品
变形杆菌	肉、蛋、水产品	一般为 3～5h，长者可达 16h	1～3d	恶心、呕吐、腹痛、腹泻、发热（38℃左右）	食品、粪便
小肠结肠耶尔森氏菌	乳、蛋、水产品	一般约 10d，经饮水或食物型暴发多为 3～5d	3～14d	恶心、呕吐、腹痛、腹泻、头痛、发热、结节性红斑	食品、粪便
致病性大肠埃希氏菌	凉拌菜、肉类食品	2～20h，通常 4～10h	1～3d	恶心、呕吐、腹痛、腹泻、水样便或黏液便，发热（不超过 39℃）	粪便、食品
空肠弯曲菌	家禽肉、牛奶、水	1～10h，平均为 3～5d	12～7d	发热、头痛、眩晕、背痛、肌肉痛、战栗、呕吐、腹痛、腹泻	家禽肉、牛奶、水
蜡样芽孢杆菌	米饭、肉、乳、淀粉类制品	最短 0.5～1h，长可达 8h	约 1d	恶心、呕吐、腹痛、腹泻	食品、呕吐物
葡萄球菌（肠毒素）	肉、乳、淀粉类制品	0.5～6h	1～2d	恶心、呕吐（频繁而剧烈）、腹痛、腹泻	食品、呕吐物
溶血性链球菌	肉类（特别是猪头肉）	6～12h	2～7d	恶心、呕吐、腹痛、腹泻、尿急、尿频、关节炎、头痛，中度发热，咽及扁桃体红肿、有白膜	食品、咽头涂抹物
粪链球菌	肉、乳水产品冷冻食品	5～10h	1～2d	恶心、呕吐、腹痛、腹泻、少数发热	食品、呕吐物粪便
肉毒梭菌（肉毒毒素）	罐头香肠、鱼、豆制品	2～14d，平均 1～2d	2～20d	咽食困难、复视、失音、呼吸困难	食品、呕吐物

(1) 感染型食物中毒的临床特征。潜伏期短，其长短主要与进入体内的细菌量及个体的体质状况有关；病程短，通常为1～3d；发病症状以急性胃肠炎为主；从病人和原因食品中均可分离出相同的病原微生物；病人分布有局限性，未吃入原因食品者不发病；不易造成带菌现象，排菌时间很短。

(2) 毒素型食物中毒的临床特征。潜伏期长短不一，从几小时到10d以上；病程长短不一，如金黄色葡萄球菌毒素中毒能够迅速痊愈，而肉毒毒素中毒则恢复很慢，一般为2～3d，长的达2～3周；胃肠型症状不明显，如肉毒毒素所引起的中毒，虽然初期表现为恶心、呕吐、有时腹痛，但主要症状为痉挛、运动神经失调、分泌机能失调等神经症状和虚脱，出现不能抬头、瞳孔放大、光反应迟钝、头痛、言语困难、吞咽不易、呼吸不畅等。

3. 真菌毒素中毒 真菌毒素中毒系指真菌毒素引起的对人体健康的各种损害。引起人类中毒的真菌有两类，一类是霉菌毒素，如黄曲霉毒素；另一类是蕈类毒素，如鹅膏毒素。霉菌极易在各种粮食中生长繁殖，并产生毒素，动物性食品中的霉菌毒素往往是通过被污染的饲料发生生物富集而来的。霉菌毒素对脂肪具有亲嗜性，且耐热，如黄曲霉毒素的裂解温度为380℃，故一般加工温度不能将其破坏，因此，要禁止使用发霉的原料生产食品和使用发霉的饲料饲养动物。

（二）微生物性食物中毒的特点

微生物性食物中毒既有食物中毒的共同特点，又因引起中毒的原因是微生物，而表现出一些独特的地方，概括起来有以下几个方面：

1. 与饮食有关，不吃者不发病 即使是在同桌进餐，或是一家人，只要没有食用原因食品就不会发生食物中毒。

2. 引起中毒的原因食品除掉后，不再有新的患者发生 在没有找出原因食品之前，继续有人食用该食品，可不断发生食物中毒，且表现出相似的症状，有时易与传染病相混淆。

3. 发病呈暴发性 微生物性食物中毒和其他食物中毒一样，突然发生，根据食用原因食品的人数不同，可有数百人至数千人同时发病，而且表现的临床症状一致。如食堂人口密集，发生在集体食堂的食物中毒起数、中毒人数最多。2005年全国第三季度6 024人食物中毒，半数发生在学校食堂，主要由致病性微生物引起。

4. 发病季节性明显 微生物性食物中毒全年皆可发生，但以5～10月份较多，这与夏季气温高、微生物易于大量繁殖和人们的饮食习惯（吃凉食、冷饮较多）有关。此外，也与机体防御功能降低、易感性增高有关。

5. 中毒症状以急性胃肠炎为主，不具有传染性 细菌性食物中毒是最常见的微生物性食物中毒，因此在症状上多数都具有恶心、呕吐、腹痛、腹泻等急性胃肠炎症状，病程短，恢复快，预后好，病死率低。但李斯特氏菌、肉毒梭菌等食物中毒病程长，病情重，恢复慢。

6. 从病人和原因食品中均可检测出同样的病原微生物或微生物毒素 发生微生物性食物中毒时，都能从病人急性发病期的呕吐物、血液及后期的粪便中和引起中毒的食品中分离到同一血清型的微生物或微生物毒素。这也是确定是否微生物食物中毒的重要依据。

（三）引起微生物性食物中毒的原因

食品受到某些微生物或微生物毒素的污染是发生微生物性食物中毒的根本原因，微生物污染的原因有内源性污染和外源性污染，其中外源性污染是主要的，概括起来主要有以下几个方面：

1. 食品原料受到了污染　食品生产之前，由于原料检验不严格，甚至不经检验，原料中污染了大量中毒性微生物或微生物毒素。

2. 生产、加工、运输、销售及食用过程中的污染　这些过程中的某个环节因违反卫生规程或不按卫生规程操作，而使食品遭受微生物或微生物毒素污染。

3. 加工方法不当　主要是某些食品因块大、烧煮时间太短或温度太低未经烧熟煮透，被污染的微生物没有被杀死。如油炸食品时中心未熟透等。

4. 交叉污染　在食品制作时，发生了生、熟食品交叉污染，如用盛放过生食品的容器、用具、刀板等与熟食品发生接触，而导致熟食品被污染上了生食品中的某些微生物或其毒素，而该熟食品在食用前没有经过再加热或加热温度不足以杀灭污染的微生物，人体摄入这种食品后，则引起食物中毒。

5. 从业人员的污染　接触食品的从业人员的个人卫生状况不良，如从业人员患有某种肠道传染病或带菌者，则可以将这种病原微生物污染到食品上而导致食物中毒或食物感染。因此，对食品加工人员要定期体检，发现患有某些传染病或带菌者，要调离与食品接触的工作岗位。同时食品工作人员要搞好个人卫生，以减少对食品的污染。

（四）微生物性食物中毒的预防

微生物性食物中毒常常给人类带来严重的危害，是食品卫生检验的重要内容之一。引起中毒的原因与食品从生产到消费过程中的某些环节受到微生物的污染有直接关系。因此，必须采取有效措施，预防微生物性食物中毒的发生。

1. 严格执行有关法规　严格遵守国家颁布的《中华人民共和国食品安全法》和其他有关条例、规定，以及各地区制定的各种规定与卫生要求，加强食品卫生的检验与监督工作。

2. 严格防止食品污染　在食品生产过程中，必须按卫生要求操作，避免食品原料、半成品、成品受到动物皮毛、粪便、污水、容器上微生物的污染，特别是蛋类、鱼类、奶类和肉制品等的污染，要防止在生产加工和贮藏、销售过程中的各种因素的污染，如生熟交叉、蝇鼠等的污染。

3. 控制微生物在食品上的繁殖　一般食物中毒性细菌的最适生长温度在35～37℃，绝大部分在低温下即停止生长或生长缓慢，因此，低温贮存食品是控制污染微生物在食品上繁殖的重要措施。

4. 杀灭污染食品中的微生物　杀灭食品中微生物的方法很多，如降低食品pH，提高食品的渗透压（盐腌、糖渍）、采用紫外线照射或其他辐射线照射和加热灭菌等，其中加热灭菌法对微生物的杀灭最为彻底，这在食品罐头生产中已广泛应用。

5. 加强食品卫生检验和宣传工作　大力宣传食品卫生知识，保护和净化环境，采取各种配套措施防止食物中毒事件发生，一旦发生食物中毒，应立即进行细致的检验分析，找到发生中毒的原因，并向卫生防疫部门报告，采取有效措施，控制病情的发展和恶化，把损失降低到最低点。

二、沙门氏菌及其检验

沙门氏菌（*Salmonella*）可引起混合型的食物中毒，它对食品的污染是多方面的，尤其是对动物性食品的污染较为常见，可归纳总结为两条途径。一是内源性污染，这主要是由于沙门氏菌广泛存在于各种动物的肠道中，甚至存在于内脏或禽蛋中，而且均具有较高的带菌率，所以某些畜禽机体就可能带有此菌，当机体免疫力下降、条件适宜时，菌体就会进入血液、内脏和肌肉组织，造成食品的内源性污染；二是外源性污染，由于沙门氏菌的分布广，如果畜禽粪便污染了食品加工场所的环境或用具，就会造成食品在加工、运输、储存、销售及动物屠宰等环节受到沙门氏菌的污染。一旦条件适宜，沙门氏菌就会迅速生长繁殖，当菌数在食品中达到一定数量，被消费者食用后就会造成食物中毒，危害人的身体健康，甚至危及生命。沙门氏菌是世界上最常见引发食源性疾病的病原菌，也是全球报告最多的、公认的食源性疾病的首要病原菌，在细菌性食物中毒事件中，一直居支配地位。据资料统计，在我国细菌性食物中毒中，70%～80%是由沙门氏菌引起，而引起沙门氏菌中毒的食品中，90%以上是肉类等动物性食品。据FAO/WHO微生物危险性评估专家组报道的资料，沙门氏菌在各国的发病率分别是：澳大利亚每10万人中38例，德国每10万人中120例，日本每10万人中73例，荷兰每10万人中16例，美国每10万人中14例。

沙门氏菌属是肠杆菌科中的一个重要菌属。目前国际上有2 400个以上的血清型，我国已发现200多个。沙门氏菌有两个种，即肠炎沙门氏菌和邦戈沙门氏菌。依据菌体O抗原结构的差异，将沙门氏菌分为A、B、C1、C2、C3、D、E1、E4、F等，其中对人类致病的沙门氏菌仅占少数。沙门氏菌的宿主特异性极弱，既可感染动物也可感染人类，极易引起人类的食物中毒。致病性最强的是猪霍乱沙门氏菌（*Salmonella cholerae*），其次是鼠伤寒沙门氏菌（*Salmonella typhimurium*）和肠炎沙门氏菌（*Salmonella enteritidis*）。

沙门氏菌属在外界的生活力较强，在普通水中虽不易繁殖，但可生存2～3周，在粪便中可生存1～2个月，在土壤中可过冬，在咸肉、鸡和鸭肉中也可存活很长时间。水经氯化物处理5min可杀灭其中的沙门氏菌。相对而言，沙门氏菌属不耐热，55℃、1h，60℃、15～30min即被杀死。此外，由于沙门氏菌属不分解蛋白质，不产生靛基质，污染食物后无感官性状变化，易被忽视而引起食物中毒。此菌中毒死亡率较低。沙门氏菌对食品造成的污染越来越受到食品加工企业、卫生检疫部门及广大消费者的重视，现已成为食品卫生方面的一个重要课题。

（一）生物学特性

1. 形态与染色特性 沙门氏菌为革兰氏阴性菌、两端钝圆的短杆菌，其大小为（0.7～1.5）μm×（2.0～5.0）μm，不形成荚膜和芽孢，除鸡白痢沙门氏菌、鸡伤寒沙门氏菌外，都具有周身鞭毛，能运动，大多数具有菌毛，能吸附于宿主细胞表面或凝集豚鼠红细胞。

2. 培养特性 沙门氏菌是需氧及兼性厌氧菌，在10～42℃的范围内均能生长，最适生长温度为37℃。最适生长的pH为6.8～7.8，在普通琼脂培养基上即能良好生长，培养24h后，形成中等大小、圆形、表面光滑、无色半透明、边缘整齐的菌落，其菌落特征亦与大肠埃希氏菌相似。

3. 生化特征　沙门氏菌属各成员之间的一般生化特征比较一致，但也存在个别菌株个别特性的差异，一般特征为：发酵葡萄糖、麦芽糖、甘露醇和山梨醇产气，不发酵乳糖、蔗糖和侧金盏花醇，不产吲哚，V-P反应阴性，不分解尿素和对苯丙氨酸不脱氨。伤寒沙门氏菌、鸡伤寒沙门氏菌及一部分鸡白痢沙门氏菌发酵糖不产气，大多数鸡白痢沙门氏菌不发酵麦芽糖；除鸡白痢沙门氏菌、猪伤寒沙门氏菌、甲型副伤寒沙门氏菌、伤寒沙门氏菌和仙台沙门氏菌等外，均能利用枸橼酸盐；除牛流产等少数沙门氏菌外，凡第一亚属的菌型都不能液化明胶。沙门氏菌属在《伯杰氏细菌分类手册》中被列在第五部分肠杆菌科内。

4. 血清学特征　沙门氏菌具有复杂的抗原结构，沙门氏菌一般具有菌体（O）抗原、鞭毛（H）抗原和表面抗原（荚膜或包膜抗原）三种抗原。

O抗原存在于菌体表面，其化学成分为类脂-多糖-多肽复合物，多糖部分决定其特异性，对热稳定，一个菌体具有一种或多种不同的O抗原。有些O抗原是某一菌群特有的，如2、4、7、8、9、10、11等，其他菌群不具有，被称为主要抗原；有些O抗原是几个菌群共有的，如1、5、6、12等，称为次要抗原。我们一般根据主要抗原把整个沙门氏菌分为50个O群，即由OA－OZ（以字母表示）和O51至O67，由人及其他温血动物中分离得到的沙门氏菌98%以上在A至E群中。

H抗原存在于鞭毛中，其化学成分是蛋白质，不耐热，其抗原性可以被酒精所破坏。H抗原常常有两相的变异。第一相为特异相，用小写英文字母表示；第二相为非特异相，用阿拉伯数字表示，也有少数菌含有第一相中的抗原e、n、x等成分。凡具有两相的称为双相菌，大多数沙门氏菌属于此类，有的只有一相H抗原，称为单相菌，如肠炎沙门氏菌。极少数无鞭毛菌两相抗原都不具有，称为无相菌，如鸡白痢沙门氏菌。

Vi抗原为包膜抗原，少数沙门氏菌，如伤寒沙门氏菌、丙型副伤寒沙门氏菌的新分离菌株，常具有这种包膜抗原，经过几次传代后，60℃热处理或石炭酸处理后容易消失，Vi抗原可以阻止O抗原与抗体的结合，因此要进行O抗原凝集反应，必须先去除Vi抗原。

5. 毒素特性　沙门氏菌不产生外毒素，但菌体裂解时，可产生毒性很强的内毒素，此种毒素为致病的主要原因，可引起人体发冷、发热及白细胞减少等病症。

（二）致病性

沙门氏菌食物中毒一般认为分两个阶段，沙门氏菌经口进入人体以后，在肠道内大量繁殖，经淋巴系统进入血液，造成一过性菌血症，即感染过程。随后，沙门氏菌在小肠淋巴结和网状内皮系统中裂解而释放出大量内毒素，活菌和内毒素共同作用于胃肠道，使黏膜发炎，水肿、充血或出血，引起全身感染，使消化道蠕动增强而吐泻，出现中毒症状。内毒素不仅毒力较强，还是一种致热源，使体温升高。

（三）检验

食品中沙门氏菌的检验应按《食品安全国家标准　食品微生物学检验　沙门氏菌检验》（GB 4789.4—2024）进行，检验程序见图6－1。

1. 前增菌培养　称取25g（mL）样品放入盛有225mL BPW的无菌均质杯中，以8 000～10 000r/min均质1～2min，或置于盛有225mL BPW的无菌均质袋中，用拍击式均

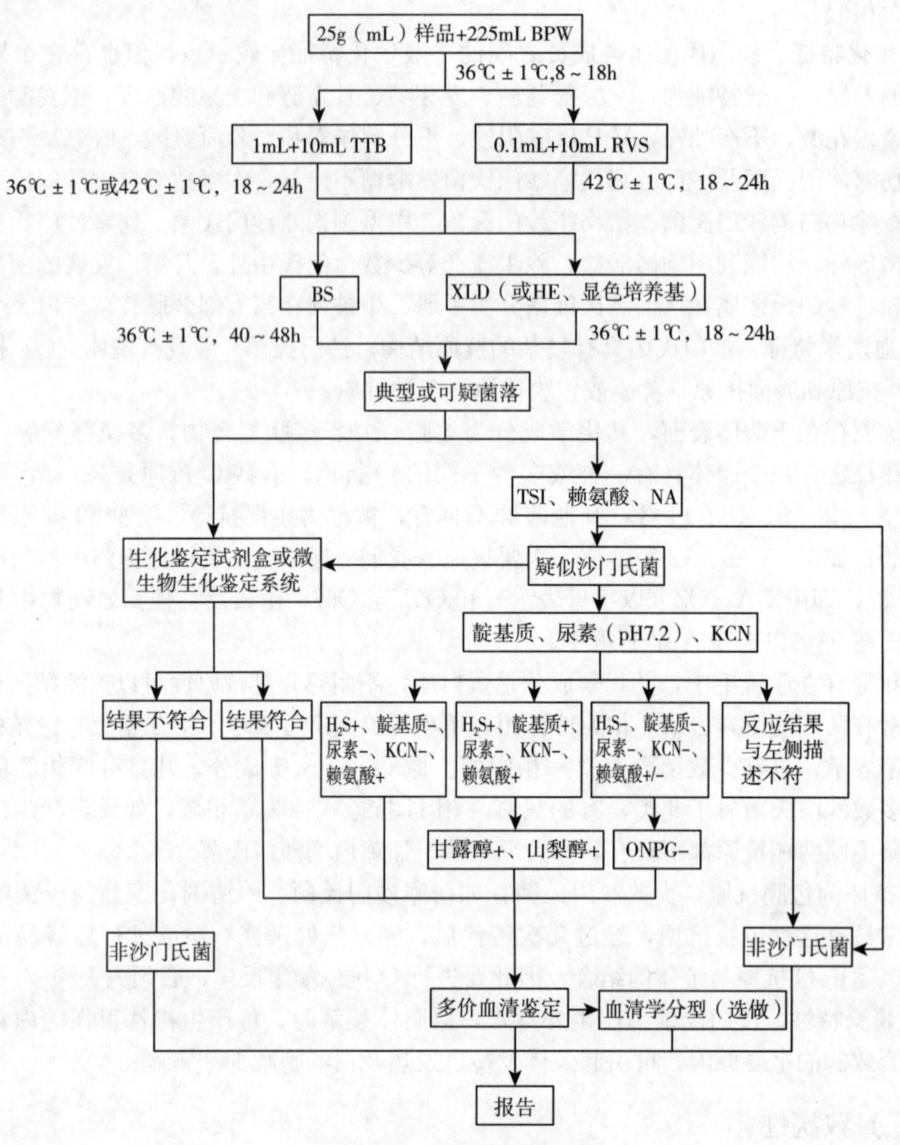

图6-1 沙门氏菌检验程序

质器拍打1～2min。若样品为液态，不需要均质，振荡混匀。如需测定pH，用1mol/mL无菌氢氧化钠或盐酸调pH至6.8±0.2。

无菌操作将样品转至500mL锥形瓶中，如使用均质袋，可直接进行培养，于36℃±1℃培养8～18h。

如为冷冻产品，应在45℃以下不超过15min，或2～5℃不超过18h解冻。

2. 增菌培养 轻轻摇动培养过的样品混合物，移取1mL，转种于10mL TTB内，于36℃±1℃或42℃±1℃培养18～24h。同时，另取0.1mL，转种于10mL RVS内，于42℃±1℃培养18～24h。

3. 分离培养 分别用接种环取增菌液1环，划线接种于一个BS琼脂平板和一个XLD琼脂平板（或HE琼脂平板或沙门氏菌属显色培养基平板）。于36℃±1℃分别培养18～24h

（XLD 琼脂平板、HE 琼脂平板、沙门氏菌属显色培养基平板）或 40～48h（BS 琼脂平板），观察各个平板上生长的菌落，各个平板上的菌落特征见表 6－2。

表 6－2　沙门氏菌属在不同选择性琼脂平板上的菌落特征

选择性琼脂平板	沙门氏菌
BS 琼脂	菌落为黑色，有金属光泽、棕褐色或灰色，菌落周围培养基可呈黑色或棕色；有些菌株形成灰绿色的菌落，周围培养基不变
HE 琼脂	菌落呈蓝绿色或蓝色，多数菌落中心黑色或几乎全黑色；有些菌株为黄色，中心黑色或几乎全黑色
XLD 琼脂	菌落呈粉红色，带或不带黑色中心，有些菌株可呈现大的带光泽的黑色中心，或呈现全部黑色的菌落；有些菌株为黄色菌落，带或不带黑色中心
沙门氏菌属显色培养基	按照显色培养基的说明进行判定

4. 生化试验

（1）自选择性琼脂平板上分别挑取 4 个以上典型或可疑菌落，接种三糖铁琼脂，先在斜面划线，再于底层穿刺；接种针不要灭菌，直接接种赖氨酸脱羧酶试验培养基和营养琼脂平板，于 36℃±1℃培养 18～24h，必要时可延长至 48h。在三糖铁琼脂和赖氨酸脱羧酶试验培养基内，沙门氏菌属的反应结果见表 6－3。

表 6－3　沙门氏菌属在三糖铁琼脂和赖氨酸脱羧酶试验培养基内的反应结果

三糖铁琼脂				赖氨酸脱羧酶试验培养基	初步判断
斜面	底层	产气	硫化氢		
K	A	＋（－）	＋（－）	＋	可疑沙门氏菌属
K	A	＋（－）	＋（－）	－	可疑沙门氏菌属
A	A	＋（－）	＋（－）	＋	可疑沙门氏菌属
A	A	＋/－	＋/－	－	非沙门氏菌
K	K	＋/－	＋/－	＋/－	非沙门氏菌

注：K 表示产碱，A 表示产酸，＋表示阳性，－表示阴性，＋（－）表示多数阳性、少数阴性，＋/－表示阳性或阴性。

（2）接种三糖铁琼脂和赖氨酸脱羧酶试验培养基的同时，可直接接种蛋白胨水（供做靛基质试验）、尿素琼脂（pH 7.2）、氰化钾（KCN）培养基，也可在初步判断结果后从营养琼脂平板上挑取可疑菌落接种。于 36℃±1℃培养 18～24h，必要时可延长至 48h，按表 6－4判定结果。将已挑菌落的平板储存于 2～5℃或室温至少保留 24h，以备必要时复查。

表 6－4　沙门氏菌属生化反应初步鉴别

反应序号	硫化氢（H_2S）	靛基质	pH 7.2 尿素	氰化钾（KCN）	赖氨酸脱羧酶
A1	＋	－	－	－	＋
A2	＋	＋	－	－	＋
A3	－	－	－	－	＋/－

注：＋表示阳性；－表示阴性；＋/－表示阳性或阴性。

①反应序号 A1：典型反应判定为沙门氏菌属。如尿素、氰化钾和赖氨酸脱羧酶 3 项中有 1 项异常，按表 6－5 可判定为沙门氏菌。如有 2 项异常为非沙门氏菌。

表 6－5　沙门氏菌属生化反应初步鉴别

pH 7.2 尿素	氰化钾（KCN）	赖氨酸脱羧酶	判定结果
－	－	－	甲型副伤寒沙门氏菌（要求血清学鉴定结果）
－	＋	＋	沙门氏菌Ⅳ或Ⅴ（要求符合本群生化特性）
＋	－	＋	沙门氏菌个别变体（要求血清学鉴定结果）

注：＋表示阳性；－表示阴性。

②反应序号 A2：补做甘露醇和山梨醇试验，沙门氏菌靛基质阳性变体两项试验结果均为阳性，但需要结合血清学鉴定结果进行判定。

③反应序号 A3：补做 ONPG。ONPG 阴性为沙门氏菌，同时赖氨酸脱羧酶阳性，甲型副伤寒沙门氏菌为赖氨酸脱羧酶阴性。

④必要时按表 6－6 进行沙门氏菌生化群的鉴别。

表 6－6　沙门氏菌属各生化群的鉴别

项　目	Ⅰ	Ⅱ	Ⅲ	Ⅳ	Ⅴ	Ⅵ
卫矛醇	＋	＋	－	－	＋	－
山梨醇	＋	＋	＋	＋	＋	－
水杨苷	－	－	－	＋	－	－
ONPG	－	－	＋	－	＋	－
丙二酸盐	－	＋	＋	－	－	－
氰化钾	－	－	－	＋	＋	－

注：＋表示阳性；－表示阴性。

（3）如选择生化鉴定试剂盒或全自动微生物生化鉴定系统，可根据初步判断结果，从营养琼脂平板上挑取可疑菌落，用生理盐水制备成浊度适当的菌悬液，使用生化鉴定试剂盒或全自动微生物生化鉴定系统进行鉴定。

5. 血清学鉴定

（1）抗原的准备。一般采用 1.2%～1.5%琼脂培养物作为玻片凝集试验用的抗原。

O 血清不凝集时，将菌株接种在琼脂量较高的（如 2%～3%）培养基上再检查；如果是由于 Vi 抗原的存在而阻止了 O 凝集反应时，可挑取菌苔于 1mL 生理盐水中做成浓菌液，于酒精灯火焰上煮沸后再检查。H 抗原发育不良时，将菌株接种在 0.55%～0.65%半固体琼脂平板的中央，待菌落蔓延生长时，在其边缘部分取菌检查；或将菌株通过装有 0.3%～0.4%半固体琼脂的小玻管 1～2 次，自远端取菌培养后再检查。

（2）多价菌体抗原（O）鉴定。在玻片上划出 2 个约 1cm×2cm 的区域，挑取 1 环待测菌，各放 1/2 环于玻片上的每一区域上部，在其中一个区域下部加 1 滴多价菌体（O）抗血清，在另一区域下部加入 1 滴生理盐水作为对照。再用无菌的接种环或针分别将两个区域内的菌落研成乳状液。将玻片倾斜摇动混合 1min，并对着黑暗背景进行观察，任何程度的凝集现象皆为阳性反应。

（3）多价鞭毛抗原（H）鉴定。同多价菌体抗原（O）鉴定。

（4）血清学分型（选做项目）。

①O抗原的鉴定：用A～F多价O血清做玻片凝集试验，同时用生理盐水做对照。在生理盐水中自凝者为粗糙形菌株，不能分型。

被A～F多价O血清凝集者，依次用O4，O3，O10，O7，O8，O9，O2和O11因子血清做凝集试验。根据试验结果，判定O群。被O3、O10血清凝集的菌株，再用O10、O15、O34、O19单因子血清做凝集试验，判定E1、E2、E3、E4各亚群，每一个O抗原成分的最后确定均应根据O单因子血清的检查结果，没有O单因子血清的要用两个O复合因子血清进行核对。

不被A～F多价O血清凝集者，先用9种多价O血清检查，如有其中一种血清凝集，则用这种血清所包括的O群血清逐一检查，以确定O群。每种多价O血清所包括的O因子如下：

O多价1：A，B，C，D，E，F群（并包括6，14群）；

O多价2：13，16，17，18，21群；

O多价3：28，30，35，38，39群；

O多价4：40，41，42，43群；

O多价5：44，45，47，48群；

O多价6：50，51，52，53群；

O多价7：55，56，57，58群；

O多价8：59，60，61，62群；

O多价9：63，65，66，67群。

②H抗原的鉴定：属于A～F各O群的常见菌型，依次用表6-7所述H因子血清检查第1相和第2相的H抗原。

表6-7　A～F群常见菌型H抗原

O群	第1相	第2相
A	a	无
B	g，f，s	无
B	i，b，d	2
C1	k，v，r，c	5，Z15
C2	b，d，r	2，5
D（不产气的）	d	无
D（产气的）	g，m，p，q	无
E1	h，v	6，w，x
E4	g，s，t	无
E4	i	

不常见的菌型，先用8种多价H血清检查，如有其中一种或两种血清凝集，则再用这一种或两种血清所包括的各种H因子血清逐一检查，以第1相和第2项的H抗原。8种多价H血清所包括的H因子如下：

H多价1：a，b，c，d，i；

H 多价 2：eh，enx，enz15，fg，gms，gpμ，gp，gq，mt，gz51；

H 多价 3：k，r，y，z，z10，lv，lw，lz13，lz28，lz40；

H 多价 4：1、2，1、5，1、6，1、7，z6；

H 多价 5：z4z23，z4z24，z4z32，z29，z35，z36，z38；

H 多价 6：z39，z41，z42，z44；

H 多价 7：z52，z53，z54，z55；

H 多价 8：z56，z57，z60，z61，z62。

每一个 H 抗原成分的最后确定均应根据 H 单因子血清的检查结果，没有 H 单因子血清的要用两个 H 复合因子血清进行核对。检出第 1 相 H 抗原而未检出第 2 相 H 抗原的或检出第 2 相 H 抗原而未检出第 1 相 H 抗原的，可在琼脂斜面上移种 1～2 代后再检查。如仍只检出一个相的 H 抗原，要用位相变异的方法检查其另一个相。单相菌不必做位相变异检查。

位相变异试验方法如下：

小玻管法：将半固体管（每管 1～2mL）在酒精灯上溶化并冷至 50℃，取已知相的 H 因子血清 0.05～0.1mL，加入溶化的半固体内，混匀后，用毛细吸管吸取分装于供位相变异试验的小玻管内，俟凝固后，用接种针挑取待检菌，接种于一端。将小玻管平放在平皿内，并在其旁放一团湿棉花，以防琼脂中水分蒸发而干缩，每天检查结果，待另一相细菌解离后，可以从另一端挑取细菌进行检查。培养基内血清的浓度应有适当的比例，过高时细菌不能生长，过低时同一相细菌的动力不能抑制。一般按原血清 1∶(200～800) 的量加入。

小倒管法：将两端开口的小玻管（下端开口要留一个缺口，不要平齐）放在半固体管内，小玻管的上端应高出于培养基的表面，灭菌后备用。临用时在酒精灯上加热溶化，冷至 50℃，挑取因子血清 1 环，加入小套管中的半固体内，略加搅动，使其混匀，俟凝固后，将待检菌株接种于小套管中的半固体表层内，每天检查结果，待另一相细菌解离后，可从套管外的半固体表面取菌检查，或转种 1%软琼脂斜面，于 37℃培养后再做凝集试验。

简易平板法：将 0.35%～0.4%半固体琼脂平板烘干表面水分，挑取因子血清 1 环，滴在半固体平板表面，放置片刻，待血清吸收到琼脂内，在血清部位的中央点种待检菌株，培养后，在形成蔓延生长的菌苔边缘取菌检查。

③Vi 抗原的鉴定：用 Vi 因子血清检查。已知具有 Vi 抗原的菌型有伤寒沙门氏菌、丙型副伤寒沙门氏菌和都柏林沙门氏菌。

④菌型的判定：根据血清学分型鉴定的结果，按照有关沙门氏菌属抗原表判定菌型。

6. 结果与报告 综合以上生化试验和血清学鉴定的结果，报告 25g（mL）样品中检出或未检出沙门氏菌。

三、致病性大肠埃希氏菌及其检验

致病性大肠埃希氏菌是指能使人和动物（尤其是婴儿和幼龄动物）感染及人食物中毒的一群大肠埃希氏菌。在自然界中本菌分布广泛，主要寄居场所是人和其他温血动物的肠道中，是一类条件致病菌。致病性大肠埃希氏菌的形态特点、培养特性和生化特性与非致病性大肠埃希氏菌非常相似，以致难以区分，只能通过血清学的方法，从抗原结构的差异来区别。在致病性大肠埃希氏菌中，有些血清型能够引起人的食物中毒，有些血清型能够引起人的肠道内外感染，还有一些血清型的菌株能够使畜禽发病，危害畜牧业，降低畜产品的质量。

根据不同的生物学特性将致病性大肠埃希氏菌分为5类，即肠产毒素性大肠埃希氏菌（ETEC）、肠侵袭性大肠埃希氏菌（EIEC）、致病性大肠埃希氏菌（EPEC）、肠出血性大肠埃希氏菌（EHEC）和肠黏附性大肠埃希氏菌（EAEC）。能够引起食物中毒的大肠埃希氏菌血清型有O6、O8、O15、O25、O26、O55、O78、O86、O111、O115、O143、O149、O157等。如1997年7月在日本就发生了大肠埃希氏菌O157型引起的食物中毒，造成9 017人中毒，10人死亡，其原因与生食萝卜苗有关。致病性大肠埃希氏菌可从饮用水、未消毒牛乳、病畜脏器、禽类及人兽粪便污染的各种食品中分离出来。这种致病菌引起食物中毒是感染型和毒素型的综合作用。但是，致病大肠埃希氏菌的致病性是一个很复杂的问题，也并非由某一方面的因素所决定。

致病性大肠埃希氏菌抵抗力属中等，各菌型之间存在差异，巴氏灭菌法可杀死大多数致病性大肠埃希氏菌，但一部分耐热型菌株仍可存活，煮沸数分钟后才能被杀死。此菌对青霉素有中等抵抗力，对一般消毒剂都比较敏感，对氯尤为敏感，水中游离氯达到0.2mg/L时，即可杀死此菌。此菌在土壤中、水中及粪便中可存活数月以上。

（一）生物学特性

1. 形态与染色特性　致病性大肠埃希氏菌是肠杆菌科埃希氏菌属的细菌，菌体两端钝圆、中等大小、杆状（有时呈卵圆形），长1～3μm、宽0.6μm，周生鞭毛，能运动，不产生荚膜，革兰氏阴性，而且一般是对碱性染料着色较好，但有时两端着色较浓，要与巴氏杆菌区分开来。

2. 培养特性　致病性大肠埃希氏菌为需氧及兼性厌氧菌，对营养要求不高，在普通琼脂上就生长良好，在15～45℃范围内均可生长，但最适生长温度为37℃，最适pH为7.2～7.4。致病性大肠埃希氏菌在普通琼脂平板上培养24h，可形成圆形、凸起、光滑、湿润、半透明、边缘整齐、中等大小的菌落，其菌落与沙门氏菌比较相似，但是，大肠埃希氏菌菌落对光（45°角折射）观察可见荧光。在肉汤培养基中生长18～24h变为均匀混浊，而后，底部出现黏性沉淀物，并伴有粪臭味。部分菌落可出现β溶血。在远藤琼脂上长成带金属光泽的红色菌落；在SS琼脂平板上多不生长，少数生长的细菌，也因发酵乳糖产酸而形成红色菌落；在伊红美蓝琼脂上形成具有金属光泽的黑色菌落；在麦康凯琼脂上培养24h后孤立菌落呈红色。

3. 生化特性　致病性大肠埃希氏菌菌型很多，数量也很多，大多数菌的生化特性比较一致，但某些不典型菌株的生化特性不规则。一般菌株的生化特性如下：可发酵葡萄糖、乳糖、麦芽糖、甘露醇产酸产气，有些不典型的菌株不发酵或迟缓发酵乳糖；不同菌株对蔗糖、卫矛醇、水杨苷发酵结果不一致。本菌可使赖氨酸脱羧、不能使苯丙氨酸脱羧。不产生硫化氢，不液化明胶，不分解尿素，不能在氰化钾培养基上生长，靛基质试验阳性，V-P试验阴性，不利用枸橼酸盐。后四项生化特性是典型大肠埃希氏菌，与此不一致的即为非典型大肠埃希氏菌。

4. 血清学特性　大肠埃希氏菌的抗原构造主要由菌体抗原（O）、鞭毛抗原（H）和荚膜抗原（K）三部分组成。

(1) O抗原。指光滑型大肠埃希氏菌的菌体抗原，成分为细胞壁上的糖、类脂和蛋白质复合物，也是细菌的内毒素，热稳定性较强，高压蒸汽处理2h不被破坏。每一血清型只含有一种O抗原，本菌已发现有167种O抗原，分别以阿拉伯数字表示。

(2) H抗原。指鞭毛抗原，成分为蛋白质，一种大肠埃希氏菌只有一种H抗原，无鞭毛则无H抗原，H抗原能在80℃被破坏，H抗原共有64种。一般认为H抗原与致病性无关。

(3) K抗原。是细胞外部的荚膜或包膜物质的表面抗原，又称包膜抗原。新分离的大肠埃希氏菌70%具有K抗原。根据K抗原对热的敏感性，可把K抗原分为A、B、L三类，共有103种，致病性大肠埃希氏菌的抗原主要为B抗原，少数为L抗原，B抗原和L抗原均可在煮沸后被破坏，A抗原耐热性强，可耐受煮沸1h而不被破坏。

5. 毒素特性 有些大肠埃希氏菌产生肠毒素，一类为不耐热（LT）肠毒素，一类为耐热（ST）肠毒素。不耐热型肠毒素化学成分为蛋白质，在65℃的条件下30min即可被破坏，耐热型肠毒素无抗原性，可耐受100℃、10～30min而不失活或部分失活，耐热型肠毒素并非单一成分，具有不同的类型，现已发现同种菌株产生两种生物活性不同的耐热肠毒素。

（二）致病性

致病性大肠埃希氏菌属引起的食物中毒主要有两种类型，一种是肠道内感染，另一种是肠道外感染，两者具有不同的机理和症状。

1. 肠道内感染 引起肠道内感染的大肠埃希氏菌可分为三组，即肠道致病性大肠埃希氏菌，肠毒素性大肠埃希氏菌和侵袭型大肠埃希氏菌。

(1) 肠道致病性大肠埃希氏菌。此菌株一般是从婴儿腹泻的暴发性流行病例中分离得到的。但肠道致病性大肠埃希氏菌一般没有侵袭力，不能损害肠组织，很少有耐热或不耐热的肠毒素产生，这些菌株不含有酸性多糖K抗原，也没有像K88及K99那样的菌毛结构。因此，这组菌株的致病机理尚无圆满的解释。

(2) 肠毒素型大肠埃希氏菌。肠毒素型菌株进入肠道后主要在小肠内繁殖，不损害肠上皮细胞。近来也发现肠毒素型菌株具有与其在肠道繁殖无关的表面结构，可以介导菌株对上皮细胞的吸附。繁殖过程中产生肠毒素，刺激小肠上皮细胞的腺苷酸环化酶，提高其活性，促使细胞内3,5-环腺苷酸的浓度增高，引起患者急性脱水及电解质异常而导致腹泻。这一机理与霍乱弧菌类似，症状上也不宜区分，但比霍乱弧菌引起的腹泻要缓和。

(3) 侵袭型大肠埃希氏菌。这组菌与肠毒素型菌株不同，此类菌株可以侵入大肠上皮细胞，使宿主大肠上皮细胞的刷状缘发生局部破坏，细菌被摄入细胞，存在于空胞中，由此侵犯并破坏基底膜细胞，造成炎症，或形成溃疡，引起类似痢疾的症状。

(4) 出血型大肠埃希氏菌。出血型大肠埃希氏菌主要作用于小肠远端、结肠，引起出血性肠炎，多见于5岁以下儿童。症状为剧烈腹痛，水泻，大量鲜血便。此菌产生志贺样毒素（SLT）、溶血素等，SLT能灭活核糖体，终止蛋白质合成，引起肠黏膜水肿、出血，液体蓄积，肠黏膜脱落，肠细胞水肿、坏死，引起血性便。

2. 肠道外感染 这些菌株共同的特征是：多半有溶血性，具有大肠菌素V质粒，在甘露糖存在的情况下仍能凝集人的红细胞，对13日龄的鸡胚有较高的毒力。主要引起小儿肾盂肾炎和新生儿脑膜炎。

（三）检验方法

1. 致病性大肠埃希氏菌检验　按《食品卫生微生物学检验　致泻大肠埃希氏菌检验》(GB/T 4789.6—2003) 中有关内容进行检验，其检验程序见图6-2，其检验过程如下。

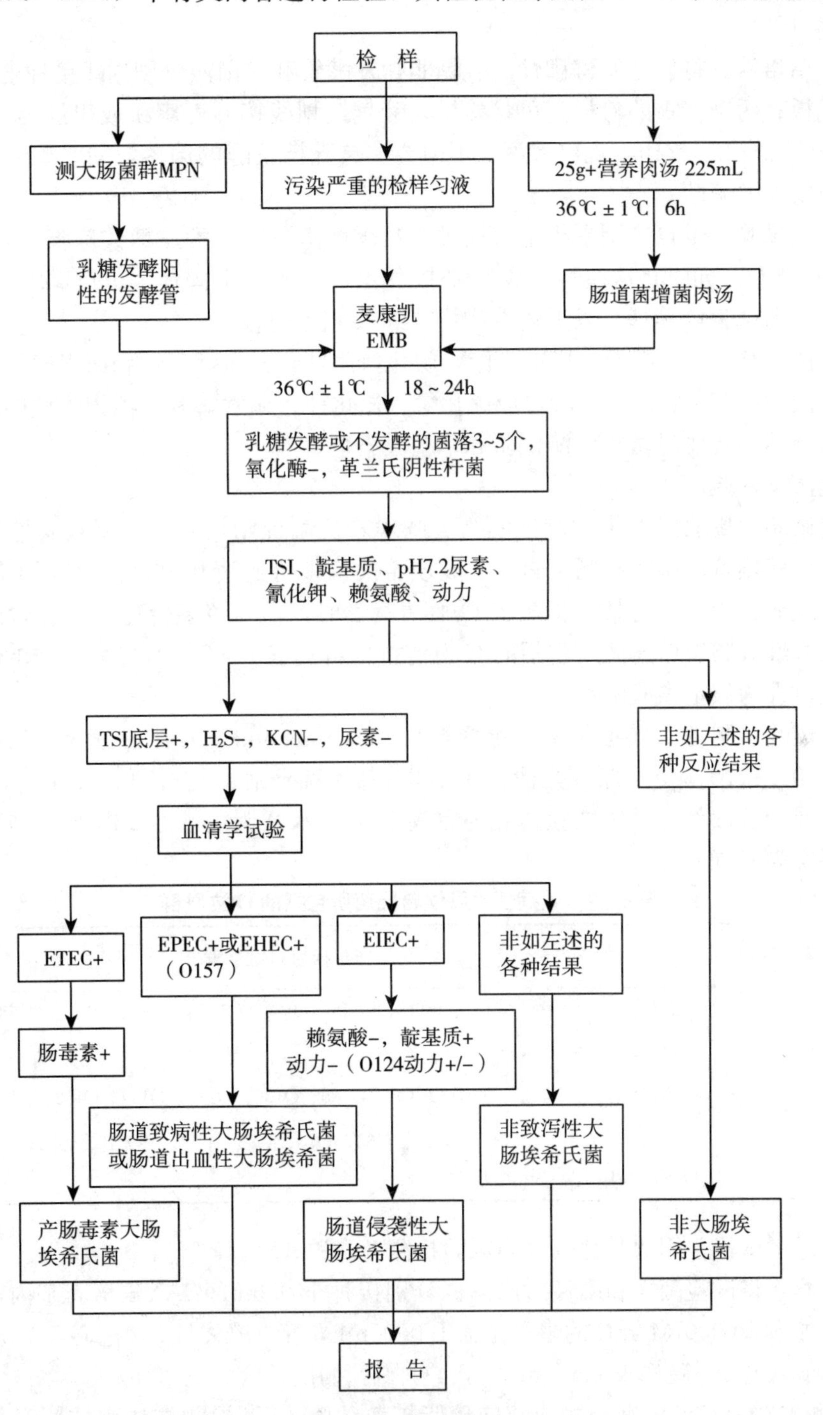

图6-2　致病性大肠埃希氏菌检验程序

（1）增菌培养。样品采集后应尽快检验。除了易腐食品在检验之前预冷藏外，一般不冷藏。以无菌操作取检样 25g（mL），加在 225mL 营养肉汤中，以均质器打碎 1min 或用乳钵加灭菌砂磨碎。取出适量，接种乳糖胆盐培养基，以测定大肠菌群 MPN，其余的移入 500mL 广口瓶内，于 36℃±1℃培养 6h。挑取 1 环，接种于 1 管 30mL 肠道菌增菌肉汤内，于 42℃培养 18h。

（2）分离培养。将乳糖发酵阳性的乳糖胆盐发酵管和增菌液分别划线接种麦康凯或伊红美蓝琼脂平板；污染严重的检样，可将检样匀液直接划线接种麦康凯或伊红美蓝琼脂平板，于 36℃±1℃培养 18～24h，观察菌落。不但要注意乳糖发酵的菌落，同时也要注意乳糖不发酵和迟缓发酵的菌落。

（3）生化试验。①自鉴别平板上直接挑取数个菌落分别接种三糖铁琼脂（TSI）或克氏双糖铁琼脂（KI）。同时将这些培养物分别接种蛋白胨水、半固体、pH 7.2 尿素、氰化钾和赖氨酸脱羧酶试验培养基。以上培养物均在 36℃培养过夜。

②TSI 斜面产酸或不产酸，底面产酸，硫化氢阴性，氰化钾阴性和尿素酶阴性的培养物为大肠埃希氏菌。TSI 底层不产酸，或硫化氢、氰化钾、尿素酶有一项为阳性的培养物，均非大肠埃希氏菌。必要时做氧化酶试验和革兰氏染色。

（4）血清学试验。

①假定试验：挑取经生化试验证实为大肠埃希氏菌琼脂培养物，用致病性大肠埃希氏菌、侵袭性大肠埃希氏菌和产肠毒素性大肠埃希氏菌多价血清和出血性大肠埃希氏菌 O157 血清做玻片凝集试验。当与某一种多价 O 血清凝集时，再与该多价血清所包含的单价血清做试验。致病性大肠埃希氏菌所包括的 O 血清抗原群见表 6-8。如与某一个单价血清呈现强凝集反应，即为假定试验阳性。

②证实试验：制备 O 抗原悬液，稀释至与 Mac FarLand 3 号比浊管相当的浓度。原效价为（1∶160）～（1∶320）的 O 血清，用 0.5%盐水稀释血清与抗原悬液在 10mm×75mm 试管内等量混合，做单管凝集试验。混匀后放于 50℃水浴锅内，经 16h 观察结果。如出现凝集，可证实为 O 抗原。

表 6-8 致病性大肠埃希氏菌所包括的 O 抗原群

大肠埃希氏菌的种类	所包括的 O 抗原群
EPEC	O26、O55、O86、O111、O114、O119、O125、O127、O128、O142、O158
EHEC	O157
EIEC	O28、O29、O112、O115、O124、O135、O136、O143、O144、O152、O164、O167
ETEC	O6、O11、O15、O20、O27、O63、O78、O85、O114、O115、O126、O128、O148、O149、O159、O166、O167

（5）肠毒素试验。用酶联免疫吸附试验检测 LT 和 ST。

产毒培养：将试验菌株和阳性对照菌株分别接种于 0.6mL CAYE 培养基内，37℃振荡培养过夜。加入 20 000IM/mL 的多黏菌素 B 0.05mL，于 37℃、1 h，离心 4 000r/ min，分离上清液，加入 0.1%硫柳汞 0.05mL，于 4℃保存待用。

LT 检测方法用双抗体夹心法或双向琼脂扩散试验，ST 检测方法用抗原竞争法或乳鼠灌胃试验。

（6）结果报告。综合以上生化试验、血清学试验、肠毒素试验做出报告。

2. 大肠埃希氏菌检验　按《食品安全国家标准　食品微生物学检验　大肠埃希氏菌计数》（GB 4789.38—2012）进行检验，大肠埃希氏菌检验有两种即大肠埃希氏菌计数法和大肠埃希氏菌平板计数法。

（1）大肠埃希氏菌计数（第一法）。检验程序见图 6－3，其检验过程见项目八操作与体验。

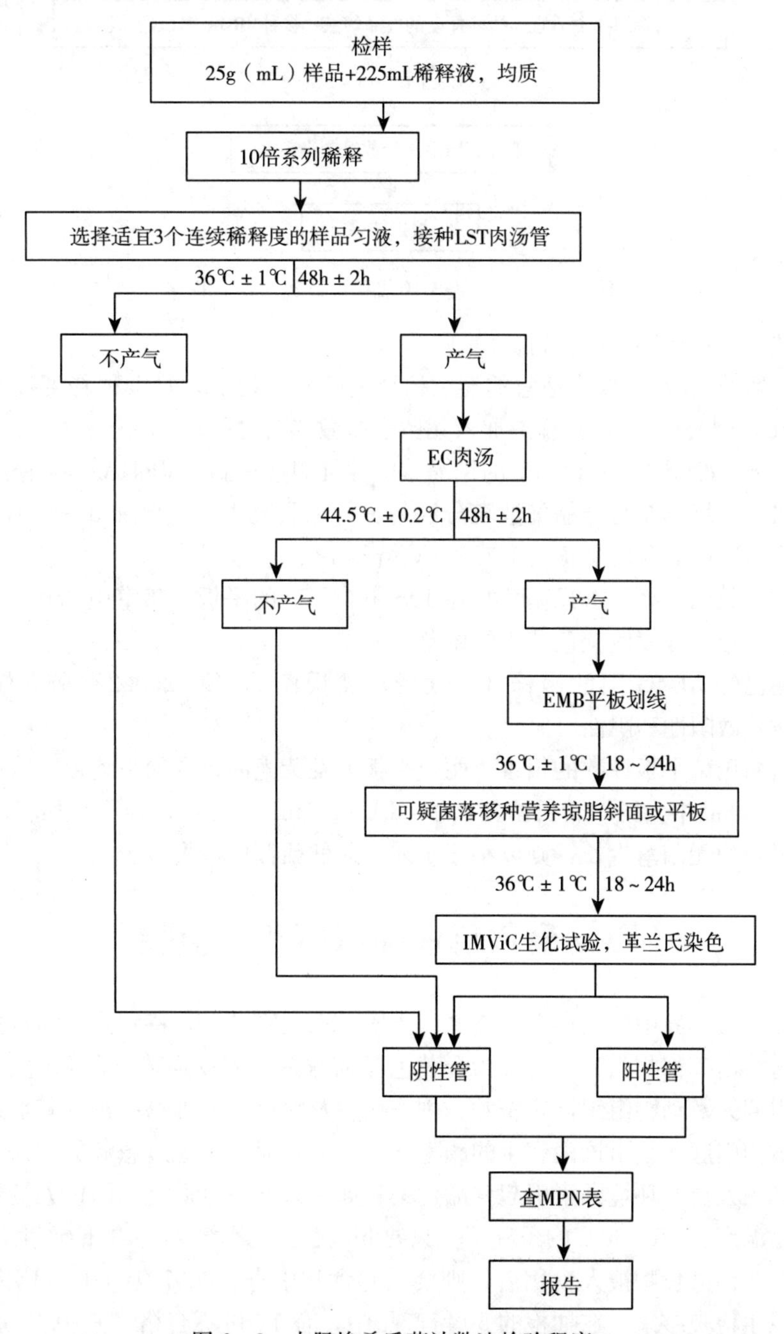

图 6－3　大肠埃希氏菌计数法检验程序

（2）大肠埃希氏菌平板计数法（第二法）。检验程序见图6－4，其检验过程如下。

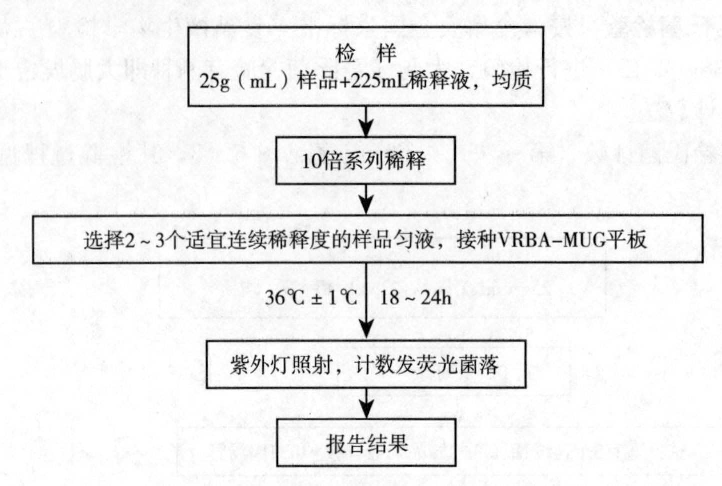

图6－4 大肠埃希氏菌平板计数法检验程序

①样品的稀释：按第一法进行。

②平板计数：选取2～3个适宜的连续稀释度的样品匀液，每个稀释度接种2个无菌平皿，每皿1mL。同时取1mL稀释液加入无菌平皿做空白对照。

将10～15mL冷至45℃±0.5℃的结晶紫中性红胆盐琼脂（VRBA）倾注于每个平皿中。小心旋转平皿，将培养基与样品匀液充分混匀。待琼脂凝固后，再加3～4mL VRBA-MUG覆盖平板表层。凝固后翻转平板，36℃±1℃培养18～24h。

③平板菌落数的选择：选择菌落数在10～100CFU的平板，暗室中360～366nm波长紫外灯照射下，计数平板发浅蓝色荧光的菌落。

检验时用已知MMG阳性菌株（如大肠埃希氏菌ATCC 25922）和产气肠杆菌（如ATCC 13 048）做阳性和阴性对照。

④大肠埃希氏菌平板计数的报告：两个平板上发荧光菌落数的平均数乘以稀释倍数，报告每1g（mL）样品中大肠埃希氏菌数，以CFU/g（mL）表示。若所有稀释度（包括液体样品原液）平板均无菌落生长，则以小于1乘以最低稀释倍数报告。

四、金黄色葡萄球菌及其检验

葡萄球菌在自然界中广泛存在于空气、土壤、水及物品上，特别是人和畜禽的体表及外界相通的腔道检出率都相当高。可分为金黄色葡萄球菌、表皮葡萄球菌和腐生性葡萄球菌。葡萄球菌常引起人及动物组织器官脓肿、创伤化脓及败血症、食物中毒。其食物中毒主要是金黄色葡萄球菌引起，是由该菌产生的肠毒素引起的，通常是通过患病的动物产品以及患化脓创的食品加工人员及环境因素引起食品污染，如果条件一旦适宜，即可大量繁殖并产生肠毒素。特别是温度在25～30℃的条件下，只要5h就有毒素产生，12h能产生足以引起食物中毒的量。这些污染食物被人食用后，则会引起食物中毒。2007年4月，广东省卫生厅公布速冻食品卫生检查结果，在抽检的50份产品中，有11份不合格，其中10份产品被检出致病菌金黄色葡萄球菌。潜伏期一般为1～6h，最短者0.5h即发病。症状主要是恶心、呕吐、流涎，胃部不适或疼痛，继之腹泻（但少见）。呕吐为多发症，为喷射状呕吐，一般腹泻后多有腹痛，初为上腹部后成全腹部，呕吐物或便中常可见有血液和黏液。少数患者有头痛、肌肉痛、心跳减弱、盗汗和虚脱现象。体温不高，不超过 38℃，病程 1d，呈急性经过，很少有死亡，预后良好。

葡萄球菌在无芽孢细菌中抵抗力最强。在干燥的脓汁中可生存数月，湿热 80℃ 30min 才能将其杀死。5%石炭酸，0.1%升汞中 10～15min 死亡。耐盐性强，在 7.5%～15%的培养基上能生长，但对染料较敏感。如培养基中加入 5×10^{-6} 龙胆紫液可抑制其生长。对磺胺类药物敏感性较低。在冷藏环境中不易死亡。对红霉素、链霉素、氯霉素及四环素较敏感。肠毒素的耐热性强，带有毒素的食物煮沸 120min 方能破坏其毒素。故一般的消毒及烹调不能破坏之，低温下 2 个月以上方失去毒力，可抵抗 0.3%福尔马林达 48h，pH 3～10 不被破坏，但在 0.915mg/L 氯溶液中 3min 可破坏。

（一）生物学特征

1. 形态与染色特征　葡萄球菌为革兰氏阳性菌，为圆球形，直径为 0.4～1.2μm，大小不一，平均为 0.8μm。致病性葡萄球菌较非致病性的葡萄球菌菌体小，而且各个菌体的大小及排列也较整齐；在固体培养基上繁殖时于多个平面不规则分裂，堆积成葡萄串状。在液体培养基中可呈单个、成双或短链状排列；在脓汁标本中常呈单个散在或少数堆如葡萄串状。无鞭毛、无芽孢，一般不形成荚膜，易被碱性染料着色。但衰老、死亡或被白细胞吞噬的菌体，染色特性发生逆转，革兰氏染色为阴性。

2. 培养特性　本菌为需氧或兼性厌氧菌，在含有二氧化碳 20%～30%的环境中有利于毒素的产生。本菌对营养要求不高，在普遍培养基上生长良好，在含有血液、血清或葡萄糖的培养基上生长更好。本菌生长的最适温度为 37℃，最适 pH 7.4。该菌耐盐性强，在含 10%～15%氯化钠培养基中亦能生长，故可用高盐培养基分离金黄色葡萄球菌。葡萄球菌在各种常用培养基上的生长特点如下：

（1）肉汤培养基。该菌在肉汤培养基中生长迅速，经 37℃、18～24h，呈均匀混浊，并有部分细菌沉淀管底，摇动易散。

（2）普通琼脂平板。培养 18～24h 后，可形成圆形、凸起，边缘整齐、表面光滑、湿润、有光泽、不透明的菌落，菌落中等大，直径一般为 1～2mm。葡萄球菌在固体培养基上生长，不同的菌株产生不同的颜色，据颜色不同而将葡萄球菌分为金黄色葡萄球菌、白色葡萄球菌、柠檬色葡萄球菌。该菌产生的色素为脂溶性的，不溶于水，故只限菌内。葡萄球菌在氧气充足或在含糖类、牛乳、血清等固体培养基上色素形成最好。

（3）鲜血琼脂平板。形成较大菌落，多数菌株能产生溶血素而使菌落周围出现溶血环。非致病性菌则无此现象。

（4）Baird-Parker 琼脂平板。圆形、光滑、凸起、湿润、直径为 2～3mm，颜色呈灰色到黑色、边缘为淡色，周围为一混浊带并在其外层有一透明带。

3. 生化特性　葡萄球菌的生化反应不规则，大多数菌株能分解葡萄糖、麦芽糖、乳糖、蔗糖产酸不产气。金黄色葡萄球菌在厌氧条件下分解甘露醇产酸，非致病性菌则无此现象。该菌不产生靛基质，还原硝酸盐为亚硝酸盐，凝固牛乳、有时被胨化。MR 实验阳性，V-P 实验弱阳性，分解尿素，精氨酸脱氨酶阳性。能产生少量氨和少量硫化氢。致病性菌株能液化明胶，血浆凝固酶阳性。

4. 抗原特性 葡萄球菌的抗原结构较复杂，细胞壁经水解后，用沉淀法可得到两种抗原成分，即蛋白质抗原和多糖类抗原。

(1) 蛋白质抗原。主要为葡萄球菌A蛋白（简称SPA)，是一种表面抗原，从人分离到的菌株均有SPA，来自动物的少见。90%以上的金黄色葡萄球菌有此抗原，因而其只具有种的特异性而无型的特异性。SPA的相对分子质量为13 000～42 000，它能与人及哺乳动物血清中IgG的Fc段发生非特异性结合，故可利用此反应作为简易快速诊断方法。

(2) 多糖类抗原。为存在于细胞壁上的半抗原，是该菌的一个重要抗原，有型特异性。此抗原可用于此菌的分型。

另外，金黄色葡萄球菌在生长繁殖过程中还产生很多毒素和酶，其中主要有溶血毒素、肠毒素、杀白细胞素、血浆凝固酶、DNA酶、耐热核酸酶和透明质酸酶等。

（二）致病性

金黄色葡萄球菌致病的特点是化脓性炎症，由于侵入途径、菌量、毒力以及机体免疫力不同，引起疾病的种类和程度各不相同。感染后可出现毛囊炎、疖、痈至败血病等，造成肠道菌群失调后又可引起肠炎，产生肠毒素的菌株能引起食物中毒。金黄色葡萄球菌的致病物质主要有毒素和酶。

1. 溶血素

(1) α溶血素。α溶血素在37℃能溶解家兔红细胞，绵羊红细胞次之，不溶解人红细胞。在兔、绵羊鲜血琼脂平板上形成较大透明溶血环。对人有致病性的葡萄球菌多产生α溶血素，其毒素作用为损伤血小板，能使局部小血管收缩，导致局部缺血和坏死，同时α溶血素造成细胞中毒时，可造成细胞代谢失调。如ATP增高，葡萄糖利用和乳酸产生下降。

(2) β溶血素。β溶血素只溶解绵羊或牛红细胞，不溶解家兔和人红细胞，在绵羊鲜血琼脂平板上生长形成大而不完全溶血的环，而4℃过夜则完全溶血，此为冷热溶血现象。对动物有致病力的葡萄球菌多产生此类毒素。

(3) γ溶血素。能引起多种动物细胞发生溶解，与α溶血素相类似，但抗原性不同，对小鼠有致死性。

(4) δ溶血素。δ溶血素能溶解多种动物红细胞，为一种磷脂酶和皮肤坏死毒素。在二氧化碳环境中它能溶解家兔、绵羊、人三种红细胞，在鲜血琼脂平板上形成狭窄透明溶血环；对人或动物有致病性的葡萄球菌有些产生此型毒素。

(5) ε溶血素。一般产生于凝固酶阴性的表皮葡萄球菌中。

2. 肠毒素 金黄色葡萄球菌的某些溶血菌株能产生一种引起急性胃肠炎的肠毒素，此种菌株污染牛奶、肉类、鱼虾、糕点等食物后，在室温（20℃以上）下经8～10h能产生大量毒素，人摄食该菌污染的食物2～3h后引起中毒症状。

目前，发现肠毒素有A、B、C1、C2、D、E、F等型。6型肠毒素具有不同的血清学特性，其中以A型引起的食物中毒最多，B型和C型次之，肠毒素是一种可溶性蛋白质，耐热，100℃煮沸30min不被破坏，对胰蛋白酶有抵抗力；可致人、猫、猴急性胃肠炎症状，食物中毒病人的标本，可用幼猫经口服测定肠毒素的存在。

3. 杀白细胞素 大多数致病性葡萄球菌能产生杀白细胞素，它能破坏人或兔的粒细胞，主要是作用于细胞膜，使细胞的代谢发生变化而破坏，可使粒细胞脱粒成周围带有颗粒的空泡，具有抗原性、不耐热，能通过细菌滤器。杀白细胞素的抗体能阻止葡萄球菌感染的复发。

4. 血浆凝固酶　是一种能使经过枸橼酸钠或肝素抗凝的家兔或人的血浆凝固的酶。多数致病性葡萄球菌能产生此酶，而非致病性菌不产生此酶。

（三）检验

采集样品时首先采取可疑的食物，其次采取病人的呕吐物、剩余的食品或采取病人的粪便、血液以及有关食品加工人员的皮肤感染性化脓创的脓汁等。

食品中金黄色葡萄球菌的检验应按《食品安全国家标准　食品微生物学检验　金黄色葡萄球菌检验》（GB 4789.10—2010）进行，金黄色葡萄球菌检验方法有三种：金黄色葡萄球菌定性检验（第一法）、金黄色葡萄球菌 Baird-Parker 琼脂平板计数（第二法）、金黄色葡萄球菌 MPN 计数（第三法）。

1. 金黄色葡萄球菌定性检验（第一法）　检验程序见图 6－5，其检验过程如下。

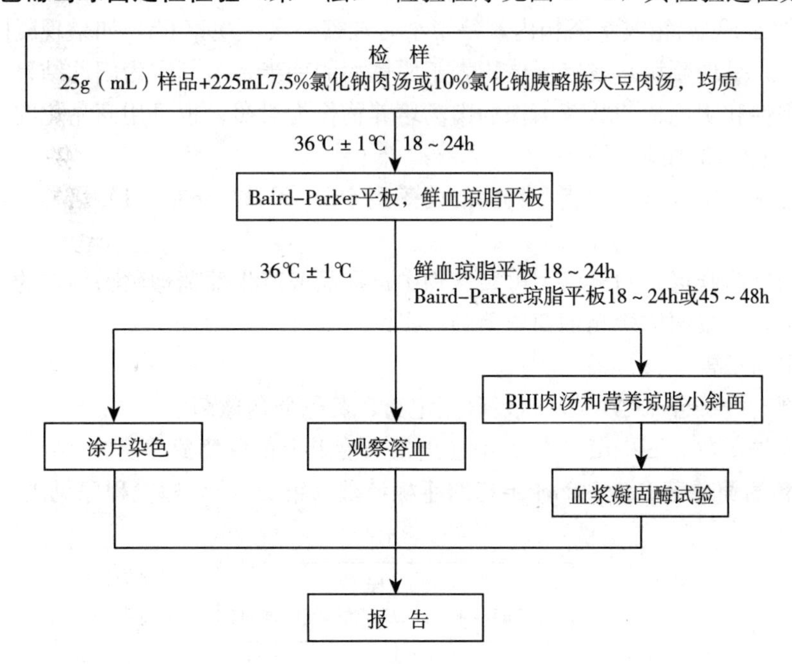

图 6－5　金黄色葡萄球菌定性法检验程序

（1）样品的处理。称取 25g 样品至盛有 225mL 7.5％氯化钠肉汤或 10％氯化钠胰酪胨大豆肉汤的无菌均质杯内，8 000～10 000r/min 均质 1～2min，或放入盛有 225mL 7.5％氯化钠肉汤或 10％氯化钠胰酪胨大豆肉汤的无菌均质袋中，用拍击式均质器拍打1～2min。若样品为液态，吸取 25mL 样品至盛有 225mL 7.5％氯化钠肉汤或 10％氯化钠胰酪胨大豆肉汤的无菌锥形瓶（瓶内可预置适当数量的无菌玻璃珠）中，振荡混匀。

（2）增菌和分离培养。

①将上述样品匀液于 36℃±1℃培养 18～24h。金黄色葡萄球菌在 7.5％氯化钠肉汤中呈混浊生长，污染严重时在 10％氯化钠胰酪胨大豆肉汤内呈混浊生长。

②将上述培养物，分别划线接种到 Baird-Parker 琼脂平板和鲜血琼脂平板，鲜血琼脂平板 36℃±1℃培养 18～24h。Baird-Parker 琼脂平板 36℃±1℃培养 18～24h 或 45～48h。

③金黄色葡萄球菌在 Baird-Parker 琼脂平板上，菌落直径为 2～3mm，颜色呈灰色到黑色，边缘为淡色，周围为一混浊带，在其外层有一透明圈。用接种针接触菌落有似奶油至树胶样的硬度，偶然会遇到非脂肪溶解的类似菌落；但无混浊带及透明圈。长期保存的冷冻或干燥食品中所分离的菌落比典型菌落所产生的黑色较淡些，外观可能粗糙并干燥。在鲜血琼脂平板上，形成菌落较大，呈圆形、光滑凸起、湿润、金黄色（有时为白色），菌落周围可见完全透明溶血圈。挑取上述菌落进行革兰氏染色镜检及血浆凝固酶试验。

（3）鉴定。

①染色镜检：金黄色葡萄球菌为革兰氏阳性球菌，排列呈葡萄球状，无芽孢，无荚膜，直径为 0.5～1μm。

②血浆凝固酶试验：挑取 Baird-Parker 琼脂平板或鲜血琼脂平板上可疑菌落 1 个或以上，分别接种到 5mL BHI 和营养琼脂小斜面，36℃±1℃培养 18～24h。

取新鲜配制的兔血浆 0.5mL，放入小试管中，再加入 BHI 培养物 0.2～0.3mL，振荡摇匀，置 36℃±1℃温箱或水浴箱内，每半小时观察一次，观察 6h，如呈现凝固（即将试管倾斜或倒置时，呈现凝块）或凝固体积大于原体积的一半，被判定为阳性结果。同时以血浆凝固酶试验阳性和阴性葡萄球菌菌株的肉汤培养物作为对照。也可用商品化的试剂，按说明书操作，进行血浆凝固酶试验。

结果如可疑，挑取营养琼脂小斜面的菌落到 5mL BHI，36℃±1℃培养 18～48h，重复试验。

（4）葡萄球菌肠毒素的检验。可疑食物中毒样品或产生葡萄球菌肠毒素的金黄色葡萄球菌菌株的鉴定，应按国标检测葡萄球菌肠毒素。

（5）结果与报告。

①结果判定：符合（二）、（三），可判定为金黄色葡萄球菌。

②结果报告：在 25g（mL）样品中检出或未检出金黄色葡萄球菌。

2. 金黄色葡萄球菌 Baird-Parker 琼脂平板计数（第二法） 检验程序见图 6－6，其检验过程如下。

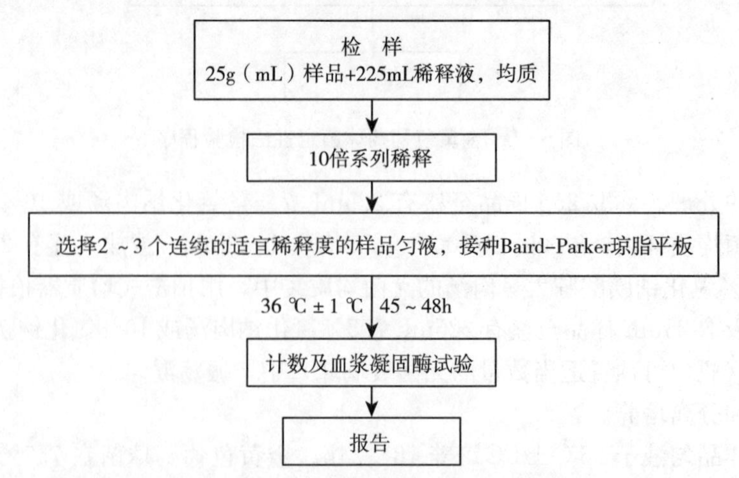

图 6－6 金黄色葡萄球菌 Baird-Parker 琼脂平板计数检验程序

（1）样品的稀释。

①固体和半固体样品：称取25g样品置盛有225mL磷酸盐缓冲液或生理盐水的无菌均质杯内，8 000～10 000r/min均质1～2min，或置盛有225mL稀释液的无菌均质袋中，用拍击式均质器拍打1～2min，制成1∶10的样品匀液。

②液体样品：以无菌吸管吸取25mL样品置盛有225mL磷酸盐缓冲液或生理盐水的无菌锥形瓶（瓶内预置适当数量的无菌玻璃珠）中，充分混匀，制成1∶10的样品匀液。

③用1mL无菌吸管或微量移液器吸取1∶10样品匀液1mL，沿管壁缓慢注于盛有9mL稀释液的无菌试管中（注意吸管或吸头尖端不要触及稀释液面），振摇试管或换用1支1mL无菌吸管反复吹打使其混合均匀，制成1∶100的样品匀液。

④按③操作程序，制备10倍系列稀释样品匀液。每递增稀释一次，换用1次1mL无菌吸管或吸头。

（2）样品的接种。根据对样品污染状况的估计，选择2～3个适宜稀释度的样品匀液（液体样品可包括原液），在进行10倍递增稀释时，每个稀释度分别吸取1mL样品匀液，以0.3mL、0.3mL、0.4mL接种量分别加入三块Baird-Parker琼脂平板，然后用无菌L棒涂布整个平板，注意不要触及平板边缘。使用前，如Baird-Parker琼脂平板表面有水珠，可放在25～50℃的培养箱里干燥，直到平板表面的水珠消失。

（3）培养。在通常情况下涂布后，将平板静置10min，如样液不易吸收，可将平板放在培养箱36℃±1℃培养1h；等样品匀液吸收后翻转平皿，倒置于培养箱，36℃±1℃培养45～48h。

（4）典型菌落计数和确认。

①金黄色葡萄球菌在Baird-Parker琼脂平板上，菌落直径为2～3mm，颜色呈灰色到黑色，边缘为淡色，周围为一混浊带，在其外层有一透明圈。用接种针接触菌落有似奶油至树胶样的硬度，偶然会遇到非脂肪溶解的类似菌落；但无混浊带及透明圈。长期保存的冷冻或干燥食品中所分离的菌落比典型菌落所产生的黑色淡，外观可能粗糙并干燥。

②选择有典型的金黄色葡萄球菌菌落的平板，且同一稀释度3个平板所有菌落数合计在20～200CFU的平板，计数典型菌落数。

如果只有一个稀释度平板的菌落数在20～200CFU且有典型菌落，计数该稀释度平板上的典型菌落；

最低稀释度平板的菌落数小于20CFU且有典型菌落，计数该稀释度平板上的典型菌落；

某一稀释度平板的菌落数大于200CFU且有典型菌落，但下一稀释度平板上没有典型菌落，应计数该稀释度平板上的典型菌落；

某一稀释度平板的菌落数大于200CFU且有典型菌落，且下一稀释度平板上有典型菌落，但其平板上的菌落数不在20～200CFU，应计数该稀释度平板上的典型菌落；

以上按公式（1）计算。

2个连续稀释度的平板菌落数均在20～200CFU，按公式（2）计算。

③典型菌落中任选5个菌落（小于5个全选），分别按第一法做血浆凝固酶试验。

（5）结果计算：

$$T = AB/Cd \tag{1}$$

式中：T——样品中金黄色葡萄球菌菌落数；

A——某一稀释度典型菌落的总数；

B——某一稀释度血浆凝固酶阳性的菌落数；

C——某一稀释度用于血浆凝固酶试验的菌落数；

d——稀释因子。

$$T=(A_1B_1/C_1+A_2B_2/C_2)/1.1d \qquad (2)$$

式中：T——样品中金黄色葡萄球菌菌落数；

A_1——第一稀释度（低稀释倍数）典型菌落的总数；

A_2——第二稀释度（高稀释倍数）典型菌落的总数；

B_1——第一稀释度（低稀释倍数）血浆凝固酶阳性的菌落数；

B_2——第二稀释度（高稀释倍数）血浆凝固酶阳性的菌落数；

C_1——第一稀释度（低稀释倍数）用于血浆凝固酶试验的菌落数；

C_2——第二稀释度（高稀释倍数）用于血浆凝固酶试验的菌落数；

1.1——计算系数；

d——稀释因子（第一稀释度）。

（6）结果与报告。根据Baird-Parker琼脂平板上金黄色葡萄球菌的典型菌落数，按（5）中公式计算，报告每1g（mL）样品中金黄色葡萄球菌数，以CFU/g（mL）表示；如T值为0，则以小于1乘以最低稀释倍数报告。

3. 金黄色葡萄球菌MPN计数（第三法），检验程序见图6-7，其检验过程如下。

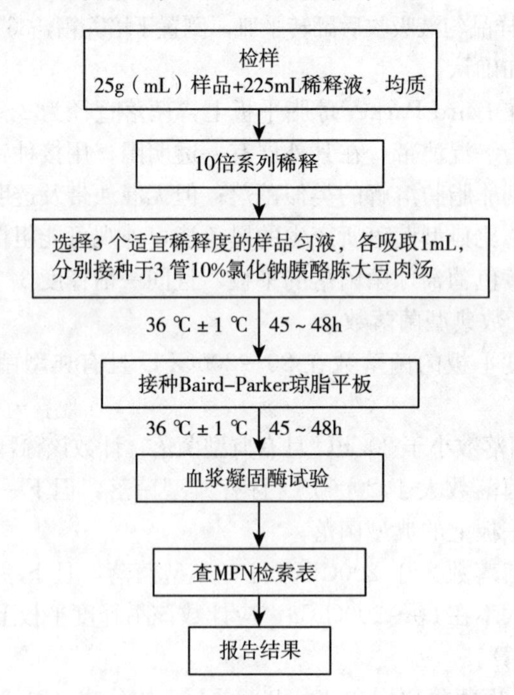

图6-7 金黄色葡萄球菌MPN计数法检验程序

（1）样品的稀释。按第二法进行。

（2）接种和培养。

①根据对样品污染状况的估计，选择3个适宜稀释度的样品匀液（液体样品可包括原液），在进行10倍递增稀释时，每个稀释度分别吸取1mL样品匀液接种到10%氯化钠胰酪

胨大豆肉汤管，每个稀释度接种 3 管，将上述接种物于36℃±1℃培养 45～48h。

②用接种环从有细菌生长的各管中，移取 1 环，分别接种 Baird-Parker 琼脂平板，36℃±1℃培养 45～48h。

(3) 典型菌落确认。

①见第一法。

②从典型菌落中至少挑取 1 个菌落接种到 BHI 肉汤和营养琼脂斜面，36℃±1℃培养 18～24h。进行血浆凝固酶试验，见第一法。

(4) 结果与报告。计算血浆凝固酶试验阳性菌落对应的管数，查 MPN 检索表（见附录三），报告每 1g（mL）样品中金黄色葡萄球菌的最可能数，以 MPN/g（mL）表示。

五、志贺氏菌及其检验

志贺氏菌属细菌为一类能使人和猿类产生痢疾的革兰氏阴性杆菌。志贺氏菌属细菌的俗名统称为痢疾杆菌，通常志贺氏杆菌仅指Ⅰ型痢疾志贺氏菌。志贺氏菌是日本志贺诘在 1898 年首次分离得到的，因此而得名。

志贺氏菌属有四个亚群，即 A、B、C、D。A 亚群不发酵甘露醇，而 B、C 和 D 三个亚群可以发酵甘露醇，A 亚群由 10 个抗原组成各不相同的血清型，其中包括最知名的志贺菌和舒密次杆菌。痢疾志贺氏菌是 A 亚群的总称。B 亚群俗称福氏杆菌，是一组由相关抗原组成的细菌所构成的亚群，由 Flexner 首次分离得到的，所以学名为福氏志贺氏菌。C 亚群中由 15 个抗原组成各不相同的血清型。C 亚群的生化特性与 B 亚群相似，只是两者的血清学特性不尽相同，由于 Boyd 在 20 世纪 30 年代曾对 C 亚群的鉴定和分类做过大量研究，所以学名为鲍氏志贺氏菌。D 亚群的生化特性主要是缓慢发酵乳糖，只有一个血清型，抗原组成均一，但有位相变异，学名为宋内氏志贺氏菌。

志贺氏菌对理化因素的抵抗力较弱，在一般情况下，痢疾志贺氏菌或福氏志贺氏菌与宋内氏志贺氏菌相比较弱，本属细菌在染菌的衣物中，室温暗处可存活 5～46d，在泥土中，于室温暗处可存活 9～12d，自然污染的粪便，如使之保持碱性并湿润，可在其中存活很多天，但如有大肠埃希氏菌或其他产酸菌活动时，数小时便可死亡，在水里可存活数月，在－2℃的冰块中可存活 53d，其中宋内氏志贺氏菌比福氏志贺氏菌 2a 型存活数多。在猪肉、米、面等食品中，志贺氏菌的增殖率随温度上升而增加，在 37℃比在 10℃的增殖数量约高 1 万倍。志贺氏菌经 55℃加热 1h，或 0.5%石炭酸作用 6h 或 1%石炭酸作用 15～30min 即可杀死。

志贺氏菌食物中毒的原因是食品从业人员中患有痢疾或者是痢疾带菌者，食物中毒潜伏期一般为 10～12h，短者仅有 6h，表现为腹痛剧烈，多次腹泻，初期水样便，以后带血和黏液，体温升高可达 40℃，少数病人发生痉挛，严重者出现休克症状。

（一）生物学特性

1. 形态与染色特性　本属细菌为两侧平行，末端钝圆的短杆菌，长度 2～3μm，宽度 0.5～0.7μm，与其他肠道杆菌相似。无荚膜，无鞭毛，不形成芽孢，革兰氏阴性，个别菌带有菌毛。

2. 培养特性 志贺氏菌属为需氧或兼性厌氧，但厌氧时生长不很旺盛。对营养要求不高，在普通琼脂培养基上易于生长。在10～40℃范围内可生长，最适温度为37℃左右，最适pH为7.2。

正常的光滑型菌株在肉汤培养基中生长呈均匀混浊，初期的12～18h，混浊程度迅速增强，至48～72h，混浊度缓慢下降，管底部出现少量沉淀物，易于摇散，很少形成菌膜。

在固体培养基上培养18～24h后，形成圆形、隆起、透明、直径2～3mm、表面光滑、湿润、边缘整齐的菌落。在普通琼脂培养基上无色。在选择培养基上呈现不同的颜色。宋内氏菌易出现两种不同的菌落，即1相和2相菌落，1相菌落与其他痢疾杆菌的光滑型菌落无任何区别。2相菌落多在传代培养物中出现，菌落较大、较不透明、表面如玻璃珠状，边缘不整齐或折皱。

3. 生化特性 志贺氏菌属均为氧化酶阴性，在只含盐类的简单碳源培养基中，痢疾杆菌不能生长，加入葡萄糖后，多数菌株可以生长，但有的菌株仍然需要一种或多种氨基酸，偶尔有的菌株还需要嘌呤类，福氏志贺氏菌6型需要维生素B，除福氏志贺氏菌6型产气变种外，本属菌可产酸但不产气，不发酵乳糖，但宋内氏志贺氏菌可迟缓分解乳糖（3～6d），不发酵侧金盏花醇、肌醇和水杨苷。不分解尿素，不产生硫化氢。甲基红试验阴性，V-P试验阴性。但是需要注意的是，除葡萄糖、侧金盏花醇和肌醇外，其他发酵反应几乎都有例外情形发生。

A亚群一般不发酵甘露醇，除少数以外，一般不发酵乳糖、蔗糖和棉籽糖。A群从不发酵山梨醇和阿拉伯糖，由此可以与其他血清型相区别。

B亚群细菌发酵甘露醇，不发酵乳糖，偶尔有迟缓发酵蔗糖的菌株。B亚群中的6型又可分成鲍氏88、曼彻斯特、新城三个生化亚型。

C亚群为发酵甘露醇产酸但不产气的菌株，不发酵乳糖、蔗糖、棉籽糖。

D亚群菌迟缓发酵乳糖，迅速发酵甘露醇、阿拉伯糖和鼠李糖，但不发酵卫矛醇和山梨醇。

志贺氏菌的靛基质试验结果及其他生化特性如表6-9。

表6-9 志贺氏菌属四个群的生化特性

生化群	5%乳糖	甘露醇	棉籽糖	甘油	靛基质
A群：痢疾志贺氏菌	－	－	－	（－）	－/＋
B群：福氏志贺氏菌	－	＋	＋	－	－/＋
C群：鲍氏志贺氏菌	－	＋	－	（＋）	－/＋
D群：宋内氏志贺氏菌	＋（＋）	＋	＋	d	－

注：＋表示阳性，－表示阴性，－/＋表示多数阴性，（＋）表示迟缓阳性，d表示有不同生化型。福氏志贺氏菌6型生化特性与A群或C群相似。

4. 血清学特性 志贺氏菌四个亚群各具有不同的抗原构造，都是由菌体抗原（O）及表面抗原（K）所组成，不仅在各亚群之间无抗原关联，而且在同一亚群中，除C亚群10型和11型之外，无型间抗原关系。

志贺氏菌的群抗原和型抗原均为菌体抗原。它们的化学成分为多糖-类脂-蛋白质-类脂复合物，以共价键与细胞壁中的黏肽结合。脂多糖中的多糖部分含有对O抗原的特异性和交叉反应起着决定作用的O抗原血清学决定因子。

表面（K）抗原，在A、C两个亚群各血清型、B亚群的2a型和6型以及在D亚群细菌之中均有K抗原存在。志贺氏菌K抗原的一般特性与大肠埃希氏菌的B抗原相同，不耐热，经100℃处理后，免疫原性消失，新分离的菌株往往不被同型O血清凝集，是由于有K抗原存在使O抗原凝集受阻而致。

5. 毒素特性　志贺氏菌既可产生内毒素也可产生外毒素，内毒素是一种耐热性肠毒素，其化学成分为脂多糖和蛋白质复合物，并与菌体的O抗原相当。在实验动物（小鼠、大鼠）体内，可引起腹泻、白细胞减少、发热、肝糖原下降等。外毒素也叫神经毒素，是不耐热的蛋白质，经80℃加热1h即被破坏。各种动物对此毒素的敏感程度不同，其中以家兔最为敏感，人的中毒剂量为0.000 06mg，外毒素主要作用于小血管，使小鼠和家兔出现神经症状，使大鼠和家兔出现肠道水肿和出血，而一般豚鼠对其具有抵抗力。

（二）致病性

志贺氏杆菌是侵入性细菌，只需千个、百个、甚至几个就可能引起疾病发生，与大肠埃希氏菌不同，后者需要食入大量细菌才会引起中毒。

菌体进入体内后侵入空肠黏膜上皮细胞繁殖，产生外毒素，菌体破坏后产生内毒素作用于肠壁、肠壁黏膜和肠壁植物性神经。

（三）检验

食品中志贺氏菌检验应按《食品安全国家标准　食品微生物学检验　志贺氏菌检验》（GB 4789.5—2012）进行，检验程序见图6-8，其检验过程如下。

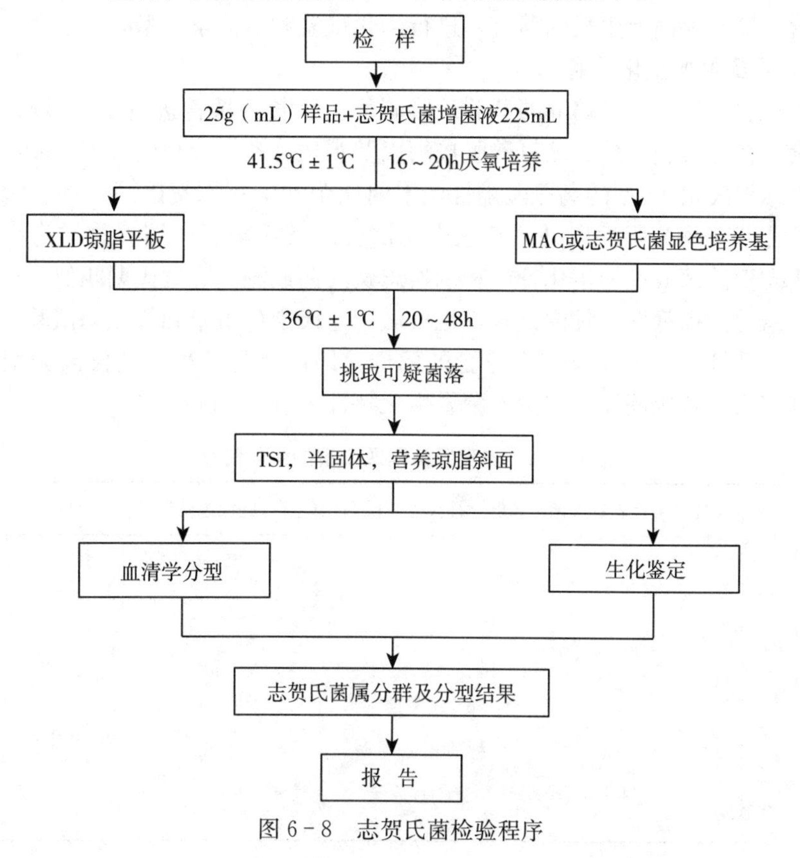

图6-8　志贺氏菌检验程序

1. 增菌培养 以无菌操作取检样25g（mL），加入装有灭菌225mL志贺氏菌增菌肉汤的均质杯，用旋转刀片式均质器以8 000～10 000r/min均质；或加入装有225mL志贺氏菌增菌肉汤的均质袋中，用拍击式均质器连续均质1～2min，液体样品振荡混匀即可。于41.5℃±1℃，厌氧培养16～20h。

2. 分离培养 取增菌后的志贺氏增菌液分别划线接种于XLD琼脂平板和MAC琼脂平板或志贺氏菌显色培养基平板上，于36℃±1℃培养20～24h，观察各个平板上生长的菌落形态。宋内氏志贺氏菌的单个菌落直径大于其他志贺氏菌。若出现的菌落不典型或菌落较小不易观察，则继续培养至48h再进行观察。志贺氏菌在不同选择性琼脂平板上的菌落特征见表6-10。

表6-10 志贺氏菌在不同选择性琼脂平板上的菌落特征

选择性琼脂平板	志贺氏菌
MAC琼脂	无色至浅粉红色，半透明、光滑、湿润、圆形、边缘整齐或不齐
XLD琼脂	粉红色至无色，半透明、光滑、湿润、圆形、边缘整齐或不齐
志贺氏菌显色培养基	按照显色培养基的说明进行判定

3. 初步生化试验

（1）自选择性琼脂平板上分别挑取2个以上典型或可疑菌落，分别接种TSI、半固体和营养琼脂斜面各一管，置36℃±1℃培养20～24h，分别观察结果。

（2）凡是三糖铁琼脂中斜面产碱、底层产酸（发酵葡萄糖，不发酵乳糖、蔗糖）、不产气（福氏志贺氏菌6型可产生少量气体）、不产硫化氢、半固体管中无动力的菌株，挑取其中已培养的营养琼脂斜面上生长的菌苔，进行生化试验和血清学分型。

4. 生化试验及附加生化试验

（1）生化试验。用上述已培养的营养琼脂斜面上生长的菌苔进行生化试验，即β-半乳糖苷酶、尿素、赖氨酸脱羧酶、鸟氨酸脱羧酶以及水杨苷和七叶苷的分解试验。除宋内氏志贺氏菌、鲍氏志贺氏菌13型的鸟氨酸阳性，宋内氏菌和痢疾志贺氏菌1型、鲍氏志贺氏菌13型的β-半乳糖苷酶为阳性以外，其余生化试验志贺氏菌属的培养物均为阴性结果。另外，由于福氏志贺氏菌6型的生化特性和痢疾志贺氏菌或鲍氏志贺氏菌相似，必要时还需加做靛基质、甘露醇、棉籽糖、甘油试验，也可做革兰氏染色检查和氧化酶试验，应为氧化酶阴性的革兰氏阴性杆菌。生化反应不符合的菌株，即使能与某种志贺氏菌分型血清发生凝集，仍不得判定为志贺氏菌属。志贺氏菌属生化特性见表6-11。

表6-11 志贺氏菌属四个群的生化特征

生化反应	A群：痢疾志贺氏菌	B群：福氏志贺氏菌	C群：鲍氏志贺氏菌	D群：宋内氏志贺氏菌
β-半乳糖苷酶	−[a]	−	−[a]	+
尿素	−	−	−	−
赖氨酸脱羧酶	−	−	−	−
鸟氨酸脱羧酶	−	−	−[b]	+
水杨苷	−	−	−	−
七叶苷	−	−	−	−
靛基质	−/+	(+)	−/+	−
甘露醇	−	+[c]	+	+

（续）

生化反应	A群：痢疾志贺氏菌	B群：福氏志贺氏菌	C群：鲍氏志贺氏菌	D群：宋内氏志贺氏菌
棉籽糖	－	＋	－	＋
甘油	（＋）	－	（＋）	d

注：＋表示阳性；－表示阴性；－/＋表示多数阴性；＋/－表示多数阳性；（＋）表示迟缓阳性；d表示有不同生化型。

a. 痢疾志贺1型和鲍氏13型为阳性。

b. 鲍氏13型为鸟氨酸阳性。

c. 福氏4型和6型常见甘露醇阴性变种。

（2）附加生化实验。由于某些不活泼的大肠埃希氏菌（anaerogenic *E. coli*）、A-D（Alkalescens-Disparbiotypes 碱性-异型）菌的部分生化特征与志贺氏菌相似，并能与某种志贺氏菌分型血清发生凝集；因此前面生化实验符合志贺氏菌属生化特性的培养物还需另加葡萄糖胺、西蒙氏柠檬酸盐、黏液酸盐试验（36℃、24～48h）。志贺氏菌属和不活泼大肠埃希氏菌、A-D菌的生化特性区别见表6－12。

表6－12　志贺氏菌属和不活泼大肠埃希氏菌、A-D菌的生化特性区别

生化反应	A群：痢疾志贺氏菌	B群：福氏志贺氏菌	C群：鲍氏志贺氏菌	D群：宋内氏志贺氏菌	大肠埃希氏菌	A-D菌
葡萄糖胺	－	－	－	－	＋	＋
西蒙氏柠檬酸盐	－	－	－	－	d	d
黏液酸盐	－	－	－	d	＋	d

注：1. ＋表示阳性；－表示阴性；d表示有不同生化型。

2. 在葡萄糖胺、西蒙氏柠檬酸盐、黏液酸盐试验三项反应中志贺氏菌一般为阴性，而不活泼的大肠埃希氏菌、A－D（碱性－异型）菌至少有一项反应为阳性。

（3）如选择生化鉴定试剂盒或全自动微生物生化鉴定系统，可根据初步判断结果，用已培养的营养琼脂斜面上生长的菌苔，使用生化鉴定试剂盒或全自动微生物生化鉴定系统进行鉴定。

5. 血清学鉴定

（1）抗原的准备。志贺氏菌属没有动力，所以没有鞭毛抗原。志贺氏菌属主要有菌体（O）抗原。菌体O抗原又可分为型和群的特异性抗原。

一般采用1.2%～1.5%琼脂培养物作为玻片凝集试验用的抗原。

注：①一些志贺氏菌如果因为K抗原的存在而不出现凝集反应时，可挑取菌苔于1mL生理盐水做成浓菌液，100℃煮沸15～60min去除K抗原后再检查。

②D群志贺氏菌既可能是光滑型菌株，也可能是粗糙型菌株，与其他志贺氏菌群抗原不存在交叉反应。与肠杆菌科不同，宋内氏志贺氏菌粗糙型菌株不一定会自凝。宋内氏志贺氏菌没有K抗原。

（2）凝集反应。在玻片上划出2个约1cm×2cm的区域，挑取一环待测菌，各放1/2环于玻片上的每一区域上部，在其中一个区域下部加1滴抗血清，在另一区域下部加入1滴生理盐水，作为对照。再用无菌的接种环或针分别将两个区域内的菌落研成乳状液。将玻片倾斜摇动混合1min，并对着黑色背景进行观察，如果抗血清中出现凝结成块的颗粒，而且生理盐水中没有发生自凝现象，那么凝集反应为阳性。如果生理盐水中出现凝集，视作为自凝。这时，应挑取同一培养基上的其他菌落继续进行试验。

如果待测菌的生化特征符合志贺氏菌属生化特征，而其血清学试验为阴性的话，则按注1进行试验。

(3) 血清学分型（选做项目）。先用四种志贺氏菌多价血清检查，如果呈现凝集，则再用相应各群多价血清分别试验。先用B群福氏志贺氏菌多价血清进行实验，如呈现凝集，再用其群和型因子血清分别检查。如果B群多价血清不凝集，则用D群宋内氏志贺氏菌血清进行实验，如呈现凝集，则用其Ⅰ相和Ⅱ相血清检查；如果B、D群多价血清都不凝集，则用A群痢疾志贺氏菌多价血清及1～12各型因子血清检查，如果上述三种多价血清都不凝集，可用C群鲍氏志贺氏菌多价检查，并进一步用1～18各型因子血清检查。福氏志贺氏菌各型和亚型的型抗原和群抗原鉴别见表6-13。

表6-13 福氏志贺氏菌各型和亚型的型抗原和群抗原的鉴别表

型和亚型	型抗原	群抗原	在群因子血清中的凝集		
			3，4	6	7，8
1a	Ⅰ	4	＋	－	－
1b	Ⅰ	(4)，6	(＋)	＋	－
2a	Ⅱ	3，4	＋	－	－
2b	Ⅱ	7，8	－	－	＋
3a	Ⅲ	(3，4)，6，7，8	(＋)	＋	＋
3b	Ⅲ	(3，4)，6	(＋)	＋	－
4a	Ⅳ	3，4	＋	－	－
4b	Ⅳ	6	－	＋	－
5a	Ⅴ	(3，4)	(＋)	－	－
5b	Ⅴ	7，8	－	－	＋
6	Ⅵ	4	＋	－	－
X	－	7，8	－	－	＋
Y	－	3，4	＋	－	－

注：＋表示凝集；－表示不凝集；() 表示有或无。

6. 结果报告 综合以上生化试验和血清学鉴定的结果，报告25g（mL）样品中检出或未检出志贺氏菌。

六、空肠弯曲杆菌及其检验

空肠弯曲杆菌是胎儿弯曲杆菌的一个亚种，它除了引起动物的腹泻外，还可致牛、羊、犬的流产、不育、乳房炎以及禽类的传染性肝炎等。近十几年来，发现其引起人的腹泻和食物中毒的病例也逐年增多，许多国家报道了本病的存在，从腹泻患者粪便中分离本菌的阳性率仅次于沙门氏菌和痢疾杆菌，是一种重要的人兽共患病的病原菌。

发生食物中毒的潜伏期为3～5d，发病较集中的时间多见于90h，主要症状是发热、腹痛、腹泻、恶心、呕吐、头痛、畏寒、厌食及血便。首先出现发热，体温可高达40℃，伴发全身无力，头痛，肌肉酸痛，同时畏寒、有寒颤。婴幼儿可有抽搐。少数病人有恶心、呕吐。腹痛也是早期症状，常位于脐周及上腹部，间歇性或呈绞痛，常放射到右下腹部，严重时酷似阑尾炎，排便前疼痛加剧，便后可暂时缓解。有些病例以腹痛为主，伴有腹膜炎。腹泻多见于发热后 12～24h，开始为水样，量多，每日多者可达 20 余次，1～2d 后患者出现痢疾样症状，主要是便中带血液和黏液，镜检有大量的脓细胞。伴有里急后重，脱水和休克很少发生。病程一般为 1 周，一般 1 周内可自行缓解，但少数人可持续数周，有的腹泻可反复发作。一般自愈者复发较多见，经药物治疗康复者较少复发。个别病人在病后 2 周可出现反应性关节炎。

本菌对干燥、日光和一般的消毒剂敏感，对热敏感，58℃、5min 可将其杀死，弯曲杆菌在干草、厩肥和土壤中，20℃可存活 10d，6℃可存活 20d；在水、牛奶中存活时间较长，4℃牛奶中存活 3～4 周；在粪中存活也久，鸡粪中保持活力可达 96h，人粪中如每克含菌量 10^8，则保持活力达 7d 以上。冷冻干燥后的菌能存活 13～16 个月，冻结保存 3 个月的新鲜鸡肉、生猪肉和牛肉中仍全部存活。即使在－79℃的冷冻精液中也仍存活。

（一）生物学特性

1. 形态与染色特性　空肠弯曲杆菌为革兰氏阴性，本菌在感染组织中呈弧形、逗点状、短杆状或 S 形，长 1.5～3.5μm，宽 0.2～0.5μm，在老龄培养物中呈螺旋形长丝或圆球形，具有一端或两端鞭毛，呈螺旋运动，运动活泼，不形成芽孢和荚膜。

2. 培养特性　本菌为微需氧菌，在大气中和厌氧环境中均不能生长，以 5%氧气、10%二氧化碳和 85%氮气的环境中生长最为适宜，最适温度为 42～43℃，37℃也可生长，最适 pH 7.0～7.2，对营养的要求较高，在含有裂解血或血清的培养基中生长良好。

固体培养基：经 48h 培养后，菌落有两种类型，一种为不溶血、淡灰色、半透明、扁平、光滑、湿润、有光泽、边缘不规则，常沿划线蔓延生长，另一种为不溶血、圆形、突起、光滑、边缘整齐、半透明、有光泽、呈单个菌落生长、菌落直径 1～2mm。菌落形态与培养基含水分的多少有一定的关系。水分较大的培养基以前一种菌落为多见，较干燥的培养基后一种菌落较多见。本菌对 1 %牛胆汁有耐受性。

液体培养基：呈混浊生长，有沉淀。

3. 生化反应　本菌生化反应不活泼，不能发酵糖类，不产生尿素酶，不液化明胶，甲基红、V-P 试验、靛基质试验阴性，不产生色素，氧化酶、过氧化氢酶阳性。能还原硝酸盐为亚硝酸盐，本菌能利用氨基酸和三羧酸循环中间产物做能源。在 0.5%氯化钠培养基上能生长，3.5%氯化钠的培养基则不能生长。酯酶阴性，在三糖铁中硫化氢阴性，而用醋酸铅试纸测定可出现阳性。1%甘氨酸培养基、氯化三苯四氮唑（TTC 40mg/dL）培养基上能生长，对萘啶酸（30μg）敏感。

4. 抗原特性　本菌的抗原结构较复杂，已知的有 O、H 和 K 抗原。根据血清学分型，O 抗原已有 60 个型，该分型方法是将菌悬液经 100℃加热处理 1h，经提取可溶性的 O 抗原，然后致敏绵羊红细胞，进行被动血凝试验所得。K、H 抗原 56 个血清型，该分型方法是用福尔马林化菌悬液或活菌液制备抗血清，最后进行凝集反应获得的。

（二）致病性

空肠弯曲菌的感染目前被广泛认为是格林—巴利综合征（Guillain-Barre Syndrome，简称 GBS）的前驱感染，是目前空肠弯曲菌感染引起的主要死亡因素。本菌有内毒素，能侵袭小肠和大肠黏膜引起急性肠炎，亦可引起腹泻的暴发流行或集体食物中毒，致病部位是空肠、回肠及结肠。进入肠腔的细菌在上部小肠腔内繁殖，并借其侵袭力侵入黏膜上皮细胞。细菌生长繁殖释放外毒素，细菌裂解出内毒素。外毒素类似霍乱肠毒素。外毒素激活上皮细胞内腺苷酸环化酶，进而 cAMP 增加，能量增加，促使黏膜细胞分泌旺盛，导致腹泻。这一作用可被霍乱抗毒素所阻断。病菌的生长繁殖及毒素还造成局部黏膜充血、渗出水肿、溃疡、出血。如果免疫力低下，则细菌可随血流扩散，造成菌血症，甚至败血症，进而引起脑、心、肺、肝、尿路、关节等的损害。孕妇感染本菌可导致流产、早产，而且可使新生儿受染。感染后能产生特异性血清抗体，可增强吞噬细胞功能。

国外两例志愿受试者，一例口服含菌量为 10^6 个的牛奶后 3d 出现典型症状；另一例口服含菌量为 500 个的食品第四天发病。空肠弯曲菌从口进入消化道，空腹时胃酸对其有一定杀灭作用，已证明 pH≤3.6 的溶液对该菌有杀灭作用。所以饱餐或碱性食物利于细菌突破胃屏障。

本病传染源主要是畜禽粪便排泄物带菌污染食物、水源、玩具、用品，病人及食品加工人员的健康带菌者亦可传染，同时本病可通过接触及苍蝇等传染。由于动物多是无症状的带菌，且带菌率高，是重要的传染源和储存宿主。

（三）检验

食品中空肠弯曲杆菌的检验应按《食品安全国家标准　食品微生物学检验　空肠弯曲杆菌

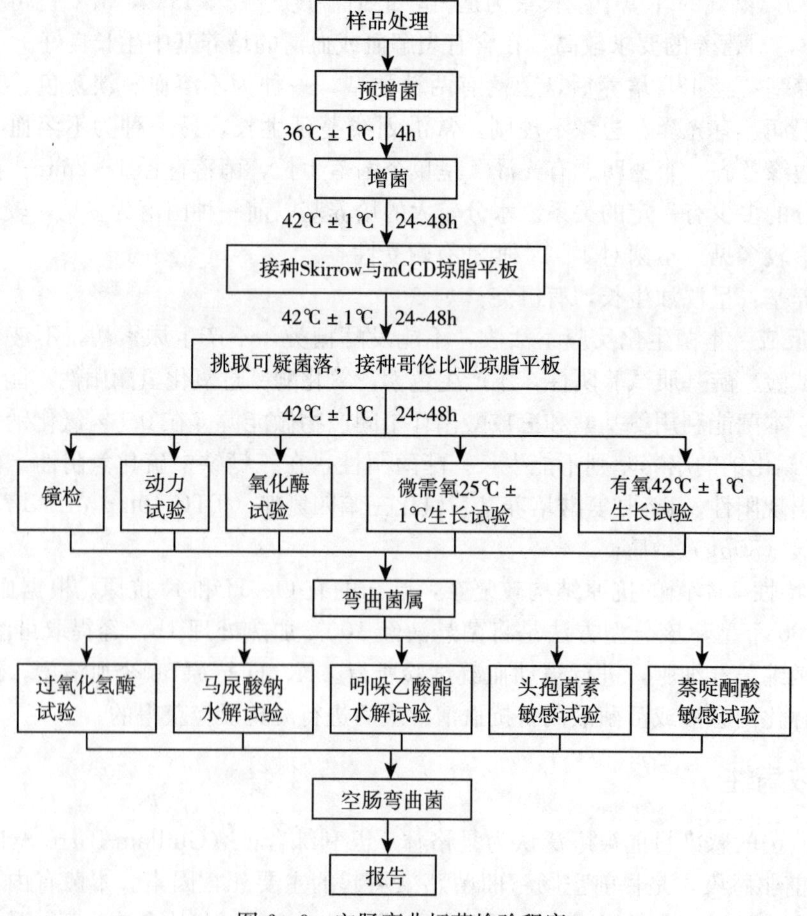

图 6-9　空肠弯曲杆菌检验程序

检验》(GB 4789.9—2008) 进行，其检验程序见图 6-9，其检验过程（常规培养法）如下。

1. 样品处理

(1) 一般样品。取 25g（或 25mL）样品（水果、蔬菜、水产品为 50g）加入盛有 100mL Bolton 肉汤的有滤网的均质袋中（无滤网的均质袋可使用无菌纱布过滤），用拍击式均质器均质 1～2min；或加入盛有 100mL Bolton 肉汤的均质杯中，以 8 000～10 000r/min 均质 1～2min，经滤网或无菌纱布过滤。将滤液进行培养。

(2) 鲜乳、冰淇淋、奶酪等。取 50g 样品加入盛有 50mL 0.1%蛋白胨水的有滤网均质袋中，必要时调整 pH 至 7.2±0.2，用拍击式均质器均质 15～30 s，将滤液以 20 000×g 离心 30min 后弃去上清，用 10mL Bolton 肉汤悬浮沉淀（尽量避免带入油层），再转移至 90mL 不含抗生素的 Bolton 肉汤进行培养。

(3) 贝类。取至少 12 个带壳样品，除去外壳后将所有内容物放到均质袋中，用拍击式均质器均质 1～2min，取 25g 样品于 225mL Bolton 肉汤中（1∶10 稀释），再转移 25mL 至 225mL Bolton 肉汤中（1∶100 稀释），将 1∶10 和 1∶100 稀释的 Bolton 肉汤同时进行培养。

(4) 蛋黄液或蛋浆。取 25g（或 25mL）样品于 125mL Bolton 肉汤中并搅匀（1∶6 稀释），再转移 25mL 至 100mL Bolton 肉汤中并搅匀（1∶30 稀释），同时将 1∶6 和 1∶30 稀释的 Bolton 肉汤进行培养。

(5) 整禽等样品。用 200mL 0.1%的蛋白胨水充分冲洗样品的内外部，并振荡 2～3min，经无菌纱布过滤至 250mL 离心管中，16 000×g 离心 15min 后弃去上清，用 10mL0.1%蛋白胨水悬浮沉淀，吸取 3mL 至 100mL Bolton 肉汤中进行培养。

(6) 需表面涂拭检测的样品。用无菌棉签涂布样品表面（面积为 50～100cm^2），将棉签头剪落到 100mL Bolton 肉汤中进行培养。

(7) 水样。将 4L 的水（对于氯处理的水，在过滤前每升水中加入 5mL 1mol/L 硫代硫酸钠溶液）经 0.45μm 滤膜过滤，将滤膜浸没在 100mL Bolton 肉汤中进行培养。

2. 预增菌与增菌　在微需氧条件下，以 100r/min 的振荡速度，36℃±1℃培养 4h。必要时测定增菌液的 pH 并调整至 7.2±0.2。42℃±1℃继续培养 48 h。

3. 分离　将 24 h 增菌液、48 h 增菌液以及相应的 1∶50 稀释液分别划线接种于 Skirrow 与 mCCD 琼脂平板上，在微需氧条件下 42℃±1℃培养 24～48 h。另外，可同时选择使用 CFA 显色平板。

观察 24 h 培养与 48 h 培养的琼脂平板上的菌落形态。mCCD 琼脂平板上的可疑菌落通常有光泽、潮湿、扁平，呈扩散生长的倾向，直径为 1～2mm。Skirrow 琼脂平板上的可疑菌落为灰色、扁平、湿润有光泽，呈沿接种线向外扩散的倾向；有些可疑菌落常呈分散凸起的单个菌落，直径为 1～2mm，边缘整齐、发亮。CFA 显色平板上的可疑菌落为红色、突起、湿润，菌落直径为 2～3mm，边缘有一圈红色的透明环，中间有一个圆形的、不透明、颜色较深的红色小点的菌落。

4. 鉴定

(1) 弯曲菌属的鉴定。挑取 5 个或更多的可疑菌落接种到哥伦比亚琼脂平板上，微需氧条件下 42℃±1℃培养 24～48 h，按照下述方法进行鉴定，结果符合表 6-14 的可疑菌落确定为弯曲菌属。

表 6-14 弯曲菌属的鉴定

项 目	弯曲菌属特性
形态观察	革兰氏阴性，菌体弯曲如小逗点状，两菌体的末端相接时呈 S 形、螺旋状或海鸥展翅状[a]
动力观察	呈现螺旋状运动[b]
氧化酶实验	阳性
微需氧条件下 25℃±1℃生长试验	不生长
有需氧条件下 42℃±1℃生长试验	不生长

注：a. 有些菌株的形态不典型。

b. 有些菌株的运动不明显。

①形态观察：挑取可疑菌落进行革兰氏染色，镜检。

②动力观察：挑取可疑菌落用 1mL 布氏肉汤悬浮，用相差显微镜观察运动状态。

③氧化酶试验：用铂/铱接种环或玻璃棒挑取可疑菌落至氧化酶试剂润湿的滤纸上，如果在 10 s 内出现紫红色、紫罗兰或深蓝色为阳性。

④在微需氧条件下 25℃±1℃生长试验：挑取可疑菌落，接种到哥伦比亚琼脂平板上，在微需氧条件下 25℃±1℃培养 44h±4h，观察细菌生长情况。

⑤在有氧条件下 42℃±1℃生长试验：挑取可疑菌落，接种到哥伦比亚琼脂平板上，在有氧条件下 42℃±1℃培养 44h±4h，观察细菌生长情况。

（2）空肠弯曲菌的鉴定。

①过氧化氢酶试验：挑取菌落，加到干净玻片上的 3%过氧化氢溶液中，如果在 30s 内出现气泡则判定结果为阳性。

②马尿酸钠水解试验：挑取菌落，加到盛有 0.4mL 1%马尿酸钠的试管中制成菌悬液。混合均匀后在 36℃±1℃水浴放置 2h 或 36℃±1℃培养箱中放置 4h。沿着试管壁缓缓加入 0.2mL 茚三酮溶液，不要振荡，在 36℃±1℃的水浴或培养箱中放置 10min 后判读结果。若出现深紫色则为阳性；若出现淡紫色或没有颜色变化则为阴性。

③吲哚乙酸酯水解试验：挑取菌落至吲哚乙酸酯纸片上，再滴加一滴灭菌水。如果吲哚乙酸酯水解，则在 5～10min 出现深蓝色；若无颜色变化则没有发生水解。

④药物敏感性试验（可选择）：挑取菌落，在布氏肉汤中制备成浓度为 0.5 McFarland 的菌悬液，再用布氏肉汤制备 1∶10 的稀释液，在 5% Mueller Hinton 琼脂平板上进行涂布，静置 5min 后去除多余液体，将平板在 36℃±1℃培养箱中放置 10min 进行干燥。将头孢霉素（30μg）和萘啶酮酸（30μg）药敏纸片放在琼脂表面。将平板在微需氧条件下 36℃±1℃培养 22 h±2h。如果细菌紧贴着纸片生长则为有抗性；如果纸片周围出现不同程度的细菌抑制生长则为敏感。空肠弯曲菌的鉴定结果见表 6-15。

表 6-15 空肠弯曲菌的鉴定

特 征	空肠弯曲菌 (*C. jejuni*)	结肠弯曲菌 (*C. coLi*)	海鸥弯曲菌 (*C. lari*)	乌普萨拉弯曲菌 (*C. upsaliensis*)
过氧化氢酶	+	+	+	−或微弱
马尿酸盐水解试验	+	−	−	−

（续）

特　征	空肠弯曲菌 (*C. jejuni*)	结肠弯曲菌 (*C. coLi*)	海鸥弯曲菌 (*C. lari*)	乌普萨拉弯曲菌 (*C. upsaliensis*)
吲哚乙酸酯水解试验	＋	＋	－	＋
头孢菌素敏感试验	R	R	R	S
萘啶酮酸敏感试验	S[a]	S[a]	R/ S[b]	S

注：＋表示阳性；－表示阴性；S表示敏感；R表示抗性。

a. 空肠弯曲菌和结肠弯曲菌对萘啶酮酸的耐药性呈现出增长趋势。

b. 海鸥弯曲菌的不同菌株，分别表现为敏感或抗性。

⑤对于确定为弯曲菌属的菌落，可使用API Campy生化鉴定试剂盒或VITEK 2 NH生化鉴定卡来替代上述鉴定，具体操作按照产品说明书进行。

5. 结果报告　综合以上试验结果，报告检样单位中检出空肠弯曲菌或未检出空肠弯曲菌。

七、溶血性链球菌及其检验

链球菌系指一大类呈链状排列的球菌，本菌广泛分布于自然界，存在于水、乳、粪便以及人和动物的病灶内。健康人和动物的皮肤和黏膜上，呼吸道和消化道内往往带菌。

本菌在血液琼脂上培养时，按其对红细胞的溶解现象，将其分为三类：

甲型溶血（又称α溶血）：在菌落周围呈现弱溶血，并有绿色溶血环，溶血直径1～2mm。镜检见与菌落连接处残存有红细胞，放冰箱一夜后，绿色环周围呈现溶血环。

亚甲型溶血（又称为α溶血）：在菌落周围无明显溶血境界，溶血环狭小。镜检可见部分残留红细胞，放冰箱一夜后，溶血环显著扩大。

乙型溶血（又称β溶血）：菌落周围红细胞完全溶解，并有明显的溶血境界，出现完全透明的溶血环。本型溶血包括大部分对人兽致病的链球菌。

此外，还有的链球菌不呈现任何溶血现象。

本菌具有一种群特异性的多糖抗原，又称C抗原，根据兰氏（Lancefield）用酸浸出这种抗原，与特异血清作沉淀试验，将链球菌分成由A至M等19个血清群（缺I、J群），每个群又分若干型或亚型。而按菌体荚膜抗原不同，分为35个血清型，用阿拉伯数字表示，其中2型对人的致病力最强。现将其中较重要的血清群致病概况介绍如下：

A群：主要对人类致病，如猩红热、扁桃体炎、丹毒及各种炎症和败血症。对动物致病性不强，但在公共卫生上有重要意义。

B群：致牛乳房炎，如无乳链球菌等，对人无致病性。

C群：主要对各种动物致病，共有二十多型。其中一部分对人有致病性。

D群：寄生于人、畜及禽类肠道中，属肠球菌的一部分，一般不致病，偶尔可引起猪心内膜炎、关节炎和羔羊心内膜炎、肺炎。一般与食物中毒有关。

E群：寄生于牛、猪阴道内，对组织的侵入能力不强，又称猪链球菌，致猪颈部淋巴结脓肿、化脓性支气管炎、脑膜炎及一部分牛乳房炎。

其他如G、L、M、P、R、S及T群对猪均有不同程度的致病作用，引起猪只发生败血病、脑膜炎、心内膜炎及脓肿等，其中某些群对其他动物也有致病作用。

链球菌的检验工作不仅在临床和流行病上具有重要意义，在食品卫生工作上也具有重要意义，一方面根据食品卫生要求，对食品中（如牛乳及乳制品）的致病性链球菌进行检验；另一方面，在可疑为链球菌引起食物中毒暴发时，应通过检验证实该菌与食物中毒的关系。

链球菌在自然界分布广泛，是食物污染的重要原因。许多由食物引起的脓性咽喉痛和猩红热是由A群链球菌引起的。近年来由链球菌引起的食物中毒特别是人感染猪链球菌事件受到人们的广泛关注，如2005年6～8月发生在我国四川资阳地区人感染猪链球菌事件，其病原体就是猪链球菌2型，感染215人，死亡34人。

链球菌引起食物中毒，经常由乳、肉类食品所引起，多系α溶血型链球菌。β溶血型链球菌引起食物中毒较少。就血清群而言引起食物中毒的主要为B、D、H群，其中以D群最为常见。

链球菌抵抗力不强。60℃、30min即可死亡。巴氏灭菌法加热60～63℃经30min，即将牛乳中致病的链球菌群杀死。本菌在渗出液及动物排泄物中可生活数周。D群链球菌抵抗力很强，加热60℃、30min不死。

（一）生物学特性

1. 形态与染色特性　本菌为圆形或卵圆形，直径为0.5～1μm，常排列成链状，链的长短不一，短者由4～5个菌体组成，长者可达20～30个甚至上百个。链的长短与细菌种类及生长环境有关。致病性链球菌一般较长，非致病性或毒力弱的菌株菌链较短，在液体培养基中易呈长链，在固体培养基上常呈短链。

大多数链球菌无鞭毛，不能运动，但D群中某些菌株具有鞭毛。不能形成芽孢。多数链球菌在血清肉汤幼龄培养物（2～2.5h）中，易发现荚膜，当培养时间延长，荚膜即逐渐消失。

链球菌对普通苯胺染料易于着染，自病灶部分离的链球菌为革兰氏染色阳性，但若长时间培养，或被吞噬细胞吞噬后，革兰氏染色常可为阴性。

2. 培养特性　本菌为需氧或兼性厌氧。多数菌株的生长温度为20～42℃，最适温度为37℃，但D群的大多数菌株，虽低至10℃、高达45℃仍能生长。N群菌株最适生长温度为30℃。本菌最适pH为7.4～7.6。多数致病菌株的营养要求较高，在普通培养基上生长不良，必须加血液、血清、腹水等，如培养基中加入0.5％葡萄糖则有助于细菌生长。

链球菌在不同培养基上生长情况如下：

鲜血琼脂平板：37℃经18～24h，形成灰白色、半透明或不透明、表面光滑、有乳光、直径0.5～0.75mm的细小菌落。在鲜血琼脂平板上，不同菌株菌落周围可有不同的溶血现象，有的完全溶血，在菌落周围形成透明溶血环；有的不完全溶血，形成草绿色溶血环；有的不发生溶血，无溶血环可见。

血清肉汤：一般呈颗粒状生长，大多沉于管底。生长状况与链的长短有关系，溶血性链球菌形成的链一般较长，呈典型的絮状或颗粒状生长或黏附于管壁上。不溶血菌株链较短，或只呈双球菌状，呈均匀混浊。

马铃薯培养基：非致病性链球菌发育良好，而致病性链球菌则不生长或生长不良。

3. 生化特性　对常用的糖类，发酵后产酸产气。分解葡萄糖后产生乳酸和少量甲酸、醋酸与乙醇。对乳糖、甘露醇、水杨苷、蔷薇醇的发酵能力因菌株不同而异。如肠链球菌大多可分解甘露醇；人类溶血性链球菌常可分解蕈糖，不分解蔷薇醇；但动物的溶血性链球菌则可分解蔷薇醇而不分解蕈糖。链球菌一般不分解菊糖（某些草绿色菌株例外），不被胆汁或10%胆盐所溶解，这两点可用来鉴别链球菌和肺炎双球菌。

多数A群链球菌能产生淀粉酶，不仅分解淀粉，也可水解肝糖和淀粉黏胶质。

肠链球菌可在6.5 %氯化钠葡萄糖肉汤、40 %胆汁肉汤、pH 9.6 葡萄糖肉汤和0.1 %美蓝牛乳培养基中生长，能在10℃和45℃下生长，这几点可作为肠链球菌和其他链球菌的鉴别试验。

4. 抗原特性 链球菌的抗原构造比较复杂。β型溶血性链球菌的抗原构造可分为三种：

（1）核蛋白抗原（P抗原）。此种抗原无种、属、型的特异性，各种链球菌的核蛋白的抗原性都是一致的，和肺炎球菌、葡萄球菌的核蛋白有互相交叉反应。

（2）群特异性抗原（C抗原）。是细胞壁的多糖成分，有特异性。根据群多糖抗原的不同，可将链球菌分成19个血清群。

（3）型特异性抗原（表面抗原）。是链球菌细胞壁的蛋白质抗原，位于C抗原的外层。其中又分M、T、R、S四种不同的抗原成分，与致病性有关的是M抗原。M抗原主要见于A群链球菌，根据M抗原的不同，可用血清学反应将A群链球菌分为60多个型。

（二）致病性

致病性链球菌常可产生多种酶和外毒素。

1. 透明质酸酶 又称扩散因子。可溶解组织间隙的黏合质——透明质酸，增加组织间隙的通透性，便于细菌和毒素向组织扩散，因此，能增加细菌的侵袭力。

透明质酸具有抗原性，可刺激机体产生抗体，不同菌群产生的酶，抗原性不同。

2. 链激酶 又称溶纤维蛋白酶。能使血液中的血浆蛋白酶原变成血浆蛋白酶，即可溶解血块或阻止血浆凝固，有利于细菌在组织中扩散。耐热，加热100℃ 50min仍可保存活性。A群链球菌可产生两种免疫原性不同的链激酶。

3. 链道酶 又称脱氧核糖核酸酶，主要为A、C、G群链球菌所产生，有A、B、C、D四个血清型。由于此酶能分解黏稠脓液中具有高度黏性的DNA，所以有人提出用含有链激酶和链道酶的制剂来溶解脓疱的脓性渗出物，以利药物治疗。此酶具有抗原性，受链球菌感染可产生抗体，如果这种酶抗体增高，即表示有链球菌感染。

4. 溶血毒素 由溶血性链球菌产生，有溶解红细胞、杀害白细胞及毒害心脏的作用。本菌的溶血毒素主要分为O和S两种。

溶血素O为含有—SH基的蛋白质，对氧敏感，遇氧时该—SH基被氧化成—SS—基，暂时失去溶血能力，若加入0.5%亚硫酸氢钠或半胱氨酸等还原剂，又可恢复其活力。重新具有溶血作用。

溶血素O能破坏白细胞和血小板，具有抗原性，A、C、G群链球菌的溶血毒素O抗原性相同。

溶血毒素S对氧稳定，对热和酸敏感，不易保存，链球菌在鲜血琼脂平板上培养时，一般所见的透明溶血即是此种溶血素所引起。溶血作用较溶血毒素O缓慢，也能破坏白细胞和血小板，对组织培养细胞有变性作用，给动物静脉注射可迅速致死，并有血管内溶血及肾小管坏死发生，其毒性作用部位可能是细胞膜的磷脂。有人认为，在人的链球菌疾病中，溶血毒素S可协助炎症部位的链球菌蛋白酶消化宿主细胞。溶血毒素S抗原性很低，病后不易查到相应抗体。

5. 红疹毒素 主要是A群链球菌产生的一种外毒素。B、C群链球菌偶尔也产生。红疹毒素除对皮肤有毒性作用外，还有其他多种毒性作用，如内毒素样致热作用，对细胞或组织的损害作用，淋巴母细胞转化作用，免疫抑制作用，提高动物对内毒素发生致死性休克的敏感性等。

致病物质中具有与生物膜高度亲和力的胞壁脂磷壁酸（LTA）和纤维粘连蛋白结合蛋白（FBP）等黏附素，是使该菌能定植在机体皮肤和呼吸道黏膜等表面的主要侵袭因素。链球菌致病需要细菌附着于黏膜上，但并不是所有的细菌在黏膜附着就一定致病。只有病原菌大量繁殖，产生的链球菌溶血素、致热外毒素等毒性物质以及透明质酸酶、链激酶、链道酶等侵袭性物质造成机体的多种病变，才能导致动物或人致病。

1. 化脓性病变 细菌增殖及透明质酸酶、链激酶、链道酶分泌引起入侵局部化脓性炎症并使炎症扩散。

2. 中毒性病变 致热外毒素进入血液循环后引起全身毒血症状：发热、畏寒、寒战、头痛、消化道症状、猩红热皮疹及器官病变。

3. 变态反应性病变 感染后2～5周，在心、肾、关节等处出现迟发性变态反应性病变。M蛋白和C多糖与心肌、肾小球基底膜有交叉免疫反应，也可能是免疫复合物沉积引起。

4. 链球菌中毒休克综合征（strep TSS） 除A群链球菌外，国内报道以草绿色链球菌为主。深部组织和血循环内细胞因子的诱导产生是导致休克和器官衰竭的最重要原因，因此TSS的发病取决于细菌的毒力和宿主之间的相互作用。

（三）检验

食品中β型溶血性链球菌的检验应按《食品安全国家标准 食品微生物学检验》β型溶血性链球菌的检验方法（GB 4789.11—2014）进行，其检验程序如图6-10所示。

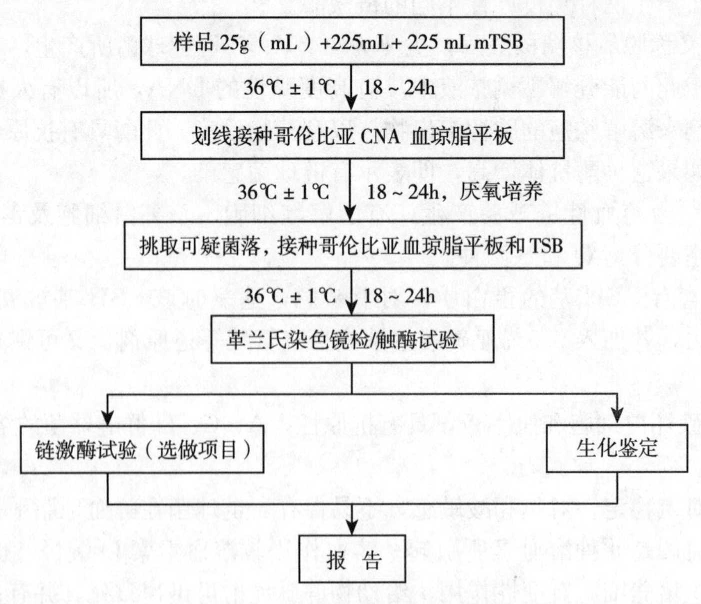

图6-10 溶血性链球菌检验程序

1. 样品处理及增菌　按无菌操作称取检样 25g（mL），加入盛有 225mL mTSB 的均质袋中，用拍击式均质器均质 1～2min；或加入盛有 225mL mTSB 的均质杯中，以 8 000～10 000r/min均质 1～2min。若样品为液态，振荡均匀即可。36℃±1℃培养 18h～24h。

2. 分离　将增菌液划线接种于哥伦比亚 CNA 血琼脂平板，36℃±1℃厌氧培养 18～24h，观察菌落形态。溶血性链球菌在哥伦比亚 CNA 血琼脂平板上的典型菌落形态为直径 2～3mm，灰白色、半透明、光滑、表面突起、圆形、边缘整齐，并产生 β 型溶血。

3. 鉴定

（1）分纯培养。挑取 5 个（如小于 5 个则全选）可疑菌落分别接种哥伦比亚血琼脂平板和 TSB 增菌液，36℃±1℃培养 18～24h。

（2）革兰氏染色镜检。挑取可疑菌落染色镜检。β 型溶血性链球菌为革兰氏染色阳性，球形或卵圆形，常排列成短链状。

（3）触酶试验。挑取可疑菌落于洁净的载玻片上，滴加适量 3%过氧化氢溶液，立即产生气泡者为阳性。β 型溶血性链球菌触酶为阴性。

（4）链激酶试验（选做项目）。吸取草酸钾血浆 0.2mL 于 0.8mL 灭菌生理盐水中混匀，再加入经 36℃±1℃培养 18～24h 的可疑菌的 TSB 培养液 0.5mL 及 0.25%氯化钙溶液 0.25mL，振荡摇匀，置于 36℃±1℃水浴中 10min，血浆混合物自行凝固（凝固程度至试管倒置，内容物不流动）。继续 36℃±1℃培养 24h，凝固块重新完全溶解为阳性，不溶解为阴性，β 型溶血性链球菌为阳性。

草酸钾人血浆配制：草酸钾 0.01g 放入灭菌小试管中，再加入 5mL 人血，混匀，经离心沉淀，吸取上清液即为草酸钾人血浆。

（5）其他检验。使用生化鉴定试剂盒或生化鉴定卡对可疑菌落进行鉴定。

4. 结果与报告　综合以上试验结果，报告每 25g（mL）检样中检出或未检出溶血性链球菌。

八、副溶血性弧菌及其检验

副溶血性弧菌（又称嗜盐杆菌或嗜盐弧菌）是一种海洋性细菌，存在于海水和海产品中。据调查，各种海产品带菌情况以墨鱼为最高，带菌率 93%，梭子鱼 78.8%，带鱼 41.2%，黄鱼 27.3%。另外在其他食品如肉类、禽类产品、淡水鱼中也有本菌的存在。本菌具有致病性的菌株可以引起人的食物中毒，最早报道于日本，引起发病的食物主要是海产品，其后在沿海地带及岛屿地带均有发现，居沿海地区食物中毒之首。近年来，由副溶血性弧菌引起的食物中毒在我国微生物性食物中毒中位居第三。特别是由于空运的发展，食用新鲜海产品的人群和地域在不断扩增，由此菌引发的卫生问题也显得越来越重要。

该菌引起的中毒多数情况下呈暴发性，较少呈散发现象。本菌引起食物中毒大多发生于 6～10 月份气候炎热的季节。寒冷季节则极少见。主要是生食海产品，烹调加热不足或交叉污染引起。食物中毒临床上以急性发病、腹痛、腹泻、呕吐等为主要症状，但亦有大便脓血，如痢疾者。一般病后 3～5d 痊愈，但重症者亦可造成脱水、休克。发生无年龄、种族的差异，而主要与地域和饮食习惯有很大关系。如果食用同样污染的食物，经常接触该菌的人较不易发病。

副溶血性弧菌在自然界不同的水中，生存时间很不一致，在淡水中1d左右即死亡，在海水中则能存活47d以上，在pH 6以下即不能生长，但在含盐6%的酱菜中，虽pH降至5.0，仍能存活30d以上。本菌对热敏感，65℃、5～10min，90℃、1min即可将其杀死。15℃以下生长即受抑制，但在−20℃保持于蛋白胨水中，经11周仍能继续存活。该菌对酸的抵抗力较弱，2%醋酸和食醋中1min即死亡。对氯、石炭酸、来苏儿抵抗力较弱，如在0.5mg/L氯中，1min死亡。本菌对青霉素有抗性，对四环素、氯霉素、金霉素较敏感，对磺胺也有抗性。

（一）生物学特征

1. 形态与染色特性 本菌为革兰氏阴性弯曲的球杆菌，或呈弧菌，两端有浓染现象，中间着色较淡或不着色，一端有鞭毛，运动活泼，菌周也有菌毛。大小为0.7～1.0μm，有时有丝状菌体，可长达15μm。本菌在不同的生长环境中出现的菌体形态也有些差异，呈现多形性。主要出现的形态有球状、球杆状、长杆状、卵圆形和丝状。本菌的排列不规则，多数散在，有时成对存在。

在SS琼脂和鲜血琼脂平板上培养，细菌大多数呈卵圆形，少数呈杆状或丝状，两端浓染，中间着色淡甚至不着色。在嗜盐琼脂上，本菌主要为两头小而中间稍胖的球杆菌。在罗氏双糖培养基上，24h菌体基本一致，48h的培养物菌体形态的变化很大，有球状、丝状、杆状、弧状或逗点状等，其大小及染色特性差异也很大。

2. 培养特性 本菌为需氧菌，需氧性很强，本菌对营养的要求不高。但在无盐的环境中不能生长。在含盐0.5%的培养基中即能生长，所以在普通琼脂上或蛋白胨水中都能生长，而本菌在含盐3%～3.5%的培养基上生长最好。其生长适宜的pH为7.0～9.5，而最适pH为7.7～8.0，适应温度范围15～48℃，生长发育最适宜的温度为30～37℃。在液体培养基中，呈现混浊，表面形成菌膜，R型菌发生沉淀。在固体培养基上的菌落通常为隆起，圆形，稍混浊，不透明，表面光滑湿润，传代之后常出现不圆整、粗糙型菌落或灰白色半透明或不透明的菌落。从腹泻病人中分离的菌落多较典型。从食品中分离的细菌多为R型。在鲜血琼脂平板上菌落的周围可见溶血环。

在SS琼脂平板上菌落中等大小，1～2mm、圆形、扁平、无色透明的黏性菌落，不易被接种环挑起。在氯化钠蔗糖琼脂上，菌落1～2mm、稍隆起、混浊、无黏性、绿色、湿润、中心深绿色。本菌在EMB琼脂上不生长，某些菌株在麦康凯上生长，生长的菌株菌落呈圆形，平坦、半透明或混浊，略带红色。在3.5%食盐琼脂平板上，37℃、24h培养多呈蔓延状生长，菌落的边缘不整齐，圆形、隆起、稍混浊、不透明、表面光滑湿润。如培养基中含有胆酸盐则能对细菌的蔓延有一定的抑制作用。细菌在生长过程中不形成色素。

3. 生化特性 副溶血性弧菌能分解发酵葡萄糖、麦芽糖、甘露醇、蕈糖、淀粉和阿拉伯胶糖产酸产气。它不能发酵分解乳糖、蔗糖、纤维二糖、木糖、卫矛醇、肌醇、水杨苷。产生靛基质，液化明胶，硝酸盐还原为亚硝酸盐。过氧化氢酶和卵磷脂酶为阳性，尿素酶阴性，V-P试验阴性，不产生硫化氢。能分解淀粉和酪蛋白。甲基红试验阳性。对弧菌抑制剂三氨基二异丙基喋啶敏感。

副溶血性弧菌溶血试验有些特殊，从患者样品中分离的菌株在含有人血和家兔红细胞的培养基中生长，能产生β溶血，而从海水中及海产品中分离的菌株则不溶血，一般称此现象为神川现象。

4. 抗原特性　本菌有3种抗原成分，一种为H抗原，又称不耐热抗原，经加热100℃、30min即被破坏。一种抗原是O抗原，又称耐热抗原，加热100℃、2min仍有活力，保存其抗原性，另一种为K抗原，存在于活菌的表面，可阻止抗菌体血清与O抗原发生凝集，但K抗原亦不耐热，并在菌种保存过程中，往往发生变异，目前已知O抗原被分成12个群，K抗原则有近70种。通过对副溶血性弧菌进行免疫及抗原分析，利用吸收试验，将O抗原分成28个因子，1因子是共同因子，2～28因子经过吸收试验可做单因子血清，2～28因子只占总数的2.1%，2～16因子血清能与绝大部分不同来源的菌株发生凝集。

（二）致病性

各种弧菌对人和动物均有较强的毒力，其致病物质主要有相对分子质量42 000的致热性溶血素（TDH）和相对分子质量48 000的TDH类似溶血素（TRH），具有溶血活性、肠毒素和致死作用。吞服10万个以上活菌即可发病，个别可呈败血症表现。该菌有侵袭作用，其产生的TDH和TRH的抗原性和免疫性相似，皆有溶血活性和肠毒素作用，可导致肠袢肿胀、充血和肠液潴留，引起腹泻。TDH对心脏有特异性心脏毒，可引起心房纤维性颤动、期前收缩或心肌损害。最近有人发现脲酶与本病腹泻有关。患者体质、免疫力不同，临床表现轻重不一，呈多型性。山区、内陆居民去沿海地区而感染者病情较重，临床表现典型；沿海地区发病者病情一般较轻。主要病理变化为空肠及回肠有轻度糜烂，胃黏膜炎、内脏（肝、脾、肺）瘀血等。

（三）检验

食品中副溶血性弧菌的检验应按《食品安全国家标准　食品微生物学检验　副溶血性弧菌检验》（GB 4789.7—2013）进行，其检验程序见图6-11，其检验过程如下。

1. 样品制备

（1）非冷冻样品采集后应立即置7～10℃冰箱保存，尽可能及早检验；冷冻样品应在45℃以下不超过15min或在2～5℃不超过18h解冻。

（2）鱼类和头足类动物取表面组织、肠或鳃。贝类取全部内容物，包括贝肉和体液；甲壳类取整个动物，或者动物的中心部分，包括肠和鳃。如为带壳贝类或甲壳类，则应先在自来水中洗刷外壳并甩干表面水分，然后以无菌操作打开外壳，按上述要求取相应部分。

（3）以无菌操作取样品25g（mL），加入3%氯化钠碱性蛋白胨水225mL，用旋转刀片式均质器以8 000r/min均质1min，或拍击式均质器拍击2min，制备成1∶10的样品匀液。如无均质器，则将样品放入无菌乳钵，自225mL 3%氯化钠碱性蛋白胨水中取少量稀释液加入无菌乳钵，样品磨碎后放入500mL无菌锥形瓶，再用少量稀释液冲洗乳钵中的残留样品1～2次，洗液放入锥形瓶，最后将剩余稀释液全部放入锥形瓶，充分振荡，制备1∶10的样品匀液。

2. 增菌培养

（1）定性检测。将制备的1∶10样品匀液于36℃±1℃培养8～18h。

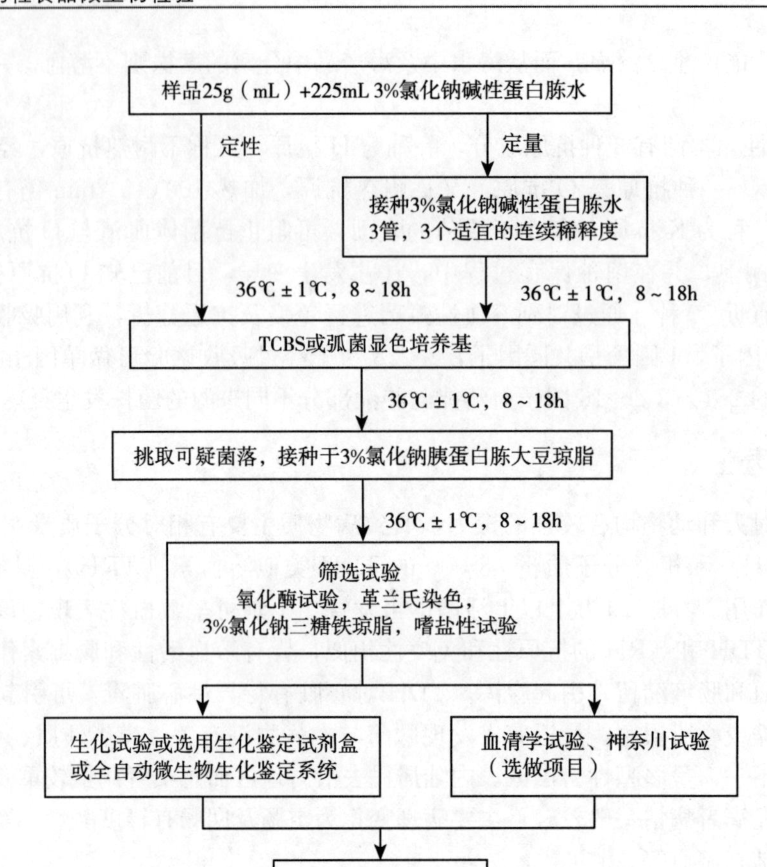

图 6-11　副溶血性弧菌检验程序

（2）定量检测。

①用无菌吸管吸取 1∶10 样品匀液 1mL，注入含有 9mL 3%氯化钠碱性蛋白胨水的试管内，振摇试管混匀，制备 1∶100 的样品匀液。

②另取 1mL 无菌吸管，按上述操作程序，依次制备 10 倍系列稀释样品匀液，每递增稀释一次，换用一支 1mL 无菌吸管。

③根据对检样污染情况的估计，选择 3 个适宜的连续稀释度，每个稀释度接种 3 支含有 9mL 3%氯化钠碱性蛋白胨水的试管，每管接种 1mL。置 36℃±1℃恒温箱内培养 8～18h。制备的 1∶10 样品匀液于 36℃±1℃培养 8～18h。

3. 分离培养

（1）对所有显示生长的增菌液，用接种环在距离液面以下 1cm 内沾取一环增菌液，于 TCBS 平板或弧菌显色培养基平板上划线分离。一支试管划线一块平板，于 36℃±1℃培养 18～24h。

（2）典型的副溶血性弧菌在 TCBS 上呈圆形、半透明、表面光滑的绿色菌落，用接种环轻触，有类似口香糖的质感，直径 2～3mm。从培养箱取出 TCBS 平板后，应尽快（不超过 1 h）挑取菌落或标记要挑取的菌落。典型的副溶血性弧菌在弧菌显色培养基上的特征按照产品说明进行判定。

4. 纯培养　挑取 3 个或以上可疑菌落，划线接种 3%氯化钠胰蛋白胨大豆琼脂平板，

36℃±1℃培养18～24h。

5. 初步鉴定

（1）氧化酶试验：挑选纯培养的单个菌落进行氧化酶试验，副溶血性弧菌为氧化酶阳性。

（2）涂片镜检：将可疑菌落涂片，进行革兰氏染色，镜检观察形态。副溶血性弧菌为革兰氏阴性，呈棒状、弧状、卵圆状等多形态，无芽孢，有鞭毛。

（3）挑取纯培养的单个可疑菌落，转种3%氯化钠三糖铁琼脂斜面并穿刺底层，36℃±1℃培养24h观察结果。副溶血性弧菌在3%氯化钠三糖铁琼脂中的反应为底层变黄不变黑，无气泡，斜面颜色不变或红色加深，有动力。

（4）嗜盐性试验：挑取纯培养的单个可疑菌落，分别接种0、6%、8%和10%不同氯化钠浓度的胰胨水，36℃±1℃培养24h，观察液体混浊情况。副溶血性弧菌在无氯化钠和10%氯化钠的胰胨水中不生长或微弱生长，在6%氯化钠和8%氯化钠胰胨水中生长旺盛。

6. 确定鉴定　取纯培养物分别接种含3%氯化钠的甘露醇试验培养基、赖氨酸脱羧酶试验培养基、MR-VP培养基，36℃±1℃培养24～48h后观察结果；3%氯化钠三糖铁琼脂隔夜培养物进行ONPG试验。可选择生化鉴定试剂盒或全自动微生物生化鉴定系统。

7. 血清学分型（选做项目）

（1）菌悬液制备。接种两管3%氯化钠胰蛋白胨大豆琼脂试管斜面，36℃±1℃培养18～24h。用含3%氯化钠的5%甘油溶液冲洗3%氯化钠胰蛋白胨大豆琼脂斜面培养物，获得浓厚的菌悬液。

（2）K抗原的鉴定。取一管制备好的菌悬液，首先用多价K抗血清进行检测，出现凝集反应时再用单个的抗血清进行检测。用蜡笔在一张玻片上划出适当数量的间隔和一个对照间隔。在每个间隔内各滴加一滴菌悬液，并对应加入一滴K抗血清。在对照间隔内加一滴3%氯化钠溶液。轻微倾斜玻片，使各成分相混合，再前后倾动玻片1min。阳性凝集反应可以立即观察到。

（3）O抗原的鉴定。将另外一管的菌悬液转移到离心管内，121℃灭菌1h。灭菌后4 000r/min离心15min，弃去上层液体，沉淀用生理盐水洗三次，每次4 000r/min离心15min，最后一次离心后留少许上层液体，混匀制成菌悬液。用蜡笔将玻片划分成相等的间隔。在每个间隔内加入一滴菌悬液，将O群血清分别加一滴到间隔内，最后一个间隔加一滴生理盐水作为自凝对照。轻微倾斜玻片，使各成分相混合，再前后倾动玻片1min。阳性凝集反应可以立即观察到。如果未见到与O群血清的凝集反应，将菌悬液121℃再次高压1h后，重新检测。如果仍为阴性，则培养物的O抗原属于未知。根据表6-16报告血清学分型结果。

8. 神奈川试验（选做项目）　神奈川试验是在我妻氏血琼脂上测试是否存在特定溶血素。神奈川试验阳性结果与副溶血性弧菌分离株的致病性显著相关。

用接种环将测试菌株的3%氯化钠胰蛋白胨大豆琼脂18h培养物点种于表面干燥的我妻氏血琼脂平板。每个平板上可以环状点种几个菌。36℃±1℃培养不超过24h，并立即观察。阳性结果为菌落周围呈半透明环的β溶血。

表 6-16 副溶血性弧菌的抗原

O群	K型
1	1, 5, 20, 25, 26, 32, 38, 41, 56, 58, 60, 64, 69
2	3, 28
3	4, 5, 6, 7, 25, 29, 30, 31, 33, 37, 43, 45, 48, 54, 56, 57, 58, 59, 72, 75
4	4, 8, 9, 10, 11, 12, 13, 34, 42, 49, 53, 55, 63, 67, 68, 73
5	15, 17, 30, 47, 60, 61, 68
6	18, 46
7	19
8	20, 21, 22, 39, 41, 70, 74
9	23, 44
10	24, 71
11	19, 36, 40, 46, 50, 51, 61
12	19, 52, 61, 66
13	65

9. 结果与报告 根据检出的可疑菌落生化性状，报告 25g（mL）样品中检出副溶血性弧菌。如果进行定量检测，根据证实为副溶血性弧菌阳性的试管管数，查最可能数（MPN）检索表，报告每 1g（mL）副溶血性弧菌的 MPN 值。副溶血性弧菌菌落生化性状和与其他弧菌的鉴别情况分别见表 6-17 和表 6-18。

表 6-17 副溶血性弧菌的生化性状

试验项目	结果
革兰氏染色镜检	阴性，无芽孢
氧化酶	+
动力	+
蔗糖	−
葡萄糖	+
甘露醇	+
分解葡萄糖产气	−
乳糖	−
硫化氢	−
赖氨酸脱羧酶	+
V-P 试验	−
ONPG	−

注：＋表示阳性；－表示阴性。

表 6-18　副溶血性弧菌主要性状与其他弧菌的鉴别

名　称	氧化酶	赖氨酸	精氨酸	鸟氨酸	明胶	脲酶	V-P	42℃生长	蔗糖	D-纤维二糖	乳糖	阿拉伯糖	D-甘露糖	D-甘露醇	ONPG	嗜盐性试验 氯化钠含量%				
																0	3	6	8	10
副溶血性弧菌 (*V. parahaemolyticus*)	+	+	−	+	+	V	−	+	−	V	−	+	+	+	−	−	+	+	+	−
创伤弧菌 (*V. vulnificus*)	+	+	−	+	+	−	−	+	−	+	+	−	+	V	+	−	+	+	−	−
溶藻弧菌 (*V. alginolyticus*)	+	+	−	+	+	−	+	+	+	−	−	−	+	+	−	−	+	+	+	+
霍乱弧菌 (*V. cholerae*)	+	+	−	+	+	−	V	+	+	−	−	−	+	+	+	+	+	−	−	−
拟态弧菌 (*V. mimicus*)	+	+	−	+	+	−	−	+	−	−	−	−	+	+	+	+	+	−	−	−
河弧菌 (*V. fluvialis*)	+	−	+	−	+	−	−	V	+	+	−	+	+	+	+	−	+	+	V	−
弗氏弧菌 (*V. furnissii*)	+	−	+	−	+	−	−	−	+	−	−	+	+	+	+	−	+	+	+	−
梅氏弧菌 (*V. metschnikovii*)	−	+	+	−	+	−	+	V	+	−	−	−	+	+	+	−	+	+	V	−
霍利斯弧菌 (*V. hollisae*)	+	−	−	−	−	−	−	nd	−	−	−	+	+	−	−	−	+	+	−	−

注：+表示阳性；−表示阴性；nd 表示未试验；V 表示可变。

九、变形杆菌及其检验

变形杆菌类为有动力的革兰氏阴性杆菌，包括变形杆菌属、普罗菲登斯菌属和摩根氏菌属。变形杆菌属分为普通变形杆菌、奇异变形菌、产黏液变形杆菌和潘氏变形杆菌。普罗菲登斯菌属共有 5 个种即雷极变形杆菌、司氏普罗菲登斯菌、碱化普罗菲登斯菌、路斯特坚普罗菲登斯菌和海姆巴赫氏普罗菲登斯菌。摩根氏菌属只有一种，即摩根氏菌。

变形杆菌类是腐物寄生菌，自然界中广泛分布，水、土壤、腐败有机物中以及动物肠道中都有存在，是一种条件致病菌，在一般情况下对人无害，但是这种活菌在肉品上大量繁殖，被人摄食后进入人体，在条件适合时，就有可能引起食物中毒。所以只从样品中检出变形杆菌并无实际意义，只有变形杆菌类严重污染的食品被人摄食后，才能引起食物中毒。因此，检验变形杆菌引起的食物中毒时，不仅要分离鉴定变形杆菌而且要检验变形杆菌在每克食品中的最近似数。

变形杆菌类食物中毒是最常见的一种食物中毒，尤其是熟肉类和凉拌菜，以及因吃病死畜禽肉而引起的食物中毒的事例更是常有发生。这种食物中毒潜伏期短，一般为 3～4h，主要症状为恶心、呕吐、腹痛剧烈如刀割、腹泻、头痛、发热、全身无力等，腹泻一日数次，多为水样便、有恶臭，少数带黏液。病程较短，一般为1～3d。摩根氏菌往往能引起过敏反应，潜伏期一般为30～40min，也可短至5min或长达数小时，主要表现为颜面潮红、酒醉状、头疼、荨麻疹、血压下降、心搏过速等，有时也伴有发热、呕吐、腹泻等症状，多在12h内恢复。水产品引起的中毒多为此类。

本菌的抵抗力中等，对巴氏灭菌及常用消毒剂敏感。

（一）生物学特征

1. 形态与染色特性 变形杆菌是一类大小、形态不一的细菌，有时球形，有时丝状，呈明显的多形性，周身鞭毛、能运动，无芽孢荚膜，革兰氏阴性。

2. 培养特性 需氧及兼性厌氧，对营养要求不高，在普通琼脂上生长良好，在固体培养基上普通和奇异变形杆菌常扩散生长，形成一层波纹薄膜，称为迁徙生长现象，向培养基中加入0.1%石炭酸或0.4%硼酸，或将琼脂浓度提高到6%，或培养温度提高到40℃，可抑制其扩散生长而得到单个菌落。变形杆菌最适生长温度为20℃，在10～43℃均可生长，在琼脂上形成圆形、扁平、半透明的无色菌落，易与沙门氏菌菌落混淆，本菌有溶血现象，在肉汤中呈均匀混浊生长，表面可形成菌膜。

3. 生化特性 本族细菌苯丙氨酸脱羧酶为阳性，它们发酵葡萄糖产酸及少量气体，对果糖、半乳糖与甘油的发酵能力不一致，甲基红试验阳性，对左旋伯胶糖、糊精、卫矛醇、肝糖、菊糖、乳糖、山梨醇和淀粉无作用。除奇异变形杆菌外，都产生靛基质，能在KCN培养基上生长。各种变形杆菌和普罗菲登斯菌的生化特性如表6-19所示。

表6-19 变形杆菌族生化特性鉴别表

项　目	普通变形杆菌	奇异变形杆菌	摩根氏变形杆菌	雷极氏变形杆菌	普罗菲变形杆菌
甘露糖	－	－	－	＋	－
麦芽糖	＋	－	－	－	－
木胶糖	＋	＋	－	－	－
硫化氢	＋	＋	（＋）	－	－
明　胶	＋	＋	－	－	－
吲　哚	＋	－	＋	＋	＋
尿　素	＋	＋	＋	＋	－
枸橼酸盐	－	－	－	＋	＋
鸟氨酸脱羧酶	－	＋	＋	－	－
V-P试验	－	－	－	－	－

注：＋表示阳性；－表示阴性；（＋）表示多为阳性。

4. 血清学特性 变形杆菌的抗原构造较复杂，均含O抗原和H抗原，所以可根据所含O抗原和H抗原来确定它的菌型。普通变形杆菌和奇异变形杆菌分为49个O抗原，19个H抗原；摩根氏变形杆菌分为34个O抗原和25个H抗原；雷极氏变形杆菌分为34个O抗原和26个H抗原。

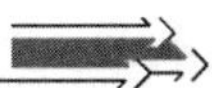

5. 毒素特性　变形杆菌能产生肠毒素，化学成分为蛋白质和糖类的复合物，具有抗原性，引起中毒性胃肠炎。

（二）致病性

变形杆菌引起食物中毒的原因主要有两种：一种是摄入含有大量变形杆菌的食物后，变形杆菌进入人体胃肠道中，先在小肠内生长繁殖，从而引起感染，同时，变形杆菌还能够产生肠毒素，这种肠毒素就会引起人的中毒性胃肠炎；另一种是摩根氏变形杆菌产生很强的脱羧酶，在这种脱羧酶的强力催化下，食品中的组氨酸脱羧生成组氨，从而使人体产生过敏型中毒。例如：当肠道中的pH为5～6的条件时，鱼肉中的游离态组氨酸就会被摩根氏变形杆菌脱羧酶催化脱羧成组胺，当组胺积累达1.2～1.9mg/g时，就会导致人体中毒。

（三）检验

食品中变形杆菌的检验主要分为五个步骤：即分离培养、生化鉴定、血清学检查、变形杆菌菌落数的测定、动物试验，其检验程序见图6－12，其检验过程如下。

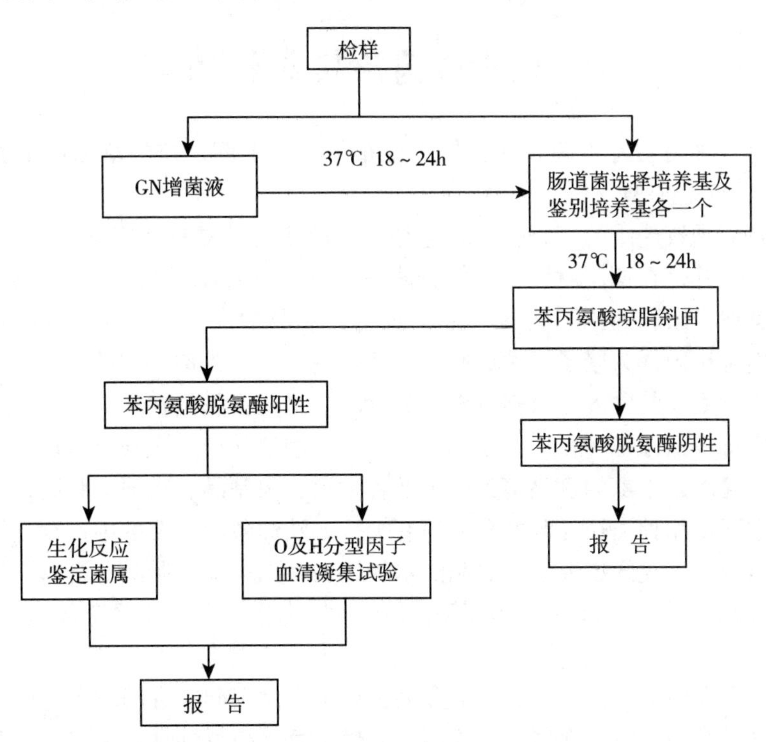

图6－12　变形杆菌检验程序

1. 分离培养　将所取样品分别划线接种于肠道菌选择性培养基（SS琼脂或DC琼脂）及鉴别培养基（伊红美蓝琼脂或麦康凯琼脂）平板各一个，并同时接种GN增菌液一管，在37℃条件下培养18～24后，观察菌落特征。变形杆菌的菌落特征是：在鉴别培养基上为无色透明，有的蔓延生长，有的不蔓延生长，在选择性培养基上形成单个菌落，有的菌落边缘呈扩散状，对光观察，菌落周围淡蓝色中心稍厚，打开平皿时有臭味，有黏性，选出可疑菌落，在平皿底部做好标记。

2. 生化试验 选择可疑菌落接种于苯丙氨酸琼脂斜面（爱德华氏改良培养基），37℃培养6～8h后观察结果，如果苯丙氨酸琼脂斜面变为黑色，则为苯丙氨酸脱羧酶阳性，经革兰氏染色镜检，如为革兰氏阴性杆菌，可初步判定为变形杆菌。然后再以生化试验鉴定，确定其菌属。

3. 血清学检查 目前只有普通变形杆菌及奇异变形杆菌有统一的分型方法，其他变形杆菌尚无统一方法。进行血清学分型时，以接种环挑取变形杆菌的纯培养物进行玻片凝集反应，根据血清凝集反应的结果，查对抗原表判定菌型。

4. 变形杆菌菌数的测定 菌数的测定方法是将检样在研钵中研磨制成悬液后，以生理盐水对原样品进行1∶100、1∶1 000、1∶10 000、1∶100 000等稀释度的稀释。然后以移液管分别取每种稀释度的悬液0.1mL接种于琼脂斜面底部的凝结水内，但勿接触培养基斜面表面。在37℃条件下培养24～48h，观察生长状况。变形杆菌可自下而上弥漫生长，以出现生长的最高稀释度乘以10，则为每克检样中变形杆菌的最近似数。

5. 动物试验 把检样中分离纯化出的变形杆菌培养物，分别饲喂小鼠或豚鼠、家兔等供试动物，如供试动物出现寒战、竖毛、腹泻等中毒症状则进一步证实为变形杆菌。

十、肉毒梭菌及其毒素检验

肉毒梭菌是一种腐物寄生菌，在自然界分布很广，土壤、霉干草和畜禽粪便中均有存在，可分为A至G七个型。

肉毒中毒是一种较严重的食物中毒，它是肉毒梭菌的外毒素所引起的。早在18世纪末以前，在欧洲，尤其是在德国就已被人们所认识，由于那时候引起中毒的食品主要是腊肠，所以这种中毒就取自腊肠的拉丁文botulus，而称为腊肠中毒（botulism）。在我国过去译为腊肠中毒，把肉毒梭菌译为腊肠杆菌或腊肠梭菌，现在改称为肉毒梭菌。

引起肉毒中毒主要是食入含有肉毒毒素的食品，这些食品是在调制加工、运输贮存的过程中，污染了肉毒梭菌芽孢，在适宜条件下，发芽、增殖并产生毒素所造成的。

在国外，引起肉毒中毒的食品多为肉类及各种鱼、肉制品、火腿、腊肠以及豆类、蔬菜和水果罐头。中毒食品种类往往与饮食习惯有关。如欧洲各国主要的中毒食品为火腿、腊肠和其他兽肉、禽肉等。美国主要是家庭制的水果罐头，而火腿、腊肠等畜禽肉加工食品仅占7.7%，日本和俄罗斯等国家鱼制品中毒者最多，尤其是日本，几乎全部是鱼制品的E型中毒。

在我国也有肉毒中毒的报道，因肉类食品及罐头食品引起中毒的较少，据有关资料调查统计，主要是臭豆腐、豆豉、面酱、红豆制品、烂土豆等植物性食品引起的中毒多见。

肉毒梭菌的抵抗力一般，但其芽孢的抵抗力很大，可耐煮沸1～6h之久，于180℃干热5～15min才能破坏，120℃高压蒸气下10～20min才能杀死。10%盐酸须经1h才能破坏。在酒精中能存活2个月。其中以A、B型菌的芽孢抵抗力最强。这一点对于罐头食品的灭菌很重要，若芽孢深藏于食品中，或者数量过多，虽经高温灭菌，有时也不易杀死芽孢，故应特别注意。肉毒毒素抵抗力也较强，80℃、30min或100℃、10min才能完全破坏。正常胃液和消化酶于24h不能将其破坏，可被胃肠道吸收而中毒。

（一）生物学特性

1. 形态与染色特性　本菌为革兰氏染色阳性的大杆菌，长 4～6μm，宽 0.9～1.2μm，多单在，偶见成双或短链。菌端钝圆。有周身鞭毛，无荚膜，芽孢为椭圆形，A、B 型菌的芽孢大于菌体，位于菌体近端，使菌体呈匙形或网球拍状，另外四型菌的芽孢一般不超过菌体宽度。

2. 培养特性　本菌为最严格的厌氧菌，对营养要求不高，在普通培养基上都能生长。发育最适宜温度为 28～37℃，pH 为 6.8～7.6，产毒的最适 pH 为 7.8～8.2。

血清琼脂：培养 48～72h，形成中央隆起，边缘不整齐、灰白色、表面较粗糙的绒球状菌落，直径可达 6～10mm。

血液琼脂：菌落周围有溶血区。

普通琼脂：形成灰白色、半透明、边缘不整齐，呈绒毛网状、向外扩散的菌落，直径为 3～5mm。

肉渣肉汤：呈均匀混浊生长，肉渣可被 A、B 和 F 型菌消化溶解成烂泥状，并发黑，产生腐败恶臭味，第三天起，菌体下沉，肉汤变清。在肉渣培养基和半固体培养基，大量产气。

3. 生化特性　本菌生化特性很不规律，一般能分解葡萄糖、麦芽糖、果糖产酸产气。对明胶、凝固血清、凝固蛋白均有分解作用，并引起液化。不形成靛基质，能产生硫化氢。但因型、株不同而有差异，见表 6-20。

表 6-20　各型肉毒梭菌的生化反应

反　应	型　别					
	A	B	C	D	E	F
葡萄糖发酵	+	+	+	+	+	+
麦芽糖发酵	+	+	(±)	(±)	(+)	+
乳糖发酵	−	−	−	(−)	−	−
蔗糖发酵	±	(±)	(±)	(±)	(±)	(±)
靛基质产生	−	−	(−)	(−)	(−)	−
明胶液化	(+)	(+)	(±)	(±)	(±)	(+)
牛乳胨化	+	(±)	−	−	−	(+)

注：+表示阳性；−表示阴性；（±）表示视菌株而异；（+）表示多为阳性；（−）表示多为阴性。

4. 菌型及毒素　目前已知肉毒梭菌有 A、B、C、D、E、F、G 等 7 个菌型，其中 C 型还有 C_{α} 和 C_{β} 两个亚型。引起人群中毒的主要是 A、B、E 三型，C、D 型主要是畜禽肉毒中毒的病原，F 型只见报道发生在个别地区的人，如丹麦和美国各一起。1980 年从瑞士五名突然死亡病例中发现 G 型毒素。

各型肉毒梭菌产生相应型的毒素，所以肉毒毒素也分为 A、B、C、D、E、F、G 等 7 型，C 型包括 C_{α} 和 C_{β} 两个亚型。

肉毒毒素在肉毒梭菌胞浆中产生，由菌体释放到培养基中，经滤过除菌所得滤液即为毒素液。毒素形成的最适宜温度为 28～37℃，温度低于 8℃与 pH 在 4.0 以下时，则不能形成。

肉毒梭菌产生的毒素是一种神经毒素，是目前已知的化学毒物与生物毒素中毒性最强的一种，对人的致死量为每千克体重 10^{-9} mg。其毒力比氰化钾还要大 1 万倍。

（二）致病性

肉毒毒素是一种与神经亲和力较强的毒素，肉毒毒素经肠道吸收后，作用于外周神经肌肉接头，植物神经末梢以及颅脑神经核，毒素能阻止乙酰胆碱的释放，导致肌肉麻痹和神经功能不全。在临床上表现以中枢神经系统中毒症状为主，肉毒毒素中毒潜伏期长短不一，短者 2h，长者可达数天，一般为 12～24h。中毒症状，早期为瞳孔放大、明显无力、虚弱、晕眩，继而出现视觉不清和雾视，越来越感到说话和吞噬困难，通常还可见到呼吸困难，体温一般正常，胃肠道症状不明显。病程一般为 2～3d，也有的长达 2 周之久。肉毒中毒死亡率较高，据报道可达 30%～50%，死亡主要是由于呼吸麻痹及心肌瘫痪。如早期使用型特异或多价抗血清治疗，死亡率可降至 10%～15%。

（三）检验

食品中的肉毒梭菌及其毒素的检验应按《食品卫生微生物学检验　肉毒梭菌及其肉毒毒素检验》（GB 4789.12—2003）进行，其检验程序见图 6－13，其检验过程如下。

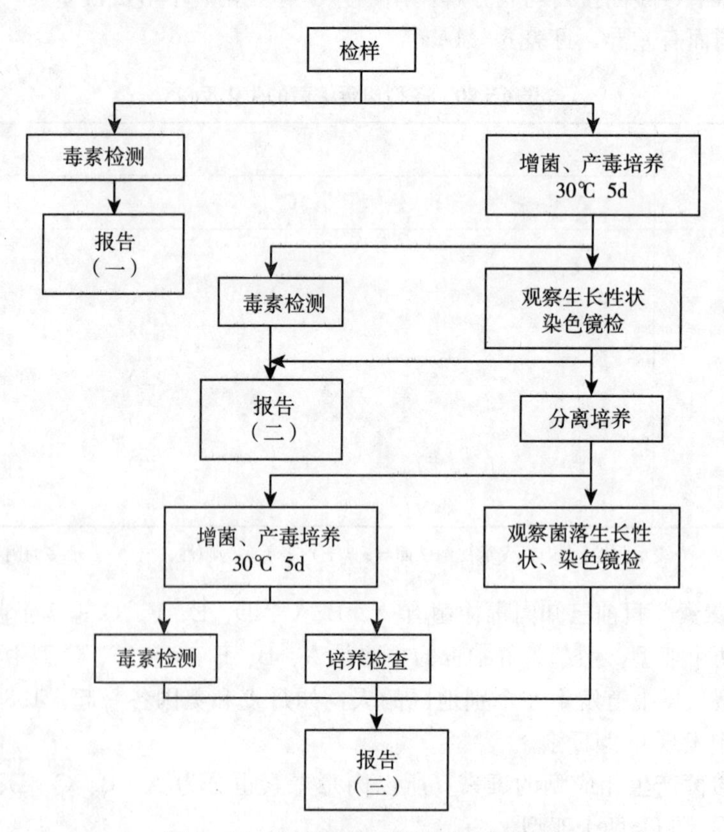

图 6－13　肉毒梭菌及其毒素检验程序

1. 肉毒毒素检测　液体检样可直接离心，固体或半流动检样须加适量（例如等量、倍量或5倍量、10倍量）明胶磷酸盐缓冲液，浸泡、研碎，然后取上清液进行检测。

另取一部分上清液，调pH 6.2，每份加10%胰酶（活力1∶250）水溶液1份，混匀，不断轻轻搅动，37℃作用60min后进行检测。

肉毒毒素检测以小鼠腹腔注射为标准方法。

（1）检出试验。取上述离心上清液及其胰酶激活处理液分别注射小鼠三只，每只0.5mL，观察4d。注射液中若有肉毒毒素存在，小鼠一般多在注射后24h内发病死亡。主要症状为竖毛、四肢瘫软，呼吸困难，呼吸呈风箱式，腰部凹陷，宛若蜂腰，最终死于呼吸麻痹。

如遇小鼠猝死以至症状不明显时，则可将注射液做适当稀释，重做试验。

（2）确证试验。不论上清液或其胰酶激活处理液，凡能致小鼠发病、死亡者，取样分成三份进行试验，一份加等量多型混合肉毒抗毒诊断血清，混匀，37℃作用30min；一份加等量明胶磷酸盐缓冲液，混匀，煮沸10min；一份加等量明胶磷酸盐缓冲液，混匀即可，不做其他处理。三份混合液分别注射小鼠各两只，每只0.5mL，观察4d。若注射加诊断血清与煮沸加热的两份混合液的小鼠均获得保护存活，而唯有注射未经其他处理的混合液的小鼠以特有的症状死亡，则可判定检样中的肉毒毒素存在，必要时进行毒力测定及定型试验。

（3）毒力测定。取已判含有肉毒毒素的检样离心上清液，用明胶磷酸盐缓冲液做成50倍、500倍及5 000倍的稀释液，分别注射小鼠各两只，每只0.5mL，观察4d。根据动物死亡情况，计算检样所含肉毒毒素的大体毒力（MLD/mL或MLD/g）。例如：5倍、50倍及500倍稀释动物全部死亡，而注射5 000倍稀释液的动物全部存活，则可大体判定检样上清液所含毒素的毒力为1 000～10 000 MLD/mL。

（4）定型试验。按毒力测定结果，用明胶磷酸盐缓冲液将检样上清液稀释至所含毒素的毒力大体在10～1 000 MLD/mL的范围，分别与各单型肉毒抗诊断液血清等量混匀，37℃作用30min，各注射小鼠两只，每只0.5mL，观察4d。同时以明胶磷酸盐缓冲液代替诊断血清，与稀释毒素等量混合作为对照。能保护动物免于发病、死亡的诊断血清即为检样所含肉毒毒素的型别。

2. 肉毒梭菌检出（增菌产毒培养）**试验**　取庖肉培养基三支，煮沸10～15min，做如下处理：

第一支：急速冷却，接种检样均质液1～2mL；

第二支：冷却至60℃，接种检样，继续于60℃保温10min，急速冷却；

第三支：接种检样，继续煮沸加热10min，急速冷却。

以上接种物于30℃培养5d，若无生长，可再培养10d。培养到期，若有生长，取培养液离心，以其上清液进行毒素检测试验，方法同1，阳性结果证明检样中有肉毒梭菌存在。

3. 分离培养　选取经毒素检测试验证实含有肉毒梭菌的前述增菌产毒培养物（必要时可重复一次适宜的加热处理）接种卵黄琼脂平板，35℃厌氧培养48h。肉毒梭菌在卵黄琼脂平板上生长时，菌落及周围培养基表面覆盖着特有的虹彩样（或珍珠层样）薄层，但G型菌无此现象。

根据菌落形态及菌体形态挑取可疑菌落，接种庖肉培养基，于30℃培养5d，进行毒素检测及培养特性检查确证试验。

（1）毒素检测。试验方法同肉毒毒素检测。

（2）培养特性检查。接种卵黄琼脂平板，分成两份，分别在35℃的需氧和厌氧条件下培养48h观察生长情况及菌落形态，肉毒梭菌只有在厌氧条件下才能在卵黄琼脂平板上生长并形成具有上述特征的菌落，而在需氧条件下则不生长。

十一、单核细胞增生李斯特氏菌及其检验

单核细胞增生李斯特氏菌是一种人兽共患病的病原菌。它能引起人兽共患的李氏菌病，感染后主要表现为败血症、脑膜炎和单核细胞增多。它广泛存在于自然界中，不易被冻融，能耐受较高的渗透压，在土壤、地表水、污水、废水、植物、青储饲料、烂菜中均有该菌存在，所以动物很容易食入该菌，并通过口腔-粪便的途径进行传播。健康人粪便中单增李氏菌的携带率为0.6 %～16 %，有70 %的人可短期带菌，4 %～8 %的水产品、5 %～10 %的奶及其产品、30 %以上的肉制品及15 %以上的家禽均被该菌污染。人主要通过食入软奶酪、未充分加热的鸡肉、未再次加热的热狗、鲜牛奶、巴氏消毒奶、冰淇淋、生牛排、卷心菜色拉、芹菜、西红柿、法式馅饼、冻猪舌等而感染，85 %～90 %的病例是由被污染的食品引起的。该菌在4℃的环境中仍可生长繁殖，是冷藏食品威胁人类健康的主要病原菌之一，因此，在食品卫生微生物检验中，必须加以重视。

该菌对理化因素抵抗力较强，在土壤、粪便、青储饲料和干草内能长期存活，对碱和盐抵抗力强，60～70℃经5～20min可杀死，70 %酒精5min、2.5 %石炭酸、2.5 %氢氧化钠、2.5 %福尔马林20min可杀死此菌。该菌对青霉素、氨苄青霉素、四环素、磺胺均敏感。

（一）生物学特性

1. 形态与染色特性 该菌为革兰氏阳性短杆菌，大小为0.5μm×（1.0～2.0）μm，直或稍弯，两端钝圆，常呈V字形排列，偶有球状、双球状，兼性厌氧、无芽孢，一般不形成荚膜，但在营养丰富的环境中可形成荚膜，在陈旧培养基中的菌体可呈丝状及革兰氏阴性，该菌有4根周毛和1根端毛，但周毛易脱落。

2. 培养特性 该菌对营养要求不高，在20～50℃培养有动力，穿刺培养37℃、24h可见倒立伞状生长，肉汤培养物在显微镜下可见翻跟斗运动。该菌的生长范围为2～42℃（也有报道在0℃能缓慢生长），最适培养温度为35～37℃，在pH中性至弱碱性（pH 9.6）、氧分压略低、二氧化碳张力略高的条件下该菌生长良好，在pH 3.8～4.4能缓慢生长，在6.5%氯化钠肉汤中生长良好。在固体培养基上，菌落初始很小，透明，边缘整齐，呈露滴状，但随着菌落的增大，变得不透明。在5%～7%的鲜血琼脂平板上，菌落通常也不大，灰白色，刺种鲜血琼脂平板培养后可产生窄小的β-溶血环。在0.6%酵母浸膏胰酪大豆琼脂（TSAYE）和改良MC Bride（MMA）琼脂上，用45°角入射光照菌落，通过解剖镜垂直观察，菌落为蓝色、灰色或蓝灰色。

3. 生化特性 该菌触酶阳性，氧化酶阴性，能发酵多种糖类，产酸不产气，如发酵葡萄糖、乳糖、水杨素、麦芽糖、鼠李糖、七叶苷、蔗糖（迟发酵）、山梨醇、海藻糖、果糖，不发酵木糖、甘露醇、肌醇、阿拉伯糖、侧金盏花醇、棉籽糖、卫矛醇和纤维二糖，不利用枸橼酸盐，40%胆汁不溶解，吲哚、硫化氢、尿素、明胶液化、硝酸盐还原、赖氨酸、鸟氨酸均阴性，V-P、甲基红试验和精氨酸水解阳性。

4. 血清学特性　根据菌体（O）抗原的鞭毛（H）抗原，将单增李氏菌分成13个血清型，分别是1/2a、1/2b、1/2c、3a、3b、3c、4a、4b、4ab、4c、4d、4e、和“7”共13个血清型。致病菌株的血清型一般为1/2b、1/2c、3a、3b、3c、4a、1/2a和4b，后两型尤多。

（二）致病性

单增李氏菌进入人体后是否发病，与菌的毒力和宿主的年龄、免疫状态有关，因为该菌是一种细胞内寄生菌，宿主对它的清除主要靠细胞免疫功能。因此，易感者为新生儿、孕妇及40岁以上的成人，此外，酗酒者、免疫系统损伤或缺陷者、接受免疫抑制剂和皮质激素治疗的患者及器官移植者也易被该菌感染。该菌可通过眼及破损皮肤、黏膜进入人体内而造成感染，孕妇感染后通过胎盘或产道感染胎儿或新生儿，栖居于阴道、子宫颈的该菌也引起感染，性接触也是本病传播的可能途径，且有上升趋势。该菌的临床表现，健康成人个体出现轻微类似流感症状，新生儿、孕妇、免疫缺陷患者等表现为呼吸急促、呕吐、出血性皮疹、化脓性结膜炎、发热、抽搐、昏迷、自然流产、脑膜炎、败血症直至死亡。

单增李氏菌的抗原结构与毒力无关，它的致病性与毒力机理如下：

（1）寄生物介导的细胞内增生，使它附着及进入肠细胞与巨噬细胞内。

（2）抗活化的巨噬细胞，单增李氏菌有细菌性过氧化物歧化酶，使它能抗活化巨噬细胞内的过氧化物（为杀菌的毒性游离基团）分解。

（3）溶血素，即单增李氏菌素O，可以从培养物上清液中获得，活化的细胞溶血素，有α和β两种，为毒力因子。

（三）检验

食品中单核细胞增生李斯特氏菌的检验应按《食品安全国家标准　食品微生物学检验　单核细胞增生李斯特氏菌检验》（GB 4789.30—2010）进行，检验程序见图6-14，其检验过程如下。

1. 增菌培养　以无菌操作取样品25g（mL）加入到含有225mL LB1增菌液的均质袋中，在拍击式均质器上连续均质1～2min；或放入盛有225mL LB1增菌液的均质杯中，8 000～10 000r/min均质1～2min。于30℃±1℃培养24h，移取0.1mL，转种于10mL LB2增菌液内，于30℃±1℃培养18～24h。

2. 分离培养　取LB2二次增菌液划线接种于PALCAM琼脂平板和李斯特氏菌显色培养基上，于36℃±1℃培养24～48h，观察各个平板上生长的菌落。典型菌落在PALCAM琼脂平板上为小的圆形灰绿色菌落，周围有棕黑色水解圈，有些菌落有黑色凹陷；典型菌落在李斯特氏菌显色培养基上的特征按照产品说明进行判定。

3. 初筛　自选择性琼脂平板上分别挑取5个以上典型或可疑菌落，分别接种于木糖、鼠李糖发酵管，36℃±1℃培养24h；同时在TSA-YE平板上划线纯化，于30℃±1℃培养24～48h。选择木糖阴性、鼠李糖阳性的纯培养物继续进行鉴定。

4. 鉴定

（1）染色镜检。李斯特氏菌为革兰氏阳性短杆菌，大小为（0.4～0.5）mm×（0.5～2.0）mm；用生理盐水制成菌悬液，在油镜或相差显微镜下观察，该菌出现轻微旋转或翻滚样的运动。

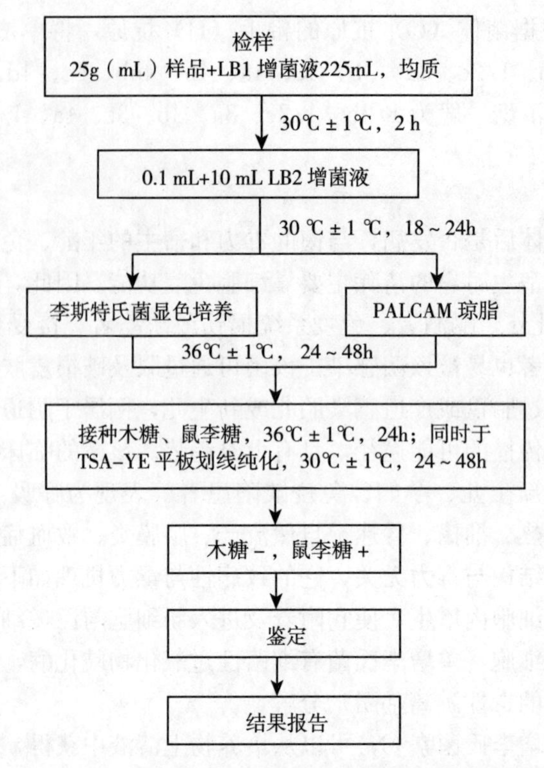

图 6 - 14 单核细胞增生李斯特氏菌检验程序

（2）动力试验。李斯特氏菌有动力，呈伞状生长或月牙状生长。

（3）生化鉴定。挑取纯培养的单个可疑菌落，进行过氧化氢酶试验，过氧化氢酶阳性反应的菌落继续进行糖发酵试验和 MR-VP 试验。单核细胞增生李斯特氏菌的主要生化特征见表 6 - 21。

表 6 - 21 单核细胞增生李斯特氏菌生化特征与其他李斯特氏菌的区别

菌 种	溶血反应	葡萄糖	麦芽糖	MR-VP	甘露醇	鼠李糖	木糖	七叶苷
单核细胞增生李斯特氏菌 (*L. monocytogenes*)	+	+	+	+/+	−	+	−	+
格氏李斯特氏菌 (*L. grayi*)	−	+	+	+/+	+	−	−	+
斯氏李斯特氏菌 (*L. seeligeri*)	+	+	+	+/+	−	−	+	+
威氏李斯特氏菌 (*L. welshimeri*)	−	+	+	+/+	−	V	+	+
伊氏李斯特氏菌 (*L. ivanovii*)	+	+	+	+/+	−	−	+	+
英诺克李斯特氏菌 (*L. innocua*)	−	+	+	+/+	−	V	−	+

注：＋表示阳性；－表示阴性；V 表示反应不定。

(4) 溶血试验。将羊鲜血琼脂平板底面划分为 20～25 个小格，挑取纯培养的单个可疑菌落刺种到鲜血琼脂平板上，每格刺种一个菌落，并刺种阳性对照菌（单核细胞增生李斯特氏菌和伊氏李斯特氏菌）和阴性对照菌（英诺克李斯特氏菌），穿刺时尽量接近底部，但不要触到底面，同时避免琼脂破裂，36℃±1℃培养 24～48h，于明亮处观察，单核细胞增生李斯特氏菌和斯氏李斯特氏菌在刺种点周围产生狭小的透明溶血环，英诺克李斯特氏菌无溶血环，伊氏李斯特氏菌产生大的透明溶血环。

(5) 协同溶血试验（cAMP)。在羊鲜血琼脂平板上平行划线接种金黄色葡萄球菌和马红球菌，挑取纯培养的单个可疑菌落垂直划线接种于平行线之间，垂直线两端不要触及平行线，于 30℃±1℃培养 24～48h。单核细胞增生李斯特氏菌在靠近金黄色葡萄球菌的接种端溶血增强，斯氏李斯特氏菌的溶血也增强，而伊氏李斯特氏菌在靠近马红球菌的接种端溶血增强。

(6) 可选择生化鉴定试剂盒或全自动微生物生化鉴定系统等对 3～5 个纯培养的可疑菌落进行鉴定。

5. 小鼠毒力试验（可选择）　将符合上述特性的纯培养物接种于 TSB-YE 中，于 30℃±1℃培养 24h，4 000r/min 离心 5min，弃上清液，用无菌生理盐水制备成浓度为 1 010CFU/mL的菌悬液，取此菌悬液进行小鼠腹腔注射 3～5 只，每只 0.5mL，观察小鼠死亡情况。致病株于 2～5d 死亡。试验时可用已知菌作对照。单核细胞增生李斯特氏菌、伊氏李斯特氏菌对小鼠有致病性。

6. 结果与报告　综合以上生化试验和溶血试验结果，报告 25g（mL）样品中检出或未检出单核细胞增生李斯特氏菌。

十二、霉菌和酵母及其检验

霉菌和酵母不是微生物分类学上的名称，而属于真菌，是真核细胞型微生物。霉菌和酵母在自然界分布很广，种类繁多，与人类的日常生活关系十分密切，是人类应用最早的一类微生物，如酿酒、面包发酵、制曲、做酱或酱油等，还可用来生产酶制剂、有机酸、抗生素、维生素、酵母片及多种氨基酸。但是也有些霉菌常造成粮食、水果、蔬菜及副产品腐败变质，少数霉菌能产生毒素引起食物中毒，许多霉菌还是动植物的致病菌，酵母菌中的一些种类，也是发酵工业的有害菌。所以有些食品在进行微生物学检验时也要考虑霉菌和酵母的存在。

霉菌的菌落由菌丝体组成，由于霉菌菌丝粗而长，因此，菌落常呈绒毛状、棉絮状或蜘蛛网状，比一般细菌和放线菌要大几倍至几十倍，菌落初为白色或浅色，形成孢子后，菌落表面则呈现肉眼可见的不同结构和色泽等特征。大多数酵母菌的菌落与细菌相似，但比细菌大而厚，菌落表面光滑、湿润、黏稠，多不透明，颜色大多为白色，少数为红色，易被接种针挑起，在液体培养基中生长时，也与细菌相似，因菌种不同有的形成混浊，有的产生菌膜等。

食品中污染霉菌和酵母的多少，以 1g（或 mL）食品中霉菌和酵母菌菌落个数来表示。检验按《食品安全国家标准　食品微生物学检验　霉菌和酵母计数》（GB 4789.15—2010）进行，检验程序见图 6-15，其检验过程如下。

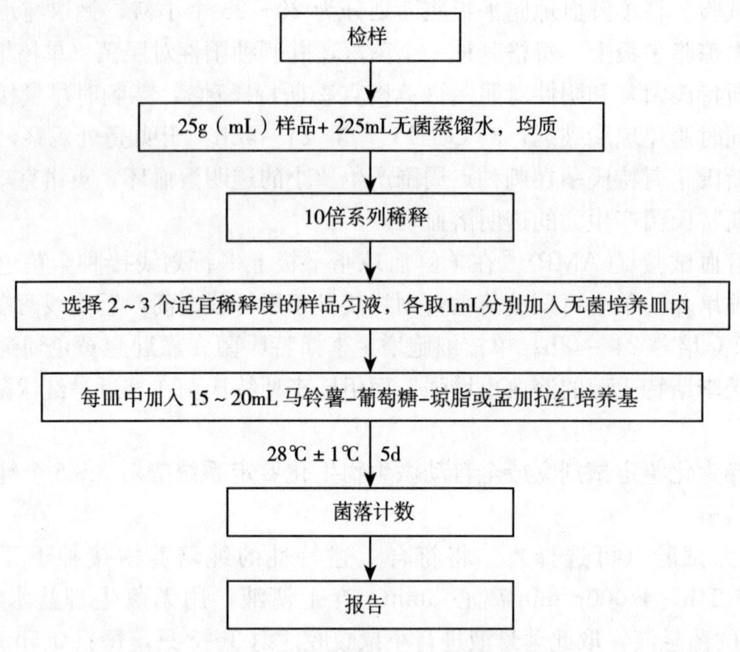

图6－15 霉菌和酵母的检验

1. 样品的稀释

(1) 固体和半固体样品。称取25g样品至盛有225mL灭菌蒸馏水的锥形瓶中，充分振摇，即为1∶10稀释液。或放入盛有225mL无菌蒸馏水的均质袋中，用拍击式均质器拍打2min，制成1∶10的样品匀液。

(2) 液体样品。以无菌吸管吸取25mL样品至盛有225mL无菌蒸馏水的锥形瓶（可在瓶内预置适当数量的无菌玻璃珠）中，充分混匀，制成1∶10的样品匀液。

(3) 取1mL 1∶10稀释液注入含有9mL无菌水的试管中，另换一支1mL无菌吸管反复吹吸，此液为1∶100稀释液。

(4) 按（3）操作程序，制备10倍系列稀释样品匀液。每递增稀释一次，换用1次1mL无菌吸管。

(5) 根据对样品污染状况的估计，选择2～3个适宜稀释度的样品匀液（液体样品可包括原液），在进行10倍递增稀释的同时，每个稀释度分别吸取1mL样品匀液于2个无菌平皿内。同时分别取1mL样品稀释液加入2个无菌平皿作空白对照。

(6) 及时将15～20mL冷却至46℃的马铃薯-葡萄糖-琼脂或孟加拉红培养基（可放置于46℃±1℃恒温水浴箱中保温）倾注平皿，并转动平皿使其混合均匀。

2. 培养 待琼脂凝固后，将平板倒置，28℃±1℃培养5d，观察并记录。

3. 菌落计数 肉眼观察，必要时可用放大镜，记录各稀释倍数和相应的霉菌和酵母数。以菌落形成单位（colony forming units，CFU）表示。

选取菌落数在10～150 CFU的平板，根据菌落形态分别计数霉菌和酵母数。霉菌蔓延生长覆盖整个平板的可记录为多不可计。菌落数应采用两个平板的平均数。

4. 结果与报告

(1) 计算两个平板菌落数的平均值，再将平均值乘以相应稀释倍数计算。

①若所有平板上菌落数均大于 150 CFU，则对稀释度最高的平板进行计数，其他平板可记录为多不可计，结果按平均菌落数乘以最高稀释倍数计算。

②若所有平板上菌落数均小于 10 CFU，则应按稀释度最低的平均菌落数乘以稀释倍数计算。

③若所有稀释度平板均无菌落生长，则以小于 1 乘以最低稀释倍数计算；如为原液，则以小于 1 计数。

(2) 报告。

①菌落数在 100 以内时，按“四舍五入”原则修约，采用两位有效数字报告。

②菌落数大于或等于 100 时，前 3 位数字采用“四舍五入”原则修约后，取前 2 位数字，后面用 0 代替位数来表示结果；也可用 10 的指数形式来表示，此时也按“四舍五入”原则修约，采用两位有效数字。

③称重取样以 CFU/g 为单位报告，体积取样以 CFU/mL 为单位报告，报告或分别报告霉菌和/或酵母数。

操作与体验

技能一　沙门氏菌检验（GB 4789.4—2024）

【目的要求】 掌握食品中沙门氏菌标准检验方法，能够正确对食品检样处理，会进行沙门氏菌的前增菌和增菌培养、分离培养、生化试验、血清学试验操作，会正确报告结果，以判断食品的卫生质量。

【仪器及材料】 高压灭菌锅、冰箱、恒温培养箱、均质器、振荡器、电子天平（感量 0.1g）、无菌锥形瓶（容量 500mL，250mL）、无菌吸管 1mL（具 0.01mL 刻度）、10mL（具 0.1mL 刻度）或微量移液器及吸头、无菌培养皿（直径 90mm）、无菌试管（3mm×50mm、10mm×75mm）、无菌毛细管、pH 计或 pH 比色管或精密 pH 试纸、全自动微生物生化鉴定系统。

食品检样、缓冲蛋白胨水（BPW）、四硫黄酸钠煌绿（TTB）增菌液、氯化镁孔雀绿大豆胨（RVS）增菌液、亚硫酸铋（BS）琼脂、HE 琼脂、木糖赖氨酸脱氧胆盐（XLD）琼脂、沙门氏菌属显色培养基、三糖铁（TSI）琼脂、蛋白胨水、靛基质试剂、尿素琼脂（pH 7.2）、氰化钾（KCN）培养基、赖氨酸脱羧酶试验培养基、糖发酵管、邻硝基酚-D 半乳糖苷（ONPG）培养基、半固体琼脂、丙二酸钠培养基、沙门氏菌 O 和 H 诊断血清、生化鉴定试剂盒。

【方法与步骤】

1. 前增菌培养 称取 25g（mL）样品放入盛有 225mL BPW 的无菌均质袋中，用拍击式均质器拍打 1～2min。若样品为液态，不需要均质，振荡混匀。如需测定 pH，用 1mol/mL无菌氢氧化钠或盐酸调 pH 至 6.8±0.2。

将均质后的样液，于 36℃±1℃培养 8～18h。

2. 增菌培养 轻轻摇动培养过的样品混合物，移取 1mL，转种于 10mL TTB 内，于 36℃±1℃或 42℃±1℃ 培养 18～24h。同时，另取 0.1mL，转种于 10mL RVS 内，于

42℃±1℃培养18～24h。

3. 分离培养 分别用接种环取增菌液1环，划线接种于一个BS琼脂平板和一个XLD琼脂平板（或HE琼脂平板或沙门氏菌属显色培养基平板），于36℃±1℃分别培养18～24h（XLD琼脂平板、HE琼脂平板、沙门氏菌属显色培养基平板）或40～48h（BS琼脂平板），观察各个平板上生长的菌落。

4. 生化试验

（1）自选择性琼脂平板上分别挑取4个以上典型或可疑菌落，接种三糖铁琼脂，先在斜面划线，再于底层穿刺；接种针不要灭菌，直接接种赖氨酸脱羧酶试验培养基和营养琼脂平板，于36℃±1℃培养18～24h，必要时可延长至48h。

（2）接种三糖铁琼脂和赖氨酸脱羧酶试验培养基的同时，可直接接种蛋白胨水（供做靛基质试验）、尿素琼脂（pH 7.2）、氰化钾（KCN）培养基，也可在初步判断结果后从营养琼脂平板上挑取可疑菌落接种，于36℃±1℃培养18～24h，必要时可延长至48h。观察各生化培养基反应结果，判定沙门氏菌菌属。将已挑菌落的平板储存于2～5℃或室温至少保留24h，以备必要时复查。

反应序号A1：典型反应判定为沙门氏菌属。如尿素、氰化钾和赖氨酸脱羧酶3项中有1项异常，可判定为沙门氏菌，必要时进行血清学试验。如有2项异常为非沙门氏菌。

反应序号A2：补做甘露醇和山梨醇试验，沙门氏菌靛基质阳性变体两项试验结果均为阳性，但需要结合血清学鉴定结果进行判定。

反应序号A3：补做ONPG。ONPG阴性为沙门氏菌，同时赖氨酸脱羧酶阳性，甲型副伤寒沙门氏菌为赖氨酸脱羧酶阴性。

必要时进一步进行沙门氏菌生化群试验，如卫矛醇、山梨醇、水杨苷、ONPG、丙二酸盐、氰化钾等加以鉴别。

（3）如选择生化鉴定试剂盒或全自动微生物生化鉴定系统，可根据初步判断结果，从营养琼脂平板上挑取可疑菌落，用生理盐水制备成浊度适当的菌悬液，使用生化鉴定试剂盒或全自动微生物生化鉴定系统进行鉴定。

5. 血清学鉴定

（1）抗原的准备。一般采用1.2%～1.5%琼脂培养物作为玻片凝集试验用的抗原。

（2）多价菌体抗原（O）鉴定。在玻片上划出2个约1cm×2cm的区域，挑取1环待测菌，各放1/2环于玻片上的每一区域上部，在其中一个区域下部加1滴多价菌体（O）抗血清，在另一区域下部加入1滴生理盐水作为对照。再用无菌的接种环或针分别将两个区域内的菌落研成乳状液。将玻片倾斜摇动混合1min，并对着黑暗背景进行观察，任何程度的凝集现象皆为阳性反应。

（3）多价鞭毛抗原（H）鉴定。方法同多价菌体抗原（O）鉴定。

（4）Vi抗原的鉴定。用Vi因子血清检查，方法同多价菌体抗原（O）鉴定。

6. 结果与报告 综合以上生化试验和血清学鉴定的结果，报告25g（mL）样品中检出或未检出沙门氏菌。

【注意事项】

（1）沙门氏菌前增菌培养一般用于加工或冷冻食品。

（2）自选择性琼脂平板（至少2种选择性平板）上至少挑取2个以上可疑菌落，分别接种三糖铁琼脂（TSI），以便增加检出率。

（3）将已挑菌落的平板储存于 2～5℃或室温至少保留 24h，以备必要时复查。

（4）赖氨酸脱羧酶试验和氰化钾试验一定要设空白对照，防止出现假阴性结果。

（5）做血清凝集时，如果由于 Vi 抗原的存在而阻止了 O 抗原的凝集反应时，应挑取菌苔于 1mL 生理盐水中做成菌悬液，煮沸后再检查。

技能二　志贺氏菌检验（GB 4789.5—2012）

【目的要求】　掌握食品中志贺氏菌的标准检验方法，能够正确对食品检样处理，会进行志贺氏菌增菌培养、分离培养、初步生化试验、生化试验和附加生化试验、血清学试验操作，会正确报告结果，以判断食品的卫生质量。

【仪器及材料】　高压灭菌锅、恒温培养箱、冰箱、厌氧培养装置、电子天平、显微镜、均质器、振荡器、无菌吸管、无菌均质杯或无菌均质袋、无菌培养皿、pH 计或 pH 比色管或精密 pH 试纸、全自动微生物生化鉴定系统。

食品检样、志贺氏菌增菌肉汤-新生霉素、麦康凯（MAC）琼脂、木糖赖氨酸脱氧胆酸盐（XLD）琼脂、志贺氏菌显色培养基、三糖铁（TSI）琼脂、营养琼脂斜面、半固体琼脂、葡萄糖胺培养基、尿素琼脂、β-半乳糖苷酶培养基、氨基酸脱羧酶试验培养基、糖发酵管、西蒙氏柠檬酸盐培养基、黏液酸盐培养基、蛋白胨水、靛基质试剂、志贺氏菌属诊断血清、生化鉴定试剂盒。

【方法与步骤】

1. 增菌培养　以无菌操作取检样 25g（mL），加入装有灭菌 225mL 志贺氏菌增菌肉汤的均质杯，用旋转刀片式均质器以 8 000～10 000r/min 均质；或加入装有 225mL 志贺氏菌增菌肉汤的均质袋中，用拍击式均质器连续均质 1～2min，液体样品振荡混匀即可。于 41.5℃±1℃，厌氧培养 16～20h。

2. 分离培养　取增菌后的志贺氏增菌液分别划线接种于 XLD 琼脂平板和 MAC 琼脂平板或志贺氏菌显色培养基平板上，于 36℃±1℃培养 20～24h，观察各个平板上生长的菌落形态。宋内氏志贺氏菌的单个菌落直径大于其他志贺氏菌。若出现的菌落不典型或菌落较小不易观察，则继续培养至 48h，观察志贺氏菌在不同选择性琼脂平板上的菌落特征。

3. 初步生化试验

（1）自选择性琼脂平板上分别挑取 2 个以上典型或可疑菌落，分别接种 TSI、半固体和营养琼脂斜面各一管，置 36℃±1℃培养 20～24h，分别观察结果。

（2）凡是三糖铁琼脂中斜面产碱、底层产酸（发酵葡萄糖，不发酵乳糖，蔗糖）、不产气（福氏志贺氏菌 6 型可产生少量气体）、不产硫化氢、半固体管中无动力的菌株，挑取其中已培养的营养琼脂斜面上生长的菌苔，进行生化试验和血清学分型。

4. 生化试验及附加生化试验

（1）生化试验。用上述已培养的营养琼脂斜面上生长的菌苔进行生化试验，即 β-半乳糖苷酶、尿素、赖氨酸脱羧酶、鸟氨酸脱羧酶以及水杨苷和七叶苷的分解试验。必要时还需加做靛基质、甘露醇、棉籽糖、甘油试验，也可做革兰氏染色检查和氧化酶试验。根据志贺氏菌属生化特性（GB 4789.5—2012）判定。

（2）附加生化实验。对前面生化实验符合志贺氏菌属生化特性的培养物需进一步进行葡萄糖胺、西蒙氏柠檬酸盐、黏液酸盐试验（36℃培养 24～48h）进行判定。

（3）如选择生化鉴定试剂盒或全自动微生物生化鉴定系统，可根据初步判断结果，用已培养的营养琼脂斜面上生长的菌苔，使用生化鉴定试剂盒或全自动微生物生化鉴定系统进行鉴定。

5. 血清学鉴定

（1）抗原的准备。一般采用 1.2%～1.5%琼脂培养物作为玻片凝集试验用的抗原。

一些志贺氏菌如果因为 K 抗原的存在而不出现凝集反应时，可挑取菌苔于 1mL 生理盐水做成浓菌液，100℃煮沸 15～60min 去除 K 抗原后再检查。

D 群志贺氏菌既可能是光滑型菌株也可能是粗糙型菌株，与其他志贺氏菌群抗原不存在交叉反应。与肠杆菌科不同，宋内氏志贺氏菌粗糙型菌株不一定会自凝。宋内氏志贺氏菌没有 K 抗原。

（2）凝集反应。在玻片上划出 2 个约 1cm×2cm 的区域，挑取一环待测菌，各放 1/2 环于玻片上的每一区域上部，在其中一个区域下部加 1 滴抗血清，在另一区域下部加入 1 滴生理盐水，作为对照。再用无菌的接种环或针分别将两个区域内的菌落研成乳状液。将玻片倾斜摇动混合 1min，并对着黑色背景进行观察，如果抗血清中出现凝结成块的颗粒，而且生理盐水中没有发生自凝现象，那么凝集反应为阳性。如果生理盐水中出现凝集，视作为自凝。这时，应挑取同一培养基上的其他菌落继续进行试验。

必要时进行血清学分型。

6. 结果报告　综合以上生化试验和血清学鉴定的结果，报告 25g（mL）样品中检出或未检出志贺氏菌。

【注意事项】

（1）志贺氏菌新国标中培养条件是 41.5℃±1℃，厌氧培养 16～20h。

（2）注意区分 XLD 琼脂培养基上志贺氏菌和沙门氏菌的菌落。

（3）生化反应不符合的菌株，即使能与某种志贺氏菌分型血清发生凝集，仍不得判定为志贺氏菌属，生化试验对志贺氏菌属的鉴定非常重要。

（4）新分离的某些菌株菌体表面含有 K 抗原，可阻止菌体抗原与相应免疫血清发生凝集。

技能三　霉菌和酵母检验（GB 4789.15—2010）

【目的要求】　掌握食品中霉菌和酵母菌的标准检验方法，会对食品检验处理与稀释，正确选择适宜稀释度，稀释的同时完成倾注平皿，按国标要求进行培养和计数，正确计数、报告结果。

【仪器及材料】　高压灭菌锅、冰箱、均质器、恒温振荡器、显微镜（10×～100×）、电子天平（感量 0.1g）、无菌锥形瓶（容量 500mL、250mL）、无菌广口瓶（500mL）、无菌吸管 1mL（具 0.01mL 刻度）、无菌吸管 10mL（具 0.1mL 刻度）、无菌平皿（直径 90mm）、无菌试管（10mm×75mm）、无菌牛皮纸袋、塑料袋。

食品检验、马铃薯-葡萄糖-琼脂培养基或孟加拉红培养基、蒸馏水。

【方法与步骤】

1. 样品的稀释

（1）固体和半固体样品。称取 25g 样品至盛有 225mL 灭菌蒸馏水的锥形瓶中，充分振摇，即为 1∶10 稀释液。或放入盛有 225mL 无菌蒸馏水的均质袋中，用拍击式均质器拍打 2min，制成 1∶10 的样品匀液。按要求进行 10 倍递增稀释。

（2）液体样品。以无菌吸管吸取 25mL 样品至盛有 225mL 无菌蒸馏水的锥形瓶（可在瓶内预置适当数量的无菌玻璃珠）中，充分混匀，制成 1∶10 的样品匀液。按要求进行 10 倍递增稀释。

（3）根据对样品污染状况的估计，选择 3 个适宜稀释度的样品匀液（液体样品可包括原液），在进行 10 倍递增稀释的同时，每个稀释度分别吸取 1mL 样品匀液于 2 个无菌平皿内。同时分别取 1mL 样品稀释液加入 2 个无菌平皿作空白对照。

（4）及时将 15～20mL 冷却至 46℃的马铃薯-葡萄糖-琼脂或孟加拉红培养基（可放置于 46℃±1℃恒温水浴箱中保温）倾注平皿，并转动平皿使其混合均匀。

2. 培养　待琼脂凝固后，将平板倒置，28℃±1℃培养 5d，观察并记录。

3. 菌落计数　肉眼观察，必要时可用放大镜，记录各稀释倍数和相应的霉菌和酵母数。选取菌落数在 10～150 CFU 的平板，根据菌落形态分别计数霉菌和酵母数。霉菌蔓延生长覆盖整个平板的可记录为多不可计。菌落数应采用两个平板的平均数。

4. 结果与报告

（1）计算两个平板菌落数的平均值，再将平均值乘以相应稀释倍数计算。

①若所有平板上的菌落数均大于 150 CFU，则对稀释度最高的平板进行计数，其他平板可记录为多不可计，结果按平均菌落数乘以最高稀释倍数计算。

②若所有平板上的菌落数均小于 10 CFU，则应按稀释度最低的平均菌落数乘以稀释倍数计算。

③若所有稀释度平板均无菌落生长，则以小于 1 乘以最低稀释倍数计算；如为原液，则以小于 1 计数。

（2）报告。

①菌落数在 100 以内时，按“四舍五入”原则修约，采用两位有效数字报告。

②菌落数大于或等于 100 时，前 3 位数字采用“四舍五入”原则修约后，取前 2 位数字，后面用 0 代替位数来表示结果；也可用 10 的指数形式来表示，此时也按“四舍五入”原则修约，采用两位有效数字。

③称重取样以 CFU/g 为单位报告，体积取样以 CFU/mL 为单位报告，报告或分别报告霉菌和/或酵母数。

【注意事项】

（1）无菌操作。

（2）稀释倍数愈高菌落数愈少，稀释倍数愈低菌落数愈多。如出现逆反现象，不可作为检样计数报告的依据。

（3）应提前做好稀释用试管和各稀释度培养皿的标记。

（4）若空白对照上有菌落生长，则此次检测结果无效。

拓展与提升

一、食品安全国家标准　预包装食品中致病菌限量（GB 29921—2021）

食品无论是否规定致病菌限量，食品生产、加工、经营者均应采取控制措施，尽可能降低食品中的致病菌含量水平及导致风险的可能性。本标准规定了预包装食品中致病菌限量要求和检验方法（表 6－22），适用于预包装食品和罐头类食品。

表 6－22　预包装食品中致病菌限量标准

食品类别	致病菌指标	采样方案及限量（若非指定，均以/25g 或/25mL 表示）				检验方法	备注
		n	*c*	*m*	*M*		
乳制品	沙门氏菌	5	0	0	—	GB 4789.4	—
	金黄色葡萄球菌	5	0	0	—	GB 4789.10	仅适用于巴氏杀菌乳、调制乳、发酵乳、加糖炼乳（甜炼乳）、调制加糖炼乳
		5	2	100CFU/g	1 000CFU/g		仅适用于干酪、再制干酪和干酪制品
		5	2	10CFU/g	100CFU/g		仅适用于乳粉和调制乳粉
	单核细胞增生李斯特菌	5	0	0	—	GB 4789.30	仅适用于干酪、再制干酪和干酪制品
肉制品	沙门氏菌	5	0	0	—	GB 4789.4	—
	单核细胞增生李斯特菌	5	0	0	—	GB 4789.30	
	金黄色葡萄球菌	5	1	100CFU/g	1 000CFU/g	GB 4789.10	
	致泻大肠埃希氏菌	5	0	0	—	GB 4789.6	仅适用于牛肉制品、即食生肉制品、发酵肉制品类
水产制品	沙门氏菌	5	0	0	—	GB 4789.4	—
	副溶血性弧菌	5	1	100MPN/g	1 000MPN/g	GB 4789.7	仅适用于即食生制动物性水产制品
	单核细胞增生李斯特菌	5	0	100CFU/g	—	GB 4789.30	仅适用于即食生制动物性水产制品
即食蛋制品	沙门氏菌	5	0	0	—	GB 4789.4	—
粮食制品	沙门氏菌	5	0	0	—	GB 4789.4	—
	金黄色葡萄球菌	5	1	100CFU/g	1 000CFU/g	GB 4789.10	
即食豆制品	沙门氏菌	5	0	0	—	GB 4789.4	—
	金黄色葡萄球菌	5	1	100CFU/g（mL）	1 000CFU/g（mL）	GB 4789.10	

（续）

食品类别	致病菌指标	采样方案及限量（若非指定，均以/25g或/25mL表示）				检验方法	备注
		n	c	m	M		
巧克力类及可可制品	沙门氏菌	5	0	0	—	GB 4789.4	—
即食果蔬制品	沙门氏菌	5	0	0	—	GB 4789.4	—
	金黄色葡萄球菌	5	1	100CFU/g (mL)	1 000CFU/g (mL)	GB 4789.10	
	单核细胞增生李斯特菌	5	0	0	—	GB 4789.30	仅适用于去皮或预切的水果、去皮或预切的蔬菜及上述类别混合食品
	致泻大肠埃希氏菌	5	0	0	—	GB 4789.6	
饮料	沙门氏菌	5	0	0	—	GB 4789.4	—
冷冻饮品	沙门氏菌	5	0	0	—	GB 4789.4	—
	金黄色葡萄球菌	5	1	100CFU/g (mL)	1 000CFU/g (mL)	GB 4789.10	
	单核细胞增生李斯特菌	5	0	0	—	GB 4789.30	
即食调味品	沙门氏菌	5	0	0	—	GB 4789.4	—
	金黄色葡萄球菌	5	1	100CFU/g (mL)	1 000CFU/g (mL)	GB 4789.10	
	副溶血性弧菌	5	1	100MPN/g (mL)	1 000MPN/g (mL)	GB 4789.7	仅适用于水产调味品
坚果与籽类食品	沙门氏菌	5	0	0	—	GB 4789.4	—
特殊膳食用食品	沙门氏菌	5	0	0	—	GB 4789.4	—
	金黄色葡萄球菌	5	2	10CFU/g (mL)	100CFU/g (mL)	GB 4789.10	
	克罗诺杆菌属（阪崎肠杆菌）	3	0	0/100g	—	GB 4789.40	仅适用于婴儿（0～6月龄）配方食品、特殊医学用途婴儿配方食品

二、沙门氏菌、志贺氏菌和致泻大肠埃希氏菌的肠杆菌科噬菌体诊断检验（GB 4789.31—2013）

本标准适用于各类食品和食源性疾病事件样品中沙门氏菌、志贺氏菌和致泻大肠埃希氏菌的检验，也适用于食品行业从业人员肠道沙门氏菌和志贺氏菌带菌检验。

（一）前增菌、增菌和分离培养

（1）沙门氏菌的前增菌、增菌和分离培养按 GB 4789.4 进行。在食品行业从业人员的肠道沙门氏菌带菌检验时，采集的标本应增菌，不应前增菌。食物中毒标本不应前增菌，所采集的标本同时做增菌和不增菌步骤。

（2）志贺氏菌的增菌和分离培养按 GB 4789.5 进行。没有厌氧培养条件的实验室可以采用 BCT 增菌液。食物中毒患者的粪便标本同时做增菌和不增菌步骤。

（3）致泻大肠埃希氏菌的增菌和分离培养按 GB 4789.6 和 GB 4789.36 进行。食物中毒标本同时做增菌和不增菌步骤。

（二）噬菌体试验

1. 培养基的准备 营养琼脂平板（含琼脂 1%～1.5%，为防止变形杆菌的蔓延生长，可按 0.02%量加入十二烷基硫酸钠），营养琼脂加热溶化后，加入每个 9cm 平皿中 20～25mL，放在水平台面上待其凝固。翻转平板，在 36℃±1℃培养箱内半开皿倒置约 1h，或 50℃±1℃培养箱内半开皿倒置约 30min，以烘干培养基表面水分。

2. 试验菌液的准备 自选择性琼脂平板上分别挑取 2 个以上典型或可疑菌落，检验沙门氏菌时，挑取乳糖阴性产硫化氢或不产硫化氢的菌落，和乳糖阳性产硫化氢的菌落。检验大肠埃希氏菌时挑取乳糖阳性或乳糖阴性的菌落。检验志贺氏菌时挑取典型或可疑菌落分别接种 TSI、半固体和营养琼脂斜面各一管，置 36℃±1℃培养 20～24h 后选取三糖铁底层产酸、斜面产碱，不产硫化氢不产气无动力的菌落。下述两种方法可供制备试验菌液时选用。

方法一： 将待检菌落接种于营养肉汤管内，于 36℃±1℃培养 14～24h。挑取此肉汤培养物 1 满环，稀释于盛有 1～2mL 的营养肉汤管内，使成为 1∶200～400 稀释菌液，含菌量约为 1×10^6 CFU/mL。

方法二： 用接种针在鉴别平板上挑取可疑菌落，稀释于盛有 1～2mL 营养肉汤管内，含菌量约为 1×10^6 CFU/mL。

3. 涂抹试验菌液

（1）斑点涂抹法：将营养琼脂表面自圆心起分为三等分或二等分，每等分可供涂抹 1 株细菌培养物。每挑取试验菌液 1 满环，涂抹直径约 1cm 的菌斑一个。每株培养物涂抹菌斑 7 个，外圈 5 个，内圈 2 个。

（2）棉签涂抹法：用无菌棉签蘸取试验菌液并略挤去过多液体，在如上琼脂平板表面 1/3 的区域内涂抹。三个涂抹区之间保持适当距离，待菌液干燥。

4. 滴加噬菌体 用定量为 1mL 的一次性注射器（针头无编号，1mL 有 100～200 滴，每滴相当于 5～10μL），在每一个菌斑上滴加噬菌体。或用定量为 10μL 或 5μL 的微量移液器在每一个菌斑上滴加噬菌体一滴，每滴加一种噬菌体应更换一副注射器或一个吸头，但是每副注射器或每一个吸头可以滴完各株细菌的同一种噬菌体。滴加的噬菌体依次为 O-I、C、Sh、E、CE、E-4 和 Ent。滴加噬菌体时应将琼脂平板放在水平台面上，液滴应悬空滴下，不要污染针头或滴头。待 7 种噬菌体均滴加完毕后，略等数分钟待噬菌体液干燥。翻转平板，放在 36℃培养 5～6h 和 14～24h 各观察一次结果。

如果仅有少数几株细菌作噬菌体试验，可用直径为 3mm 的接种环挑取噬菌体，每一满环相当 5μL，依次加在菌斑上，尽量减少在室温放置的时间。

5. 试验结果的判定　必要时（例如不能测定到完整的血清型），可吸取少许剩余的蛋白胨水培养物作靛基质试验，大肠埃希氏菌一般为靛基质阳性，沙门氏菌为靛基质阴性。噬菌体试验的结果见国标 GB 4789.31—2013。

（三）噬菌体不裂解培养物的补充生化试验

少数沙门氏菌培养物不被 O-I 噬菌体裂解，少数大肠埃希氏菌培养物不被相应噬菌体裂解，不被各种噬菌体裂解的培养物接种三糖铁琼脂，按 GB 4789.4 做 5 项生化试验，血清学分型鉴定后判定结果。

（四）血清学分型鉴定及其他补充试验

1. 沙门氏菌分型鉴定　按 GB 4789.4 进行。如果判定为沙门氏菌时，应得出完整的血清学分型鉴定的结果。

2. 致泻大肠埃希氏菌鉴定

（1）按 GB 4789.6 和 GB 4789.36 进行。分离的菌株应该同时被同样的几个噬菌体裂解后，用大肠埃希氏菌分型噬菌体试验，这些菌株应该具有相同的裂解模式，同时测定 1RTD 噬菌体的裂解情况。

（2）产肠毒素大肠埃希氏菌，应有肠毒素试验的证实。

（3）侵袭性大肠埃希氏菌，典型的生化特性为：赖氨酸脱羧酶试验阴性、无动力、产气或不产气（O124 血清型亦可以为有动力、不产气），靛基质试验阳性。可进一步做豚鼠角膜试验，结果应该为阳性，质粒电泳应证明具有 120～140 Mdal 大质粒，PCR 试验证明具有 ipaC 或 ipaH 基因。

（4）产志贺毒素大肠埃希氏菌 O157：H7，典型的生化特性为：乳糖、蔗糖产酸，葡萄糖产酸并多数产气，硫化氢阴性，靛基质阳性，山梨醇迟缓发酵。PCR 试验证明具有产志贺毒素基因 stx1、stx2 和溶血毒素基因 hly。1RTD 的 E-2 噬菌体裂解试验，能被 1RTD 的 E-2 噬菌体裂解（裂解程度包括从 CL 到少数几个噬斑）。对于产志贺毒素和溶血毒素其他血清型的大肠埃希氏菌，按照有关的程序进行鉴定。

（5）肠道致病性大肠埃希氏菌具有大肠埃希氏菌的典型生化特性，eae 基因（黏附屏蔽基因）的 PCR 试验为阳性。产志贺毒素大肠埃希氏菌 eae 试验也可为阳性。EAF（黏附因子质粒基因）或 bfp（菌毛捆绑形成基因）的 PCR 试验可进一步证实。

3. 志贺氏菌分型鉴定　挑取三糖铁琼脂上的培养物，按噬菌体裂解模式，选用相应的志贺氏菌分型因子血清，做玻片凝集试验。血清学分型鉴定结果见 GB 4789.31—2013。

（五）结果报告

1. 沙门氏菌检验的结果报告

（1）O-I 噬菌体裂解，其他噬菌体均不裂解者，经沙门氏菌血清分型后报告。

（2）各种噬菌体不裂解，生化试验结果为沙门氏菌，经沙门氏菌血清分型后报告，不可报告为未定型。

2. 志贺氏菌检验的结果报告

Sh 噬菌体裂解，呈现各种裂解模式，血清学试验与裂解模式相符者，可报告志贺氏菌血清型。罕见血清型要求被 1 RTD Sh 噬菌体裂解，并符合志贺氏菌生化分群结果。

否则均报告非志贺氏菌。

3. 致泻大肠埃希氏菌检验的结果报告

E 和或 Sh、E-4 噬菌体裂解，不同来源菌株的裂解模式具有同一性，或各种噬菌体均不裂解，经血清学分型确定者可分别报告为产肠毒素大肠埃希氏菌（肠毒素试验结果阳性），侵袭性大肠埃希氏菌（赖氨酸阴性、动力阴性，O124 可为动力阳性），产志贺毒素大肠埃希氏菌（O157：H7 和 O157：NM，stx1，stx2，hly 试验阳性）或肠道致病性大肠埃希氏菌（eae 试验阳性）。

否则均报告为非大肠埃希氏菌或非致泻大肠埃希氏菌。

三、与食源性致病菌和非致病菌相关联的食品种类

食品生产是一个时间长、环节多的复杂过程，在整个过程中存在着许多被致病性微生物污染的可能性：作为原料来源的活体就可能带有致病性微生物；在加工过程中原料之间的交叉污染；加工者携带的致病性微生物也可能进入食品；在销售中会通过器具和其他途径污染致病性微生物。总之，与食品有直接和间接关系的致病性微生物都可能污染食品。这是一个复杂的致病性微生物群体，在实际工作中要对它们一一检查是很难做到的，在很大程度上也是徒劳的。对食品微生物工作者来说，有检验意义的是能引起人类疾病和食物中毒的致病性微生物，常见的只有十几种，如沙门氏菌、金黄色葡萄球菌、志贺氏菌、致病性大肠埃希氏菌、副溶血性弧菌、口蹄疫病毒等。国家规定沙门氏菌是必须检验的重要致病菌，在某些特殊情况下或某些传染病流行疫区，应有重点地对有关病原菌进行检验。美国化学分析家协会（AOAC）推荐的微生物检测及适应食品，与食源性致病菌相关联的食品种类见表 6－23，与非致病菌相关联的食品种类见表 6－24。

表 6－23　与食源性致病菌相关联的食品种类

食品类型		耶尔森菌属	产气荚膜梭菌	单核细胞增生李斯特氏菌	O157：H7	金黄色葡萄球菌	产肠毒素葡萄球菌	弯曲菌属	沙门氏菌	蜡样芽孢杆菌
肉制品	未加工	√		√	√			√	√	√
	热加工			√	√	√	√		√	
	冷冻			√	√				√	
	发酵			√	√				√	
	腌制		√	√		√	√		√	
	其他		肉汁/肉汤	肉馅饼					√	
乳制品	未加工	√		√	√	√	√	√	√	√
	热加工			√					√	
	冷冻			√	√	√	√		√	√

（续）

食品类型		耶尔森菌属	产气荚膜梭菌	单核细胞增生李斯特氏菌	O157：H7	金黄色葡萄球菌	产肠毒素葡萄球菌	弯曲菌属	沙门氏菌	蜡样芽孢杆菌
乳制品	发酵			√	√	√	√		√	
	干制					√	√		√	√
	冰淇淋			√					√	
	干酪			√	√				√	
鱼类和海产品	未加工	√		√	√			√	√	
	热加工								√	
	冷冻			√	√				√	
	贝类/甲壳类	√			√			√	√	
	烟熏		√	√		√	√		√	
	其他								√	
家禽	未加工	√						√	√	
	热加工								√	
	冷冻								√	
	其他		肉汁/肉汤							

注：该表未列出与致病弧菌（霍乱弧菌、副溶血性弧菌、溶藻弧菌、创伤弧菌）关联的食品种类，其中霍乱弧菌主要污染蔬菜、水产品、肉制品等食品，其他致病弧菌主要污染海产品。

表 6-24　与非致病菌相关联的食品种类

食品类型		霉菌和酵母	乳酸菌	菌落总数	大肠菌群	大肠埃希氏菌
肉制品	未加工	√	√	√	√	√
	热加工		√	√	√	
	冷冻	√		√	√	√
	发酵	√	√	√		
	腌制		√	√		
乳制品	未加工	√	√	√	√	√
	热加工			√	√	
	冷冻			√	√	√
	发酵	√				√
	干制			√	√	√
鱼类和海产品	未加工	√	√	√	√	√
	热加工			√	√	
	冷冻	√		√	√	
	烟熏	√	√	√	√	
家禽	未加工	√	√	√	√	√
	热加工		√	√	√	
	冷冻	√		√	√	√

注：√为推荐检测项目。

复习与思考

1. 解释下列名词：食物中毒、增菌培养、分离培养、生化试验、血清学试验、细菌纯培养。

2. 对于冷冻、干燥等加工过的食品增菌培养之前为什么要进行前增菌培养？

3. 简述沙门氏菌在XLD琼脂平板上的菌落特征。

4. 沙门氏菌生化试验有哪些？简述典型沙门氏菌三糖铁培养基反应结果。

5. 简述金黄色葡萄球菌在Baird-Parker琼脂平板上的菌落特征。

6. 简述空肠弯曲菌在Skirrow氏琼脂平板上的菌落特征。

7. 简述溶血性链球球菌在鲜血琼脂平板上的菌落特征。

8. 简述大肠埃希氏菌的检验程序。

9. 志贺氏菌的致病性特点是什么？为什么说生化反应不符的菌株，即使能与某种志贺氏菌分型血清发生凝集，仍不得判定为志贺氏菌属的培养物？

10. 细菌和霉菌菌落计数的区别有哪些？

7 项目七

常见病原微生物的检验

项目指南

动物性食品中的病原微生物主要是内源性污染造成的。为保证动物性食品的质量安全，不仅要对成品和半成品进行微生物检验，还要追溯到原产地，即活体动物不得患有重要的疫病，尤其是人兽共患病。目前国家对一些严重影响畜牧业生产和人类健康的疫病实行了强制免疫、净化检疫等措施，目的是保障人们的食肉安全。本项目介绍了常见病原微生物的生物学特性、病原微生物检验、卫生评价与处理。重点是常见病原微生物的检验，如鸡新城疫病毒检验。难点是各种病原微生物的原产地采样，具有鉴定意义的检验方法。

通过本项目的学习，食品微生物检验人员必须牢固树立自我防护意识，防止实际检验过程中自身感染，如布鲁氏菌病、炭疽等职业性疾病。明确食品中检出病原微生物后，应按病害动物和病害动物产品生物安全处理规程进行严格处理。

认知与解读

一、炭疽杆菌及其检验

炭疽杆菌是炭疽病的病原体。炭疽病是一种散发性或地方流行性人兽共患传染病。世界动物卫生组织（OIE）将其列为必须报告的动物疫病，我国将其列为二类动物疫病。家畜中以牛、羊、马最易感，多呈败血性经过。猪具有一定抵抗力，常限于局部感染。猫、小鼠、豚鼠及某些野生动物也可感染。炭疽病是皮毛加工人员、农牧民、兽医人员的一种职业病。人食用炭疽病畜肉或含炭疽芽孢的食物和水也可引起炭疽病。屠畜炭疽可分为败血型和局限型两类，牛、羊常呈急性经过，突然倒地，呼吸困难，全身痉挛，高热，可视黏膜发绀，天然孔出血，血凝不良，尸僵不全，病死率很高。猪常呈慢性经过，表现咽峡炎型、肠型和肺型。

（一）生物学特性

1. 形态与染色特性　炭疽杆菌为革兰氏阳性的粗大杆菌，长4～8μm，宽1.0～1.5μm，菌体两端稍凹陷或平直，菌体两端有明显的界限，形如竹节，无鞭毛，不能运动。在人及动物的病料中常单独存在或连成短链，且形成荚膜。在人工培养物或自然界中，可形成长链。在含有血清和碳酸氢钠的培养基上，于二氧化碳环境中培养，也能够形成荚膜，加入卵黄则可促进荚膜的形成。荚膜的抗腐能力大于菌体，因此在腐败材料中常只能看到无内容物的荚膜——“菌影”。该菌在氧气充足、25～30℃的温度条件下，于中性和碱性环境中可形成芽孢，而在动物体中不形成芽孢。芽孢呈椭圆形，位于菌体中央或偏于一端，小于菌体宽度，芽孢形成后自菌体脱离，故陈旧培养物只能看到芽孢而不见菌体。

2. 培养特性 本菌为需氧或兼性厌氧菌，在普通培养基上生长良好，在12～44℃都能生长，最适温度为30～37℃，最适pH为7.2～7.6。在普通平板上，经37℃、24h培养后形成2～6mm、扁平、灰白色、干燥、不透明、无光泽、边缘不整齐的粗糙型菌落，低倍镜观察，边缘为卷发状，在50%血清琼脂上，于含65%二氧化碳环境中，形成光滑、致密、有光泽、黏稠的细小菌落，并具有荚膜。在鲜血琼脂平板上，呈灰白色，表面粗糙、无光泽、不透明、边缘不整齐的菌落。一般不溶血，时间长时可有轻微溶血现象。在肉汤中形成絮状沉淀，摇动时可有线状物上升，肉汤上层清亮，无菌膜或菌环。

3. 生化特性 本菌能分解葡萄糖、麦芽糖、蔗糖、果糖、蕈糖，产酸不产气。不分解乳糖、卫矛醇、甘露醇、鼠李糖以及阿拉伯胶糖，能还原硝酸盐，不产生靛基质及硫化氢，V-P试验不定，在牛乳中能生长，使牛乳先凝固，后缓慢胨化。明胶穿刺培养能缓慢液化明胶，使表面液化成漏斗状，细菌沿穿刺线生长呈试管刷状。

4. 抗原性 炭疽杆菌的菌体及其产物能够刺激机体产生相应的抗体，这些抗体能使动物具有相应的免疫力。能刺激机体产生抗体的抗原有四种：荚膜多肽抗原、菌体抗原、芽孢抗原和保护性抗原。此外，还有三种炭疽毒素复合物，即因子Ⅰ（水肿因子)、因子Ⅱ（保护性抗原)、因子Ⅲ（致死因子)，这三种因子单独无生物活性，但因子Ⅰ与因子Ⅱ，因子Ⅱ与因子Ⅲ或三种因子同时存在时，则具有生物活性，表现出毒性作用。

5. 抵抗力 炭疽杆菌繁殖体的抵抗力不强，加热至60℃经30min可以将其杀死，也易被一般的消毒剂杀灭。而炭疽芽孢的抵抗力很强，在自然环境中能存活数十年，在皮毛中能存活数年。煮沸15～20min或于121℃高压5～10min才可将其杀死。该菌对化学药剂有抵抗力，5%来苏儿中2h，新配制的20%石灰乳、20%漂白粉液需浸泡48h才能将其杀死。但该菌对碘及氧化剂较敏感，1∶2 500碘液10min可将该菌杀死。该菌对磺胺类、青霉素、链霉素、红霉素及氯霉素等抗生素均较敏感，但对多黏菌素及新霉素不敏感。

（二）检验方法

在农业部规定的《一、二、三类动物疫病病种名录》中炭疽属于二类动物疫病，根据《兽医实验室生物安全管理规范》中的规定，该病原的实验室诊断、分离和鉴定应在生物三级（BSL-3）实验室进行相关的病原检疫，检疫人员应该按照生物三级实验室要求做好个人防护，严防扩散和人兽间感染。

1. 样品的采集及处理

（1）动物样品的采取。草食动物感染后多为急性经过，不得屠宰和解剖，可取消毒耳尖部的末梢血液检查；猪炭疽则多为局限性，可采取有病变的下颌淋巴结、颈淋巴结及扁桃体。

（2）其他材料的采取。为了检查外环境是否污染炭疽杆菌，可采取土壤、毛发、骨、皮革、羽绒及处理皮革和羽绒的污水等。土壤、毛发等样品用生理盐水浸泡振摇10～15min，取浸出液再进行离心，沉淀物加入到少量灭菌盐水中，65℃加热30min以杀死其他杂菌。

污水则取污水 50mL，经 3 000r/min 离心 30～60min，吸取上清液（弃去中层），将上层的液体与沉淀物充分混合，经 65℃加热 30min 处理备用。

一般内脏和血液标本可直接接种，如病畜用过磺胺治疗，应在培养基中加入安息香酸（5mg/dL）。如样品用氯制剂消毒过，则可用棉拭子蘸取无菌的 2%硫代硫酸钠水溶液少许，然后取样。

2. 常规检验

（1）直接涂片染色镜检。以可疑的病料制成涂片，自然干燥后火焰固定，或用 0.1%升汞固定 5min 杀死芽孢后染色，染色可用雷比格尔氏荚膜染色、革兰氏染色、瑞氏染色等方法，陈旧的腐败材料用骆氏美蓝染色。在猪及人的皮肤炭疽病料中形态极不一致，菌数也少，菌体排列极不一致，呈 S 型、J 型、O 形或成堆的奇异排列。有的有荚膜，有的无荚膜，有时荚膜极厚。在腐败的材料中有时只见“菌影”及菌体碎片。

（2）分离培养。炭疽杆菌的分离培养可根据样品的不同而直接进行接种。因败血症死亡的动物用接种环取耳尖部的血液少许，接种鲜血琼脂平板或选择性平板，如为病理组织，外表用烧灼灭菌后，用无菌尖刀剪出断面，用断面压印在鲜血琼脂平板或选择性平板上，再用接种环划线分离。污水则用毛细吸管吸取 1 滴，滴于鲜血琼脂平板或选择性平板上，用 L 型棒将检样涂匀。其他材料取处理好的样品，用接种环划线分离培养于血琼脂或选择性培养基上。置 37℃恒温箱中孵育 18～24h。

（3）鉴别试验。

①青霉素串珠试验：取待检菌株培养物接种肉汤培养基，37℃培养 6h。镜检以一个低倍视野含 10 个菌为宜，摇匀，取一接种环，接种 1.8mL 肉汤中，加入 5U/mL 的青霉素 0.2mL，使最后浓度为 0.5U/mL。另取 2mL 肉汤，接种培养物，不加青霉素作为阴性对照，于 37℃培养 1～2h，取出加 20%福尔马林使最终浓度为 2%，固定 10min，一方面杀菌，一方面固定串珠以防破裂、变形等。取上述样品做压片镜检。

炭疽杆菌为典型的串珠，阴性对照组为长链条的粗大杆菌。但应注意蜡样芽孢杆菌也偶见典型串珠状。其他类炭疽有时有不典型的串珠。

②荚膜形成试验：此试验能使有毒力炭疽杆菌产生大量荚膜物质而发生菌落形态变异，由粗糙型变为黏液性。将炭疽杆菌的培养物接种于碳酸氢钠琼脂平板（溶化 9 份营养琼脂并冷至 50℃左右时，加入 1 份滤过除菌的 7%碳酸氢钠溶液），在 37℃、10%～20%二氧化碳环境下培养 18～24h，取出观察。菌株呈圆形、凸起、黏稠、光滑、湿润和具有光泽的黏液型菌落。

③生化反应：生化反应主要看其在肉汤培养基中生长，动力与明胶穿刺培养情况。

肉汤培养：接种本菌经 37℃培养 24h 后，液体澄清，管底形成絮状沉淀。

动力试验：半固体穿刺接种，于 37℃培养 18～24h，炭疽杆菌沿穿刺线生长，无动力。

明胶液化试验：沿穿刺线发育，明胶液化成漏斗状，下部向外生长呈倒松树状。

3. 其他检验

（1）沉淀试验。沉淀试验是一种诊断价值较高的血清学检查方法。它具有很高的特异和敏感性。当病料已腐败而镜检和分离培养不能获得阳性结果时，应用本法仍可得到满意的结果。其操作方法是：

①抗原的制备：取可疑炭疽病畜脏器数克（或数毫升），加入 5～10 倍量的生理盐水浸

泡2～3h，置沸水浴中煮沸30min或121℃高压15min，冷却后用滤纸过滤2～3次，得到清朗透明的滤液，即为待检抗原。

②取3支沉淀管，在其底部各加入约0.1mL的炭疽沉淀血清（注意用毛细吸管或1mL注射器加入，切勿产生气泡，血清勿沾染上部管壁）。

③取其中1支沉淀管，用毛细吸管将待检抗原沿管壁轻轻加入，使其重叠在炭疽沉淀血清之上，使上下两液面有一整齐的界面，注意不要产生气泡，不要摇动。

④另2支沉淀管，一支加炭疽标准抗原，另一支加生理盐水，方法同上，作为对照。注意毛细吸管专用，不能混用。

⑤结果判定：抗原加入后5～10min判定结果。试管上下重叠的两液面处出现清晰、致密的乳白色环者为炭疽阳性，证明待检抗原来自炭疽病畜。两对照管，加炭疽标准抗原者应出现白色沉淀环；而加生理盐水者应无沉淀环出现。

（2）乳胶凝集。用1mL吸管吸取被检材料于玻片上分别滴加2滴，每滴0.1mL，再用另一支1mL吸管吸取标准炭疽抗原，往同一玻片上的另一侧分别滴加2滴，每滴0.1mL，用2支吸管分别将被检材料、炭疽标准抗原内滴加炭疽乳胶血清及正常乳胶血清各0.5mL，用小木棒把上述4个液滴混合均匀，室温静置5min内判定，出现“++”以上时可判为阳性。

（3）青霉素抑菌试验。将分离接种于每毫升含10U青霉素的琼脂平板上，于37℃培养18h，炭疽杆菌一般不生长或仅有轻微生长。

（4）动物试验。取待检菌37℃ 18～24h肉汤培养物0.1mL，接种小鼠皮下，一般接种后24～96h小鼠发病死亡，剖检时在接种部位皮下，可见有严重的胶样浸润，然后取小鼠的心血或脾进行涂片、染色和镜检，并接种鲜血琼脂平板证实。

（三）卫生评价与处理

1. 炭疽肉尸、内脏等的处理 炭疽肉尸和内脏的处理参照《病害动物和病害动物产品生物安全处理规程》（GB 16548—2006）中的规定进行合理处理。

（1）各型炭疽病畜的肉尸、内脏、皮毛、血液（包括污染的血）应于当天用不漏水的工具运至化制站或指定地点全部销毁。

（2）被污染或可疑污染的肉尸、内脏，应在6h内高温处理后出场，不能在6h内处理者，送作销毁。血、骨、毛只要有污染的可能，均应销毁。

（3）经镜检、血清学反应，仍疑似炭疽的肉尸、内脏、副产品，其处理办法同第（2）条。

2. 发生炭疽时的卫生处理措施

（1）宰后发现炭疽时，应立即停止生产，封锁现场，进行会诊和细菌学检查。

（2）为了防止病原菌扩散，应将所有未与炭疽畜肉接触的肉尸和内脏迅速由车间内运走。

（3）屠宰车间的地面、设备和离地面2m以内的墙壁、炭疽病畜停留或经过的畜圈和场院，应用20%的漂白粉溶液或者10%烧碱热溶液或5%甲醛溶液进行彻底消毒，清除所有的粪便、污物，并焚毁。耐热的金属器械和用具应用高压蒸汽灭菌器在121℃高压蒸汽灭菌1h。所有消毒工作应于宰后6h内完成。

（4）与炭疽病畜或畜肉接触过的人员，必须接受卫生护理，同时其工作服、工作帽、皮靴等立即用甲醛熏蒸，或用5%甲醛溶液浸渍消毒。

（5）当发现炭疽时，只有在保证消灭传染源的一切措施实行之后，各项处理经畜牧兽医行政管理部门检查合格后方能恢复屠宰，在未达到彻底消毒之前，不得继续屠宰。

二、结核分枝杆菌及其检验

结核分枝杆菌是结核病的病原体，结核病是一种引起人及多种动物共患的慢性传染病，世界动物卫生组织将其列为必须报告的动物疫病，我国将其列为二类动物疫病。结核杆菌共分为三型，即人型、牛型和禽型。

本病的分布很广，世界各国均有发生，尤其在南美及亚洲一些国家流行较严重。本病可侵害多种家畜家禽及野生畜禽。据报道约50种哺乳动物，25种禽类可患病。易感性因物种和个体不同而不同，在家畜中牛最易感，特别是奶牛，其次是黄牛、牦牛、水牛等。猪和家禽亦可患病，羊极少发病，单蹄兽罕见。野生动物中猴、鹿多见，狮、豹等也有结核病发生。

牛型结核主要感染牛、人和猪。人型结核主要感染人及牛，也能使其他家畜致病。禽型结核主要使禽、牛、猪和人患病。结核病的传染源主要是患病的畜禽和人，特别是开放性结核。结核病主要通过咳嗽的飞沫及痰干后的灰尘传染，人还可因饮用未消毒牛奶或食用烹调杀菌不彻底的畜禽肉及禽蛋引起发病。本病的发病受许多因素的影响，主要是家畜过度使役、营养不良等诱发本病流行。本病一旦发生，患病畜禽的生产能力下降，母畜繁殖能力下降，畜禽死亡率增高，畜牧业的经济效益可造成一定程度的下降。

（一）生物学特性

1. 形态与染色特性　结核分枝杆菌为细长、平直或略弯曲的杆菌，大小（1.5～4）μm×（0.2～0.8）μm。常单个或平行相聚排列，菌体内常有着色较浓的颗粒状物质。牛型结核比人型较粗而短，禽型则呈多形性。在组织中呈分枝状，而在人工培养基上可呈球形或丝状、偶见分枝状。本菌不产生芽孢和荚膜，也无运动性。革兰氏染色阳性，但着色不良，用抗酸染色法效果较好，抗酸性染色细菌被染成红色，非分枝杆菌及细胞被染成蓝色。

2. 培养特性　本菌为专性需氧菌，对营养的要求比较严格，在培养基中需加入血清、鸡蛋、马铃薯、氨基酸、甘油等营养物质才能生长，其次其生长过程还需要铁、磷、钾、镁等离子。其生长最适pH为6.4～7.0，最适生长温度为37℃，禽型分枝杆菌则可在42℃生长。在固体培养基上，菌落生长缓慢，特别是初代培养，以禽型生长最快，人型次之，牛型最慢。菌落干燥、表面粗糙、质硬，初为乳白色，以后略显黄色或乳酪色，培养较久菌落互相融合成菜花状。在液体培养基上，37℃培养3～4周后，在液体的表面形成多皱的菌膜，有附着于瓶壁的倾向，培养较久，表面菌膜颗粒脱落沉于管底。培养基中加入吐温-80可使结核分枝杆菌分散均匀生长。禽型分枝杆菌形成的菌膜厚而带黏性，常下沉形成钟乳石状，牛型结核分枝杆菌最薄。人型居中。

3. 生化反应　各型的结核分枝杆菌均不发酵糖类，人型结核的触酶、过氧化物酶比牛型强。人型结核分枝杆菌还能还原硝酸盐，能合成叶酸。有毒力的结核杆菌和一些典型分枝杆菌能与中性红染料结合而呈中性红试验阳性；而腐生的抗酸菌则为阴性。烟酸试验可区别于人型、牛型及非典型分枝杆菌。牛型结核分枝杆菌、人型结核分枝杆菌及禽型分枝杆菌的生化特性区别见表 7－1。

表 7－1　三种致病性结核分枝杆菌的生化特性比较

项　目	人型结核分枝杆菌	牛型结核分枝杆菌	禽型结核分枝杆菌
胰　酶	+	+	−
吡嗪酰胺酶	+	−	−
硝酸盐还原	+	−	−
酸性磷酸酶	+	+	−
过氧化氢酶	−	−	
吐温分解 10d		−	−
烟酸产生	+	−	−
对硝基苯甲酸	−	−	+
异烟肼	−	−	+
胺苯硫脲	−	−	+
噻吩二羧酸酰肼	+	−	+
氯化钠（5%）	−	−	−

4. 血清学特性　结核杆菌的菌体含有蛋白质和核酸，细胞壁含有类脂、多糖及蛋白质复合物，结核杆菌细胞壁是激发机体迟发型变态反应的抗感染免疫的物质基础，也是一种良好的免疫佐剂。

（1）类脂质。结核杆菌的类脂质主要有磷脂、脂肪酸和蜡质三种成分。磷脂可刺激机体内大单核细胞增生，并能增强菌体蛋白的致病作用，产生干酪样坏死。蜡质在类脂中所占的比例最大，由数种成分组成，索状因子是致病因素之一。蜡质中的多肽糖脂能引起动物Ⅳ型变态反应。蜡质 D 具有佐剂作用。

（2）蛋白质。结核杆菌具有多种蛋白成分，其中有的能使机体致敏，产生结核菌素反应，结核蛋白具有一定的抗原性，可引起机体产生沉淀素、凝集素及补体结合抗体。

（3）多糖。多糖主要与类脂质结合，存在于菌体细胞壁中，系半抗原，耐热，与特异免疫血清可产生沉淀反应，并与奴卡氏菌属和棒状杆菌有交叉反应。

5. 抵抗力　结核分枝杆菌含有大量的类脂质，抵抗力较强，尤其对干燥抵抗力特别强，在干燥的痰内可存活 6～8 个月，若在水中可存活 5 个月，在土壤中可存活 7 个月，在粪便中可存活 5 个月。但对湿热的抵抗力较差，60℃经 30min 即可将其杀死。经直射光数小时后可致死。常用消毒药经 4h 可将其杀死，70%酒精、10%漂白粉、氯胺、硫酸、石炭酸或 3%甲醛液等均有可靠的消毒作用。本菌对磺胺、青霉素及其他广谱抗菌素均不敏感，但对链霉素、异烟肼、对氨基水杨酸和环丝氨酸等敏感。

（二）检验

在农业部规定的《一、二、三类动物疫病病种名录》中结核分枝杆菌属于二类动物疫病，根据《兽医实验室生物安全管理规范》中的规定，该病的实验室诊断，病原分离、鉴定等应在生物三级（BSL-3）实验室进行相关的病原检疫，检疫人员应该按照生物三级实验室要求做好个人防护，严防扩散和人畜间感染。

1. 样品的采取　猪常采取下颌淋巴结，禽类常采取肝脾，牛（奶牛、水牛）生前以专用的硬质橡皮管取痰液、乳汁、精液和粪便为材料，死后取患病部位的病理材料检验，乳及乳制品和肉食品采样同项目三中动物性食品微生物检验样品的采集。

2. 样品的处理　取适量食品，置灭菌乳钵中与无菌海砂一起研磨，使成为乳浆状。按1∶5比例加入消化液，进行消化和杀死杂菌。置37℃温箱中或37℃水浴中1～4h，在此期间经常取出振摇。加温后取出，滴入适量的25%盐酸溶液，使溶液成pH 6.8～7.0，即消化液由蓝色变为草绿色。将其于3 000r/min离心30min，倾去上清液，加入3～4mL无菌生理盐水，使成混悬液，即为检样。

若样品为痰液，将痰液倾入离心管中，加入2～3倍量的4%氯化钠，置37℃温箱中30min，在此期间振摇1～2次，取出后加0.02%酚酞指示剂数滴，以2.5%的盐酸滴定至无色为止，再以3 000r/min离心30min，取沉淀物为检样。

乳汁取5mL于离心管中，加乙醚或二甲苯1mL，振摇20min，再加无菌生理盐水至管口，室温静置30～60min。若加乙醚时结核杆菌浓集于中层，而加二甲苯时结核杆菌浓集于上层，以洁净的毛细吸管吸取中层或上层液，以3 000r/min离心30min，弃去上清液，取沉淀物为检样。

粪便取约小指头大小，装于平皿中，加0.1%黄色素液5～7mL，充分搅拌后用纱布过滤，再加2倍量的1%硫酸液搅拌后静置1h，离心，取沉淀物检查。

尿液取5mL，加0.5mL醋酸，离心后弃去上清液，沉淀物中加2倍量的无水酒精，再以3 000r/min离心，分成三层，取上层液检验。

患病器官结核病材料，可直接做涂片染色镜检或培养。

3. 检验方法

（1）涂片镜检。用以上处理好的材料制成涂片、晾干、火焰固定后，用萋-尼氏染色，结核杆菌染成鲜红色而其他细菌，细胞染成蓝色，如被检视野中细菌数较少，可采用厚涂片法，以提高检出率，即将涂片晾干，在边缘微微加热加温，再涂片，反复3～4次，待干后，以石炭酸复红染色后，用3%盐酸酒精脱色5～10min，至标本呈淡红色，再以铬酸水溶液复染5min，水洗，晾干后镜检。结核杆菌被染成红色，其他细菌、细胞被染成黄色。铬酸复染后透光度仍较好。

（2）分离培养。将处理物接种于罗氏或小川氏斜面培养基上，试管塞改用胶塞并用蜡密封，置37℃温箱斜面培养24～48h，使接种物与培养基充分接触，然后直立继续培养。经常观察生长情况，如阳性标本则在3周后可见有细小的菌落生长，阴性者观察到8周报告。如见到淡黄色、干燥、粗糙不平的菌落，进行抗酸染色后镜检，疑为结核杆菌时做以下试验。

（3）鉴别试验。

①中性红试验：取可疑菌落数个，放在盛有5mL 50%甲醇溶液的小试管中，37℃水浴加热1h，弃上清液，再加5mL 50%甲醇，37℃加温1h弃上清液，最后加新配制的0.002%中性红溶液（由5%氯化钠和1%巴比妥钠组成的缓冲液溶解中性红）5mL，混匀后置室温。1h后观察初步结果，24h后观察最终结果。加入缓冲液后中性红会变成黄色，如在黄色缓

冲液中出现粉红色菌落者为阳性反应，非致病性结核杆菌呈黄白色或不变色。

②烟酸试验：取3～4周龄培养物，在其内加无菌盐水1mL，浸没全菌静置15min。取出浸出液0.5mL于另一试管中，加入新配制的苯胺酒精溶液（4mL苯胺溶于96mL的95%酒精中）及10%溴化氰水溶液，混合后观察。结果液体为黄色者为人型结核菌菌株，不变者为其他型。

③接触酶试验：用接种环取3～4周龄的可疑菌落数个于一无菌管中，加2mL新配制的3%过氧化氢溶液，立刻观察，液面出现气泡者为阳性反应，为致病菌株，无气泡者为非典型分枝杆菌。

（4）动物试验。选择300～400g的豚鼠，腹腔皮内注射0.1mL结核菌素，无炎肿者方能使用。取已处理好的样品1mL注入豚鼠的鼠蹊部皮下。每个样品接种两只豚鼠。检样接种后3～4周，如材料中含有足够的结核菌，可见接种部附近淋巴结肿大，采食减少，消瘦，不久即死亡；如菌量少时无明显症状，自第6周起每2周做1次结核菌素试验，若为阳性，两周后解剖观察。结果是接种局部淋巴结肿大，淋巴结内充满干酪样物质，肝脾常有许多微小的结核病变，严重者其他部位也有病变，取病变部或病灶内干酪样物，涂片染色镜检加以证实。

（5）变态反应检查。家畜检查时在颈部上1/3处剪毛消毒，皮内注射提纯结核菌素0.1mL，注后72h观察结果。阳性反应为皮厚差在4.0mm以上，疑似反应在2.1～3.9mm，阴性反应在2.0mm以下。对疑似反应者应在原注射部位以同样剂量做第二次注射，并于第48h记录结果，如仍为疑似，应于检查后30～45d复检，结果仍为疑似的，可酌情处理。

禽类在肉髯部用2 500U/mL的稀释液0.1mL皮内注射，24h后如肉髯下垂，肿大、发热时判为阳性，否则为阴性。

此外，还可以用荧光抗体染色法、间接血凝试验、酶联免疫吸附试验（ELISA）、放射免疫测定法进行检验。

（三）卫生评价与处理

加强检疫，防止疾病传入，净化污染群，培育健康畜群。奶牛场每年春秋两季进行结核病检疫，用结核菌素作变态反应，结合临诊检查，发现阳性病畜及时淘汰处理。对病畜和阳性畜污染的场所、用具、物品进行严格消毒。饲养场的金属设施、设备可采取火焰、熏蒸等方式消毒；养畜场的圈舍、场地、车辆等，可选用2%烧碱等有效消毒药消毒；饲养场的饲料、垫料可采取深埋发酵处理或焚烧处理；粪便采取堆积密封发酵方式，以及其他相应的有效消毒方式。

肉品检验时发现全身性结核或局部结核的，其胴体及内脏参照《病害动物和病害动物产品生物安全处理规程》（GB 16548—2006）中的规定进行合理处理。

三、布鲁氏菌及其检验

布鲁氏菌是布鲁氏菌病的病原体，布鲁氏菌病为一种人兽共患传染病，于1860年发现于地中海（马耳他岛），故又称为地中海弛张热或马耳他热，是世界动物卫生组织将其列为必须报告的动物疫病，我国将其列为二类动物疫病。1887年布鲁氏首次分离到病原体，后称为布鲁氏菌。布鲁氏菌病在全世界广泛流行，已有 123 个国家和地区曾发生过该病。牛、羊对本菌高度敏感，其他动物如马、鹿、犬、猫也易感。本病的特点是病程持续时间长，呈周期性复发。除发热外，还可引起子宫炎、流产及睾丸炎等。布鲁氏菌共有 6 个种，主要有牛、羊、猪布鲁氏菌，沙林鼠布鲁氏菌，绵羊附睾布鲁氏菌及犬布鲁氏菌，后三种很少见到。在我国引起布鲁氏菌病的主要为羊布鲁氏菌，其次为牛、猪布鲁氏菌。

（一）生物学特性

1. 形态与染色特性　本属细菌初代分离时均为微小球杆菌。次代培养，牛和猪布鲁氏菌变为杆状，羊布鲁氏菌仍为小球状。长 0.6～1.5μm，宽 0.5～0.7μm。不形成芽孢、无鞭毛，个别菌株可产生荚膜，革兰氏染色阴性，对苯胺染料着色呈迟染现象，沙黄-孔雀绿（或碱性美蓝）染色法，本菌染成红色，其他细菌及组织染成绿色（蓝色）。本菌通常单个存在，罕见成双或短链排列。

2. 培养特性　本菌为专性需氧菌，绵羊附睾布鲁氏菌和牛布鲁氏菌初代分离时需在含有 5%～10%二氧化碳环境中才能生长，但经几次人工接种培养后，则不需要二氧化碳也能生长，其他几种布鲁氏菌则无此现象。本菌对营养的要求严格，在含有血液、血清、肝汤、马铃薯或酵母浸液、葡萄糖的培养基上生长发育较好，而且生长缓慢，另外硫胺、烟酰胺、甘油、复合氨基酸、泛酸钙和赤藓醇也可促进某些布鲁氏菌的生长。本菌最适生长温度为 37℃，最适 pH 为 6.8～7.2。新分离的菌株生长缓慢，一般需要 7～14d 或更长时间才能发育成肉眼可见的菌落，但传代适应后，48h 可见生长，羊布鲁氏菌生长最慢，猪布鲁氏菌最快，牛布鲁氏菌介于两者之间。在血清肝汤琼脂上形成湿润、圆形、隆起、有光泽、边缘整齐的无色小菌落；在血琼脂培养基上，形成灰白色、圆形、边缘整齐、不溶血的小菌落；在肝汤肉汤中经 2～3d 呈轻微混浊，1 周后混浊明显，有灰白色的黏稠沉淀物；有的菌能形成菌膜；在马铃薯斜面上，经 2～3d 后长出水溶性微棕黄色菌苔。

3. 生化特性　布鲁氏菌分解糖的能力因种不同很不一致。需用半固体培养基做发酵试验才能测出分解后产生的少量酸。本菌不分解甘露醇，不产生靛基质，不液化明胶，不凝固牛乳，V-P 试验和 MR 试验为阴性，可使硝酸盐还原为亚硝酸盐（绵羊布鲁氏菌除外），不利用枸橼酸盐，能分解尿素和产生硫化氢，但菌种活力不同产生的量也不同。除此之外，布鲁氏菌还能产生透明质酸酶、过氧化氢酶、淀粉酶、脂酶、磷酸酶、细胞色素氧化酶、天门冬酰胺酶等。

4. 抗原性　布鲁氏菌的抗原结构较复杂，其抗原有几种，一种为完整菌体凝集抗原，所有的 S 型菌株均含有 A 抗原和 M 抗原成分，均为凝集抗原。这两种抗原成分在各种之间含量不同，其中羊布鲁氏菌以 M 抗原为主，牛布鲁氏菌以 A 抗原为主，猪布鲁氏菌介于二者之间。除上述抗原外，R 型菌还有 R 抗原，各种之间均有此抗原。本菌还有另外几种抗原成分，如细菌壁抗原等。经动物试验表明，布鲁氏菌核糖体具有高度的抗原性，可产生凝集素、沉淀素、补体结合抗体以及感染动物诱发皮肤的变态反应，核糖体加佐剂免疫动物，在一定时间内可具有与活菌免疫相同的保护力。

5. 抵抗力　布鲁氏菌对外界环境的抵抗力较强。在水、土壤中可存活几周到几个月。对冷冻抵抗力也较强，在－15℃可存活 43d。在肉、乳品及羊毛中能存活 1～4 个月，在胎儿体内可存活 6 个月。直射日光 0.5～4h 可将其杀死。本菌对湿热较敏感，60℃经 30min 死亡，100℃立即死亡。本菌对消毒剂较敏感，2%石炭酸或2%来苏儿不超过3min即死亡，尤其对常用浓度的漂白粉、升汞及乳酸的抵抗力最弱。对复红等染料的抑菌作用具有不同的敏感性，常用以区分菌种。在培养基中加入5×10^{-6}的龙胆紫，可抑制杂菌，但对本菌无害。故可用于污染标本的分离。

(二) 检验

布鲁氏菌的临床表现多种多样，一般不典型，难与其他疾病鉴别，故微生物学检验具有重要意义。包括细菌学检验、血清学试验和变态反应诊断等。

在农业部规定的《一、二、三类动物疫病病种名录》中布鲁氏菌属于二类动物疫病，根据《兽医实验室生物安全管理规范》中的规定，该病原的实验室诊断，病原分离、鉴定等应在生物三级（BSL-3）实验室进行相关的病原检疫，检疫人员应该按照生物三级实验室要求做好个人防护，严防扩散和人兽间感染。

1. 样品的收集与处理 采集病畜流产的整个胎儿或胎儿的内容物、羊水、胎盘的坏死部分、阴道分泌物、乳汁和尿液等作为检样。

2. 检验方法 包括细菌的培养与鉴定、血清学检验、虎红平板凝集试验、乳汁环状试验、动物试验及变态反应试验等。

(1) 细菌的分离培养。

①血液及骨髓穿刺液：取静脉血（或病畜流产胎儿的心血）5mL，接种两瓶肝浸液（或胰胨肉汤）或固体双相培养瓶中，分别放于5%～10%二氧化碳环境中（或二氧化碳培养箱）和普通大气环境中（普通培养箱）37℃培养。

使用肝浸液增菌培养时，每隔3～5d向胰胨琼脂或肝浸液吐温葡萄糖琼脂平板上移种一次作分离培养并作革兰氏染色。使用双相培养瓶时，每隔2～4d检查1次，如有布鲁氏菌生长，琼脂斜面上出现湿润的菌落；如无生长可摇动培养瓶移种几次，使培养液流过琼脂斜面，继续培养，隔2～4d再进行检查，这种方法可避免多次开瓶移种而造成的污染。

亦有在增菌液中加5×10^{-6}龙胆紫，可抑制污染的革兰氏阳性球菌的生长，其缺点是不能培养血中其他细菌（如葡萄球菌）。

②尿液：取效价在1∶800以上的布鲁氏菌免疫血清加入无菌管导出的尿液标本中（含血清量为1%～2%），摇匀，静置1h，离心，取沉淀物0.5mL接种于选择性布鲁氏菌培养基或接种含5×10^{-6}龙胆紫肝浸液琼脂平板上，也可接种豚鼠。

③乳汁：洗净家畜的乳房及乳头，用酒精消毒后，挤去最初几滴乳汁，然后将乳汁挤入灭菌试管中，以3 000r/min离心10min，取沉渣和表层奶皮接种在两个选择性布鲁氏菌培养基上，或接种豚鼠。

④动物的羊水、组织和死胎：动物死胎或流产胎儿可先用清水洗去泥土污物，然后浸于3%来苏儿溶液中0.5h，取出用纱布拭干，以无菌操作解剖，取胃肠内容物、肺、肝、脾和胎粪等直接涂布在肝浸液、吐温葡萄糖琼脂或胰胨琼脂平板上。其他病畜脏器、子宫分泌物等标本，接种法同上。如有污染的可能时，可接种于选择性布鲁氏菌培养基。

以上增菌培养及分离培养所用培养基均需一式两份，一份在5%～10%二氧化碳环境中培养，一份在普通环境中培养。培养一般为37℃经10d，如无细菌生长，可报告阴性，血培养可延长至4周。

（2）血清学检验。用特异性血清学检查诊断家畜布鲁氏菌感染仍是当前的主要手段，主要方法有试管凝集试验、平板凝集试验、虎红平板凝集试验和琼脂扩散试验等。

①试管凝集试验：感染后1～7d血清中出现凝集素。症状出现后，凝集素急剧上升，转慢性时，凝集素降至一般水平，但极少阴性，因此血清凝集试验是最常用的诊断方法。

将被检血清在试管内用0.5%石炭酸生理盐水进行稀释，然后加入布鲁氏菌抗原、放37℃下感作，取出判定血清的凝集滴度。判定标准是：牛、马、骆驼血清1∶100或更高，出现“++”或以上判为阳性，1∶50出现“++”以上时判为疑似；羊、猪、犬血清1∶50或更高，出现“++”或以上判为阳性，1∶25出现“++”以上时判为疑似。判定疑似反应的，过3～4周后重检，重检仍为疑似时，牛和羊按阳性处理；猪和马则应结合该畜群有无布鲁氏菌病的流行，予以判定。

②平板凝集试验：此法简便易行，适宜于现场检疫。本法有一定特异性，比较敏感，但具有一定假阳性，故不宜做最后诊断。牛、马、鹿和骆驼于0.02mL血清量，猪、羊和犬于0.04mL血清量出现“++”或以上凝集现象时，判为阳性。牛、马、鹿和骆驼于0.04mL血清量，猪、羊和犬于0.08mL血清量出现“++”或以上凝集现象时，判为可疑。可疑反应的牲畜应与用试管凝集反应检出的可疑牲畜一样，予以重检。

③虎红平板凝集试验：此法简便、快速易行，具有较好的特异性，有一定的敏感性，可用于大面积检疫。其操作方法是：在玻片上加0.03mL被检血清，然后加入虎红平板抗原0.03mL，摇匀或用牙签混匀，在5min内判定结果。判定级别同平板凝集试验。

④琼脂扩散试验：本试验分为单向和双向扩散，在本病的诊断中多采用双向扩散。在凝固好的琼脂板上，用打孔器打孔，孔径为0.3cm，孔间距为0.3cm，一个中心孔，4～6个周边孔，不必封底。用加样器将抗原加入中心孔，抗体加入周边孔，以不溢出为准。然后将琼脂平板放在维持一定湿度的扩散盒中，置于温箱或室温或冰箱中，一定时间后观察结果。在冰箱中至少放7d，在室温下放3～5d，在温箱中放3d。在两孔间出现清晰的一条或数条沉淀线时为阳性。此法简单易行，特异性高，但敏感性低。阳性反应有确诊意义，但阴性则不应轻易否定。

（3）乳汁环状试验。本试验是测定乳汁中有无布鲁氏菌凝集素，用以检查乳牛和乳羊有无布鲁氏菌病。其方法是：取被检鲜奶1mL加入小反应管中，再滴一滴苏木精染色的布鲁氏菌环状抗原于其中混匀后，放37℃恒温箱中45min，若乳汁中有抗体，则出现凝集，随乳脂飘浮于乳汁表面，呈深蓝色环，乳柱呈白色，应判为强阳性；乳脂有蓝色环，乳柱呈不完全白色为阳性；乳脂层呈淡蓝色环，乳柱亦呈浅蓝色为弱阳性；乳脂层无色，乳柱呈蓝色为阴性。

（4）动物试验。将病畜的血、尿和乳等标本，通过不同的途径使豚鼠发生全身感染，利用豚鼠对本菌的高度敏感性（家兔及小鼠亦可）做动物试验，其分离阳性率比从标本直接分离培养高。

（5）变态反应。机体被本菌感染患病后，可出现较明显的变态反应，但其出现的时间较凝集反应和补体结合反应都晚，而持续时间却较长。发病20～25d可出现阳性反应，并可维持10年以上。对于隐性感染、患病已愈及接种菌苗的机体，较长时间可出现阳性反应，因此，变态反应试验可供早期诊断、普查及追溯诊断时的参考。

（三）卫生评价与处理

人类感染布鲁氏菌病，传染源主要是患病动物，该病一般不由人传染于人，所以人类布鲁氏菌病的预防与消灭，有赖于动物布鲁氏菌病的预防和消灭。对患病动物应全部扑杀。对受威胁的畜群（病畜的同群畜）实施隔离，可采用圈养和固定草场放牧两种方式隔离。隔离饲养用草场，不要靠近交通要道、居民点或人兽密集的地区。场地周围最好有自然屏障或人工栅栏。

肉品检验时一旦检出布鲁氏菌阳性，患病动物的肉尸、内脏及其流产胎儿、胎衣、排泄物、乳、乳制品等按照《病害动物和病害动物产品生物安全处理规程》（GB 16548—2006）的规定进行无害化处理。

对患病动物污染的场所、用具、物品严格进行消毒。

饲养场的金属设施、设备可采取火焰、熏蒸等方式消毒；养畜场的圈舍、场地、车辆等，可选用2%烧碱等有效消毒药消毒；饲养场的饲料、垫料等，可采取深埋发酵处理或焚烧处理；粪便消毒采取堆积密封发酵方式。皮毛消毒用环氧乙烷、福尔马林熏蒸等。

四、口蹄疫病毒及其检验

口蹄疫病毒（FMDV）是口蹄疫的病原体，能引起偶蹄动物共患的急性、热性、高度接触性传染病，世界动物卫生组织将其列为必须报告的动物传染病，我国将其规定为一类动物疫病。口蹄疫病毒在分类上属于小 RNA 病毒科、口蹄疫病毒属，有 7 个型（O、A、C、SATⅠ、SATⅡ、SATⅢ和 AsiaⅠ），近 80 种亚型。其易感宿主包括家养和野生的牛、羊、猪、驼和鹿等。口蹄疫呈世界性分布，各大洲都曾发生过大流行，对畜牧业造成了极其严重的损失，并可影响到农业生产及人类的生活和健康。

患病动物的主要症状是发热，口腔黏膜和乳房皮肤上出现水疱（包括舌面、鼻镜、乳头、蹄叉、蹄冠及副蹄周围皮肤），水疱破溃可造成烂斑。严重者蹄壳边缘溃裂甚至脱落。猪患病时除鼻、唇、母猪乳头有水疱外，还可因蹄痛而跛行，甚至跪地爬行；仔猪多急性死亡。反刍兽的口涎较明显。恶性口蹄疫主要危害心脏，引起急性死亡，新生幼畜的急性死亡也是心肌炎所致。

（一）生物学特性

口蹄疫病毒为单股正链 RNA，大小为 8.5kb。病毒粒子无囊膜，对脂溶剂不敏感。对酸碱较敏感，1%～2%的氢氧化钠溶液、4%碳酸钠 1min 可灭活病毒。但对其他化学消毒剂有抵抗力。对热较敏感，60℃经 15min、70℃经 10min 和 80℃经 1min 即可杀灭病毒。

口蹄疫的传播中，空气传播有重要意义，并常常通过畜产品（肉、乳、皮毛等）及家畜为媒介而引起国际间的流行。

口蹄疫病毒极易发生变异，新的亚型不断出现。病毒各主型之间无交叉免疫性，同一主型内的各亚型之间交叉免疫力也较微弱。

口蹄疫病毒可感染牛舌上皮、犊牛肾、犊牛甲状腺、仔猪肾、豚鼠肾、仓鼠肾、仔兔肾等原代细胞及仔猪肾、仓鼠肾传代细胞。常用的有犊牛甲状腺细胞系（BEIH）、仔猪肾传代细胞系（IBR-2）和幼仓鼠肾细胞系（BHK_{21}）。也可用小鼠和豚鼠及鸡胚进行病毒的分离。

（二）检验

在农业部规定的《一、二、三类动物疫病病种名录》中口蹄疫属于一类动物疫病，根据《兽医实验室生物安全管理规范》中的规定，该病原的检疫应在生物三级（BSL-3）实验室进行相关的病原检疫，检疫人员应该按照生物三级实验室要求做好个人防护。

1. 检样的采取及处理

（1）水疱皮。牛应采取舌表面水疱皮，亦可采蹄叉及蹄冠部水疱皮；猪采取蹄叉间、蹄冠部或鼻盘部水疱皮。水疱皮要求新鲜、成熟，不要破裂、溃疡、易碎或腐败的。

（2）水疱液。以灭菌注射器自未破的水疱中抽取水疱液，注入灭菌玻璃瓶或试管中，每毫升水疱液加入青霉素、链霉素各 1 000U。

（3）屠宰病畜。采取肌肉、淋巴结、骨髓及内脏。

（4）检样处理。将检样称重后，放在灭菌乳钵中剪碎，加入玻璃砂研磨，再用生理盐水或 pH 7.6 磷酸盐缓冲液制成 1∶3 的混悬液，按每毫升混悬液中加青、链霉素各 1 000U，放室温或 4℃冰箱内 2h，每隔 10min 振荡一次，然后以 3 000r/min 离心 10～15min，上清液即可为检验材料。

2. 生物学试验　口蹄疫的生物学试验包括动物接种、鸡胚接种和细胞培养。可用于病毒的分离、鉴定，测定动物的感染范围，进行中和试验和保护试验及确定不同毒株间的抗原关系等。

受试动物应无口蹄疫抗体。牛、羊的舌面可穿刺，齿龈、唇内可划痕涂擦病毒悬液 1～3mL，接种部位应出现水疱。猪的蹄叉皮下或肌内注射 0.5～3mL 悬液，几天后应在蹄叉、蹄冠和蹄踵等处产生水疱。

小鼠的颈背侧皮下接种 0.2mL 悬液，1～3d 出现进行性麻痹、呼吸困难和窒息等症状。无症状可盲传 2～3 代，传代次数增加可使病程缩短。3～4 日龄的小鼠对口蹄疫病毒最易感。

豚鼠对口蹄疫病毒也敏感，可在趾部皮内注射 0.2mL/只，3～7d 会形成水疱。

乳兔与大鼠皮下接种产生与小鼠相似的症状。

9～11 日龄的鸡胚可经绒毛尿囊膜、卵黄囊途径而感染，接种 3～5d 后绒毛尿囊膜水肿、实质器官出血，最后胚体呈现规律性死亡。

口蹄疫病毒可在多种细胞上增殖，并产生典型的细胞病变（CPE）：细胞圆缩、核浓集，细胞最后崩解、脱落。方法可参照常规的接种细胞技术：用生长良好的单层细胞，倒去营养液，加除菌的病毒悬液吸附，加维持液培养至出现细胞病变，无细胞病变时可盲传几代再确定最终结果。

利用动物进行交叉中和试验可以鉴别诊断口蹄疫、猪水疱病（SVD）、水疱性口炎和猪水疱疹。即用已知的四种阳性血清与病毒悬液中和后接种猪只，以观察发病情况。

3. 反向间接血凝试验

（1）标准抗原和抗血清的制备。用口蹄疫 O、A、C 和 AsiaⅠ型标准毒株制备鼠组织毒抗原和豚鼠抗血清。猪水疱病用猪水疱皮毒抗原和猪抗血清。

（2）红细胞悬液及醛化。用阿氏液保存的绵羊红细胞悬液，以 pH 7.2、0.1mol/L 磷酸盐缓冲液（PBS）洗涤后，用 2.5%戊二醛溶液进行醛化处理，如用双醛法，可再用 3%甲醛处理制成10%悬液备用。

（3）IgG的提取。和猪水疱病病毒抗体血清用饱和硫酸铵沉淀，Sephadex G50柱层析脱盐和DEAE-纤维柱层析法提取IgG。

（4）致敏红细胞。经醛化红细胞悬液，离心去上清液，沉淀红细胞用pH 4.0、0.01mol/L醋酸缓冲液制成2%悬液，与20～60μg/mL的IgG液等体积混合，于37℃水浴箱内孵育30min。用pH 7.2、0.1mol/L PBS洗涤4～5次，制成1%悬液，4℃冰箱保存。猪水疱病病毒抗血清IgG致敏的浓度为50～100μg/mL。

（5）血凝滴度及特异性测定。抗体致敏的红细胞悬液，均需用上述标准抗原进行血凝滴度和特异性测定。双醛法致敏的红细胞悬液其血凝滴度达1∶120以上，对异型抗原不发生凝集或血凝滴度小于1∶30者，为合格。重偶氮联胺法敏化的红细胞悬液其滴度达1∶48以上，特异性良好，则为合格的红细胞诊断液。

（6）试验操作。在96孔V型血凝板上进行试验。将待检病料水疱皮或乳鼠、乳兔胴体组织，以pH 7.2、0.1mol/L PBS制成1∶（3～5）悬液，室温浸毒1h或4℃冰箱过夜，离心，取上清液用IHA稀释法做倍比连续稀释，分别滴入血凝板各孔，每孔2滴，同时设口蹄疫病毒和猪水疱病病毒阳性抗原对照及稀释液阴性对照。再加红细胞诊断液，每孔1滴，于微型振荡器上振荡1min混匀，室温静置1.5～2h，即可判定结果。

（7）结果判定。观察红细胞凝集程度，按以下标准判定：

“＋＋＋＋”完全凝集，“＋＋＋”75%凝集，“＋＋”50%凝集，“＋”25%凝集，“－”不凝集。

根据血凝板各孔的凝集图形，如A型红细胞诊断液与各稀释度的被检抗原孔凝集、阳性抗原对照孔凝集、阴性对照孔不凝集，且其他各型诊断液与被检抗原均不凝集，则待检抗原为A型，以此类推。以红细胞凝集（＋＋以上）的被检抗原最高稀释度为血凝滴度。如某型的血凝滴度高于其余各型2个对数（以2为底）滴度以上者即可判定为阳性。

4. 琼脂扩散试验定型法

（1）琼脂板制备。称取琼脂粉1g，加入100mL蒸馏水，再加8～10g氯化钠，用电炉加热煮沸，使之充分融化，冷却至45～55℃时，倒入洁净的直径为90mm培养皿中，加盖待凝固冷却后，倒置平皿，放普通冰箱（4℃）保存备用。

（2）待检病料的制备。同检样处理。

（3）加样。中心孔加待检抗原，周围孔加入各型标准阳性血清，各孔加满止。将琼脂板放湿盒中，加盖后放在室温或37℃温箱中自然扩散。

（4）观察与结果判定。扩散24h后，可将平皿放于暗视野箱上或借自然光进行观察，5～7d判定结果。当被检抗原与某一标准血清一致时，在抗原与相应血清之间出现灰白色的沉淀线，此时根据标准血清的型别，便可确定被检抗原中口蹄疫病毒的型别。

口蹄疫病毒的其他检验方法还有补体结合试验、中和试验、正向间接血凝试验、免疫电泳技术、间接夹心酶联免疫吸附试验（ELISA）、RT-PCR试验、液相阻断酶联免疫吸附试验、非结构蛋白酶联免疫吸附试验等。

（三）卫生评价与处理

检验时发现口蹄疫病畜，应将该批屠畜全部采用电击、药物注射等无出血方式扑杀，对所有病死牲畜、被扑杀牲畜及其产品、排泄物以及被污染或可能被污染的垫料、饲料和其他物品，以及按照《病害动物和病害动物产品生物安全处理规程》（GB 16548—2006）的要求将动物尸体用密闭车运往处理场地进行无害化处理。对发病前 14d 售出的家畜及其产品进行追踪，并做无血扑杀和无害化处理。

扑杀工作人员应按穿防护服或穿长袖手术衣加防水围裙，戴可消毒的橡胶手套、N95 口罩，穿可消毒的胶靴或者一次性的鞋套等合适的防护衣服，密切接触感染牲畜的人员，用无腐蚀性消毒液浸泡手后，再用肥皂清洗 2 次以上。防护服、手套、口罩、护目镜、胶鞋、鞋套等使用后在指定地点消毒或销毁。

对被污染或可疑污染的物品、交通工具、用具、畜舍、场地进行严格彻底消毒，病畜停驻的场所立即进行消毒。

五、猪瘟病毒及其检验

猪瘟病毒为猪瘟的病原体，能导致患病动物出现以高热、急性经过、死亡率高及出血、梗死和坏死等为特征的高度接触性传染病。世界动物卫生组织将猪瘟列为必须报告的动物疫病，我国将其列为二类动物疫病。

猪瘟病毒在自然状态下仅感染猪，人和其他动物不感染，但可机械传播病毒。对猪传染性强、致死率高，是危害养猪业的重要疫病之一。因此，对猪只的屠宰加工中猪瘟病毒的检验和鉴定十分必要。

猪瘟的典型症状为发热 41℃以上，有结膜炎，便秘与下痢交替发生，皮肤充血、出血。妊娠母猪可出现死胎、流产及产弱仔等。典型病理变化为淋巴结充血、出血，呈弥漫性，以边缘部分出血为甚。肾色淡，皮质部有出血点。脾出血性梗死。喉头及膀胱黏膜常有出血点。

（一）生物学特性

猪瘟病毒属于黄病毒科、猪瘟病毒属，是一种小 RNA 病毒，其粒子直径为 34～50nm。对乙醚、氯仿等脂溶剂敏感，胰蛋白酶和磷脂酶可降低其感染性。病毒不能耐受 pH 3 的作用，对热和干燥的抵抗力不强，60℃经 10min 可使细胞培养液失去传染性，而脱脂血中的病毒在 68℃经 30min 尚不能灭活。含毒的猪和猪肉制品几个月后仍有传染性，因此，具有重要的流行病学意义。常用消毒药易使病毒灭活，2%氢氧化钠仍是最合适的消毒药。

病毒在多种猪源细胞中复制，但一般不产生细胞病变，常用的是 PK15 细胞。连续适应后可在兔体内增殖，我国的 C 株兔化弱毒苗即是这样育成的。

（二）检验

在农业部规定的《一、二、三类动物疫病病种名录》中猪瘟属于二类动物疫病，根据《兽医实验室生物安全管理规范》中的规定，该病原的检疫应在生物三级（BSL-3）实验室进行相关的病原检疫，检疫人员应该按照生物三级实验室要求做好个人防护。

1. 动物接种试验 包括猪接种试验和家兔接种试验，作为经典的方法可用于诊断，但需要一定的条件（如猪只接种时的隔离等），且所需时间较长。亦可用于病毒的鉴定。

（1）猪接种试验。已知猪是猪瘟病毒唯一的易感动物。可将经抗生素等处理的样品接种于易感小猪，如果出现猪瘟症状死亡，可做出诊断。试验须设免疫对照组，应注射过猪瘟弱毒疫苗或抗血清，接种病料样品后本组应不发病。试验中应注意低毒力的温和型猪瘟病毒，第1代接种时病变轻、死亡率低，需连续传代数次才可使病变典型、死亡增加。温和型猪瘟多出现于免疫过的猪群。

（2）家兔交互免疫试验。猪瘟强毒可使家兔产生免疫力，但不使其发病和出现体温反应。而兔化弱毒（C株）可使家兔产生体温反应。取待检材料（病猪脾或淋巴结）磨碎、除菌后接种家兔，5d后和不接种病料的对照组同时用兔化弱毒进行攻击。每隔6h测体温1次，连续3d。结果判定见表7-2。

表7-2 家兔接种试验结果分析

分组	接种病料后体温反应	兔化弱毒攻击后体温反应	结果
1	阴性	阴性	猪瘟病毒
2	阴性	阳性	非猪瘟病毒
3	阳性	阴性	猪瘟兔化弱毒
4	阳性	阳性	非猪瘟病毒

2. 免疫学试验

（1）酶联免疫吸附试验。酶联免疫吸附试验是可在固相载体上（酶标板、硝酸纤维素膜等）进行的免疫酶标记技术，既可用于猪瘟病毒的检测，又可用于抗体的检查。双抗体夹心间接法检测猪瘟病毒的操作如下：

抗体包被：将抗猪瘟病毒IgG稀释到所需浓度（用0.1mol/LpH 9.6碳酸盐缓冲液），在40孔聚苯乙烯微量反应板中每孔加10μL，4℃包被过夜。

洗涤：用含0.05%吐温的PBS洗涤酶标板5次，每次5min，甩干。

封闭：以微量加样器在每孔内加1%PBS封闭液100μL，置湿盒内37℃封闭3h。

加待检样品：每孔加入1∶40稀释的脾、淋巴结等组织悬液，每孔100μL，每个样品加2孔，并设阳性及阴性对照。

作用：37℃孵育2h。

洗涤：用含0.05%吐温的PBS洗涤酶标板5次，每次5min，甩干。

加二抗：每孔加入兔抗猪瘟病毒IgG100μL，37℃作用1h。

洗涤：用含0.05%吐温的PBS洗涤酶标板5次，每次5min，甩干。

加酶标抗体：每孔加入100μL酶标羊抗兔IgG，37℃作用1h。

洗涤：用含0.05%吐温的PBS洗涤酶标板5次，每次5min，甩干。

加底物：每孔加入底物溶液100μL，37℃反应30min。

加终止液：每孔加终止液（2mol/L硫酸）50μL。

结果判定：在490nm以酶联检测仪测定各孔的OD值并计算P/N。

$$P/N=样品值-空白/(阴性-空白)$$

如果P/N大于2，为阳性，表明样品中含有猪瘟病毒。

（2）琼脂扩散试验。猪瘟病毒的可溶性抗原能与阳性血清产生特异性的沉淀反应。试验需要制备高效价的猪瘟免疫血清。制备抗原最好选取胰腺，其次为脾和淋巴结。

缓冲液可用 pH 8.6 的巴比妥液配制 1.2%的琼脂（加 0.01%硫柳汞或 0.03%叠氮钠）。按常规方法操作，中央孔加阳性血清，周围孔分别加已知抗原、阴性对照及被检样品。出现清晰沉淀线时判为阳性。

本方法受沉淀试验的限制，敏感性较低，取决于抗原的含量及抗血清的效价，但特异性较高。急性期抗原检出率较高，病程较长（3 周以上）则难以检出抗原。

检验猪瘟病毒的其他免疫学方法还有凝集试验、免疫荧光试验、免疫电泳、猪瘟荧光抗体染色法、猪瘟中和试验、猪瘟荧光抗体病毒中和试验和猪瘟病毒抗体阻断 ELISA 检测法等。

（三）卫生评价与处理

检验时发现猪瘟，扑杀所有的病猪和带毒猪，并对所有病死猪、被扑杀猪及其产品按照《病害动物和病害动物产品生物安全处理规程》（GB 16548—2006）的规定进行无害化处理；对排泄物、被污染或可能污染饲料和垫料、污水等均需进行无害化处理；对被污染的物品、交通工具、饲养用具、饮水用具、猪舍地面及内外墙壁、屠宰加工、贮藏、场地以及其他一切可能被污染的场地和设施设备进行严格彻底消毒；限制人员出入，严禁车辆进出，严禁猪只及其产品及可能污染的物品运出。

六、鸡新城疫病毒及其检验

鸡新城疫是由新城疫病毒引起的鸡的一种急性败血性传染病。世界动物卫生组织将新城疫列为必须报告的动物疫病，我国将其列为二类动物疫病。该病的特征是：发热、严重下痢、呼吸困难和神经紊乱，剖检见有败血症变化，典型病例死亡率可达 90%以上。

本病 1926 年首先发现于印度尼西亚，同年在英国新城也发生了本病。Doyle 于 1927 年研究证明是一种病毒病，因此叫鸡新城疫。以后本病相继在亚洲各地传播，使亚洲成为本病的疫源地，为了与当时欧洲流行的鸡瘟相区别，故又叫亚洲鸡瘟，我国各地所说的鸡瘟就是指鸡新城疫。

（一）生物学特征

本病的病原体是新城疫病毒，属于副黏病毒科的副黏病毒属。完整的病毒粒子通常呈球形，有的呈蝌蚪形。病毒粒子的直径为 120～300nm。新城疫病毒可在鸡胚、成鸡、猴肾、猪肾及地鼠肾细胞等多种细胞上生长。但最常用的是鸡胚成纤维细胞。由于鸡胚培养方法简便，并能获得高滴度的病毒悬液，在本病毒的生物学研究、疫苗制造以及诊断上都广泛采用。病毒在细胞单层上能形成细胞病变，使感染的细胞形成空斑即蚀斑。在细胞培养中可通过蚀斑减数试验对病毒做出鉴定。

本病毒可凝集禽类和各种动物的红细胞，这是新城疫病毒的一个重要生物学特性。这种凝集红细胞的特性可被血凝抑制抗体（慢性病鸡、病愈鸡和人工免疫鸡的血清中含有的血凝抑制抗体）所抑制。所以可用血凝和血凝抑制试验来鉴定病毒，进行免疫监测和流行病学调查。

不同病毒株的毒力差异很大。根据它们对鸡的毒力，把这类病毒分为三型即强毒力型（速发型）、中毒力型（中发型）和低毒力型（缓发型）。它们的抗原性和免疫原性均一致。强毒力型毒株能使鸡严重发病和死亡。中发型毒株只有经脑内接种才能使鸡严重发病和死亡，而经其他途径感染，只能引起轻微症状，病鸡很少死亡。低毒力型毒株，即使脑内接种也不引起死亡。我国各地分离的毒株，一般毒力很强（强毒嗜内脏型），但近年来也有从鸭、鹅分离出的弱毒株。

一般来说，强毒力株病毒红细胞凝集价低，弱毒力株凝集价高。初次分离的病毒凝集价低，通过鸡胚继代后凝集价逐渐增高。

新城疫病毒对光、热等物理因素的抵抗力较其他病毒强。在室温或高温条件下，存活期较短，在阴暗潮湿、寒冷的环境中，病毒可以生存很久。青霉素和链霉素及 0.02%的硫柳汞等，对鸡新城疫病毒没有明显作用。因此，在分离病毒和制造弱毒疫苗时，常用青霉素和链霉素来防止细菌感染，常用的消毒药如 2%氢氧化钠、1%～2%福尔马林、5%漂白粉、1%来苏儿和 0.1%升汞等，在 3min 内都能杀死病毒。

（二）检验

在农业部规定的《一、二、三类动物疫病病种名录》中新城疫属于一类动物疫病，根据《兽医实验室生物安全管理规范》中的规定，该病原的检疫应在生物三级（BSL-3）实验室进行相关的病原检疫，检疫人员应该按照生物三级实验室要求做好个人防护。

1. 样品采集 出现临床症状的鸡，可自气管与泄殖腔用棉拭子取样，一般的病例都可自这些部位分离出病毒。死鸡则可自各组织中分离病毒，肺、脑、脾、肝、肾和骨髓等组织都可用于病毒分离。肺中的病毒含量最高，脑中的含毒时间较长，病毒在其他部位消失后，脑内有时仍可分离出病毒。若鸡死亡时间过长，各脏器腐败，不宜用作分离病料时，采取骨髓作病毒分离，有时也可分离出病毒。鸡肉产品原产地采样在鸡屠宰前进行，方法同出现临床症状的鸡。

2. 培养基 采用未接种过疫苗的种鸡所产的受精卵，孵化至 9～11 日龄的鸡胚可以用于新城疫病毒的分离。

3. 病毒分离鉴定 棉拭子的洗涤液或组织磨碎后的混悬液经离心后，于上清液中加入青霉素和链霉素（含量为每毫升青霉素 1 000U 和链霉素 1 000μg），经尿囊腔接种 9～11 日龄的鸡胚 5 个，接种量为 0.1～0.2mL。每日照蛋 2 次，24h 内死亡的鸡胚废弃连续观察 8d。收集在该期间死亡鸡胚的尿囊液并保存，同时检查胎儿的病变。死于新城疫的鸡胚全身出血，在头、胸、背、翅及腿趾等部位有出血点。8d 内未死的鸡胚，也收集尿囊液并保存，并检查尿囊液中有无可使鸡红细胞凝集的血凝素，再用新城疫阳性血清检查其是否能抑制血凝素而加以证实。在新城疫流行时的分离物，鸡胚多在接种后 2～3d 死亡。

（1）最小病毒致死量引起鸡胚死亡平均时间（MDT）测定试验。按照《新城疫诊断技术》（GB 16550—2008）附录 4.3 进行。依据测定结果可将新城疫病毒分离株分为强毒力型（死亡时间≤60h）；中等毒力型（60h<死亡时间≤90h）；温和型（死亡时间>90h）。

（2）脑内致病指数（ICPI）测定试验。收获接种过病毒的 SPF 鸡胚的尿囊液，测定其血凝价>24，将含毒尿囊液用等渗灭菌生理盐水作 10 倍稀释（切忌使用抗生素），将此稀释病毒液以 0.05mL/羽脑内接种出壳 24～40h 的 SPF 雏鸡 10 只，2 只同样雏鸡接种 0.05mL/

羽稀释液作对照（对照鸡不应发病，也不计入试验鸡）。每 24h 观察一次，共观察 8d。每次观察应给鸡打分，正常鸡记作 0，病鸡记作 1，死鸡记为 2（死亡鸡在其死后的每日观察结果都记为 2）。

ICPI 值＝每只鸡在 8d 内所有分值之和/（10 只鸡×8d），如指数为 2.0，说明所有鸡 24h 内死亡；指数为 0.0，说明 8d 观察期内没有鸡表现临床症状。

当 ICPI 达到 0.7 或 0.7 以上者可判为新城疫中强毒感染。

（3）F 蛋白裂解位点序列测定试验。新城疫病毒糖蛋白的裂解活性是决定新城疫病毒病原性的基本条件，F 基因裂解位点的核苷酸序列分析，发现在 112～117 位点处，强毒株为 112Arg-Arg-Gln-Lys（或 Arg）-Arg-PHe117，弱毒株为 112Gly-Arg（或 Lys）-Gln- Gly-Arg-Leu117，这是新城疫病毒致病的分子基础。个别鸽源变异株（PPMV-1）112Gly-Arg-Gln-Lys-Arg-PHe117，但 ICPI 值却较高（Arg 为精氨酸、Gly 为甘氨酸、Gln 为谷氨酰胺、Leu 为亮氨酸、Lys 为赖氨酸）。因此，在 115、116 位为一对碱性氨基酸和 117 位为苯丙氨酸（PHe）和 113 位为碱性氨基酸是强毒株特有结构。根据对新城疫病毒 F 基因 112-117 位的核苷酸序列即可判定其是否为强毒株。

分离毒株 F1 蛋白 N 末端 117 位为苯丙氨酸（F），F2 蛋白 C 末端有多个碱性氨基酸的可判为新城疫感染。"多个碱性氨基酸"是指 113～116 位至少有 3 个精氨酸或赖氨酸（氨基酸残基是从后 F0 蛋白基因的 N 末端开始计数的，113～116 对应于裂解位点的－4 至－1 位）。

（4）静脉致病指数（IVPI）测定试验。收获接种病毒的 SPF 鸡胚的感染性尿囊液，测定其血凝价＞24，将含毒尿囊液用等渗灭菌生理盐水作 10 倍稀释（切忌使用抗生素），将此稀释病毒液以 0.1mL/羽静脉接种 10 只 6 周龄的 SPF 鸡，2 只同样鸡只接种 0.1mL/羽稀释液作对照（对照鸡不应发病，也不计入试验鸡）。每 24h 观察一次，共观察 10d。每次观察后给试验鸡打分，正常鸡记作 0，病鸡记作 1，瘫痪鸡或出现其他神经症状记作 2，死亡鸡记 3（每只死亡鸡在其死后的每日观察中仍记 3）。

IVPI 值＝每只鸡在 10d 内所有数字之和/（10 只鸡×10d），如指数为 3.00，说明所有鸡 24h 内死亡；指数为 0.00，说明 10d 观察期内没有鸡表现临床症状。

IVPI 达到 2.0 或 2.0 以上者可判为新城疫中强毒感染。

4. 红细胞凝集和红细胞凝集抑制试验（微量法） 本方法一般在 96 孔微量血凝反应板内进行，加样时应用微量加样器，加完一种材料后须更换滴头再加另一材料。

微量血凝试验：按操作与体验表 7－4 操作术式进行操作，加样完毕，将反应板置于微型振荡器上振荡 1min，或手持血凝板摇动混匀，并放室温（18～20℃）下作用 30～40min，或置 37℃温箱中作用 15～30min 后取出，观察并判定结果。对照孔红细胞呈明显的圆点沉于孔底。

能使红细胞完全凝集的病毒液的最大稀释倍数为该病毒的血凝滴度，代表一个血凝单位。该稀释倍数除以 4，即为含 4 单位病毒的稀释倍数。

反应强度判定标准：

＋：红细胞完全凝集，呈网状铺于反应孔底端，边缘不整或呈锯齿状。

－：红细胞不凝集，全部沉淀至反应孔最底端，呈圆点状，边缘整齐。

±：红细胞不完全凝集，下沉情况界于"＋"与"－"之间。

病毒的血凝抑制试验：采用同样的血凝板，每排孔可检查一份血清样品。按表 7－5 操作术式加样完毕后，将反应板置于微型振荡器上振荡 1min，或手持血凝板摇动混匀，并放室温（18～20℃）下作用 30～40min，或置 37℃温箱中作用 15～30min 后取出，观察并判定结果。对照孔红细胞呈明显的圆点沉于孔底，病毒对照孔呈完全凝集。

能完全抑制红细胞凝集的血清最大稀释度叫该血清的血凝抑制滴度或血清的血凝抑制效价，如操作与体验表 7－5 所表示的血清的血凝抑制效价为 1∶64。

利用病毒的血凝抑制试验，用已知的病毒检查待检血清中是否含有相应的抗体及其血凝抑制滴度，从而用于免疫接种效果的检查及某些传染病的免疫监测。对于新城疫病毒，为使鸡群体内保持高效价的抗体，科学的方法是用血凝抑制试验定期监测 HI 抗体效价。每隔一定时间，随机抽样检查，根据 HI 抗体滴度进行分析判定，据此对 HI 抗体水平低的鸡群或存在低水平的个体尽早进行加强免疫，从而有效控制新城疫的发生。

检验新城疫病毒的方法还有中和试验、蚀斑中和试验、荧光抗体和酶联免疫吸附试验等。

（三）卫生评价与处理

鸡群发生新城疫后应立即采取措施，扑杀所有的病禽和同群禽只，并对所有病死禽、被扑杀禽及其禽类产品按照《病害动物和病害动物产品生物安全处理规程》（GB 16548—2006）规定进行无害化处理；对禽类排泄物、被污染或可能污染饲料和垫料、污水等均需进行无害化处理；对被污染的物品、交通工具、用具、禽舍、场地进行严格彻底消毒；限制人员出入，严禁禽、车辆进出，严禁禽类产品及可能污染的物品运出。

对易感禽只（未免疫禽只或免疫未达到免疫保护水平的禽只）实施紧急强制免疫，确保达到免疫保护水平；对禽类实行疫情监测和免疫效果监测。

严格执行综合性防疫措施非常重要，切断新城疫病毒的侵入途径，防止一切带毒动物和污染物进入鸡场。各饲养场、屠宰厂（场）、动物防疫监督检查站等要建立严格的卫生（消毒）管理制度。禽舍、禽场环境、用具、饮水等应进行定期严格消毒；养禽场出入口处应设置消毒池，内置有效消毒剂。

七、禽流感病毒及其检验

高致病性禽流感（AI）是由 A 型流感病毒引起的禽类的一种严重疾病。世界动物卫生组织将高致病性禽流感列为必须报告的动物疫病，我国将其列为一类动物疫病。感染后的家禽可表现亚临诊症状、轻度呼吸系统疾病、产蛋量降低或急性全身致死性疾病。

病毒广泛分布于各种家禽（火鸡、鸡、珠鸡、石鸡、鹌鹑、雉、鹅及鸭）和野禽（野鸭、矶鸥、鹭、海鸥和天鹅等）。从迁徙水禽，尤其鸭中分离的病毒最多；流感在家禽中对火鸡和鸡的危害最严重。

禽流感暴发造成的损失是巨大的，美国为扑灭 1983 年秋至 1984 年暴发的禽流感（H5N2），花费高达 6 千万美元。我国香港特别行政区为扑灭 1997 年的禽流感（H5N1）也付出了巨大代价，不仅使大批鸡死亡，而且造成 13 人感染禽流感病毒并发病，其中 4 人死亡。我国内地 2005 年冬很多地方也发生了禽流感疫情，严重影响了禽肉产品的出口，给养殖业带来很大损失。

禽流感（AI）的潜伏期从几个小时到几天不等，其长短与病毒的致病力高低、感染强度、传播途径和易感禽的种类有关。

由A型禽流感病毒所引起的禽流感，因感染禽的种类、年龄、性别、并发感染情况及所感染毒株的毒力和其他环境因素等不同而表现出的症状很不一致，症状可涉及呼吸道、消化道、生殖道及神经系统。通常呈现体温升高，精神沉郁，饮食欲减少，消瘦，母鸡产蛋量下降。呼吸道症状表现不一，如咳嗽、喷嚏、啰音甚至呼吸困难。病鸡流泪，羽毛松乱，身体蜷缩，头和颜面部水肿、皮肤发绀（冠和肉垂），有神经症状及下痢。以上这些症状可能单独出现，或几种同时出现。

当出现暴发感染时，没有明显症状即可见到鸡死亡。因毒株的致病力不同，死亡率为0～100%。

禽流感特征性病理变化为水肿、充血、出血。急性型典型症状为心肌炎、心包炎，腺胃乳头水肿、出血，肌胃角质层下出血，肌胃与腺胃交界处呈带状或环状出血，呼吸道有大量炎性分泌物或黄白色干酪样坏死，气管黏膜出血。

（一）生物学特性

流感病毒为正黏病毒科流感病毒属的成员，根据核蛋白（NP）和基质蛋白（MP）的不同可分为A、B和C三个血清型。A型流感病毒能感染多种动物，包括人、禽、猪、马和海豹等，B型和C型则主要感染人。而且A型流感病毒的表面糖蛋白比B型和C型的变异性高。根据流感病毒的血凝素（HA）和神经氨酸酶（NA）的抗原性差异，可将其分为不同的亚型。

迄今为止，A型禽流感病毒的HA已发现16种，NA有10种，分别有H1～H 16，N1～N 10命名。

所有的禽流感病毒均属A型，不同毒株的致病性有差异。因此，须以标准程序来鉴定分离株是否为高致病性禽流感（HPAI）及是否执行扑灭计划：①将无菌有感染性的鸡胚囊液1∶10稀释后，静脉接种8只4～8周龄易感鸡，每只0.2mL。若接种后10d内死亡率≥75%，可认为高致病性禽流感病毒；②分离物符合上述标准后，其他鸡群可依据流行病学、临床症状及相同亚型血凝素抗体测定来确定是否为感染高致病性的禽流感病毒；③如果致病力试验中致死率不足75%，或血凝素为H5及H7亚型的病毒，需要进一步试验和验证。④如果分离的禽流感病毒只能致死8只中的1～5只，但能在没有胰蛋酶存在的细胞培养物上生长并能产生细胞病变或形成蚀斑，则必须先测定其HA相关多肽的氨基酸序列后才能宣布该分离物是否为高致病性毒株。

流感病毒有囊膜，对乙醚、氯仿和丙酮等脂溶剂敏感。20%乙醚，4℃处理2h可使病毒裂解，但血凝滴度不受影响，反而出现升高。禽流感病毒的抵抗力中等，常用消毒药容易将其灭活，如2%苯酚、0.01%消毒灵、0.5%漂白粉、0.05%新洁尔灭、0.4%惠福星和重金属离子等都能迅速破坏其传染性。流感病毒对热也比较敏感，56℃加热30min，60℃加热10min，70℃加热几分钟，100℃加热1min可灭活病毒。病毒的感染力比其神经氨酸酶对热的敏感性更强，而神经氨酸酶比血凝素的敏感性还强。病毒对低温抵抗力较强，在有甘油保护的情况下可保持活力1年以上。该病毒对冻融作用较稳定，但反复冻融的次数过多，最终会使病毒灭活。在鸡胚中增殖的病毒，由于受尿囊液中蛋白质的保护，因而非常稳定，常可在4℃保存数周而病毒的传染性及血凝素和神经氨酸酶活性不受太大影响，在－70℃或冻干状态下可长期保持其传染性。直射阳光下 40～48h 即可灭活该病毒。如果用紫外线直接照射，可迅速破坏其感染性。紫外线直射可依次破坏其感染力、血凝素活性和神经氨酸酶活性。

在自然条件下，存在于鼻腔分泌物和粪便中的病毒，由于受到有机物的保护，具有极大的抵抗力。有时在鸡淘汰 105d 后，仍可从湿粪便中分离到具有传染性的病毒。粪便中病毒的传染性在 4℃可保持 30～35d 之久，20℃可存活 7d。堆积发酵的粪便中 10～20d，可将高致病性禽流感病毒全部灭活。在羽毛中可存活 18d，在干骨头或组织中存活数周，在冷冻的禽肉和骨髓中可存活 10 个月。在自然环境中，特别是凉爽和潮湿的条件下可存活很长时间，常可以从有水禽的湖泊和池塘水中分离到病毒。据估计流感病毒可在冰冻的池塘中越冬，但在夏季或没有水禽活动的池塘水中，病毒不能长期存活。

禽流感病毒的囊膜表面具有血凝素（HA），能凝集多种动物的红细胞，并能被特异的抗血清所抑制。禽流感病毒凝集的红细胞种类与鸡新城疫病毒凝集的种类有所不同。以此可鉴别两种病毒。

表 7-3　Ⅰ型鸡新城疫病毒与禽流感病毒血凝活性的比较

红细胞来源	人	马	驴	骡	绵羊	山羊	猪	兔	豚鼠	小鼠	鸡	鸽	麻雀
新城疫病毒	+	−	−	−	−	−	−	±	+	+	+	+	+
禽流感病毒	±	+	+	+	+	+	−	±	+	+	+	+	+

注：+表示凝集；−表示不凝集；±表示可疑。

（二）检验

在农业部规定的《一、二、三类动物疫病病种名录》中高致病性禽流感属于一类动物疫病，根据《兽医实验室生物安全管理规范》中的规定，该病原的检疫应在生物三级（BSL-3）实验室进行相关的病原检验，检验人员应该按照生物三级实验室要求做好个人防护。

1. 病原分离　禽流感的诊断通常是要靠病原的分离及病毒血清型和亚型的鉴定。通常情况下，禽类只感染 A 型流感病毒。病毒常在呼吸道和/或消化道中复制增殖，所以，采集病料多从气管或泄殖腔中采集。以棉花或其他材料制成的拭子采集病料样品，将其置入加抗生素的无菌培养液中。最好低温（4℃）或－70℃保存，以液态氮或干冰较好。病料样品在保存或运送前可先行处理，制成 10%的悬液，并进行低速离心澄清。

通常用于病毒分离的材料是鸡胚（应该用 SPF 鸡胚），鸡胚细胞培养物也可供病毒增殖。取 0.1mL 处理好的病料，以尿囊腔途径接种 9～11 日龄的鸡胚，可同时羊膜腔接种以增加病毒增殖的可能性。

一般来说，如果样品中有病毒存在，初次传代后就足以产生红细胞凝集作用。如果未检测到血凝活性，需将收获的鸡胚囊液再传一代。

在病毒的分离和鉴定的同时，常常要做病原的致病性试验，以确定所分离毒株是强毒株还是非致病株或低致病株。高致病性禽流感是指由强毒引起的感染，感染禽有时可见典型的高致病性禽流感特征，有时则未见任何临床症状而突然死亡。所有分离到的高致病性病毒株均为 H5 或 H7 亚型，但大多数 H5 或 H7 亚型仍为弱毒株。评价分离株是否为高致病性或者是潜在的高致病性毒株具有重要意义。尽管体外试验可以获得一些有关致病力的数据，但用动物作攻毒试验来确定病毒的性质特性是必要的，这也是推荐的标准。

（1）欧盟国家对高致病性禽流感病毒判定标准。接种 6 周龄的 SPF 鸡，其 IVPI 大于 1.2 的或者核苷酸序列在血凝素裂解位点处有一系列的连续碱性氨基酸存在的 H5 或 H7 亚型流感病毒均判定为高致病性病毒。

IVPI 测定方法：收获接种病毒的 SPF 鸡胚的感染性尿囊液，测定其血凝价>1/16（24 或 lg24），将含毒尿囊液用灭菌生理盐水稀释 10 倍（切忌使用抗生素），将此稀释病毒液以 0.1mL/羽静脉接种 10 只 6 周龄 SPF 鸡，2 只同样鸡只接种 0.1mL 稀释液作对照（对照鸡不应发病，也不计入试验鸡）。每隔 24h 检查鸡群一次，共观察 10d。根据每只鸡的症状用数字方法每天进行记录：正常鸡记为 0，病鸡记为 1，重病鸡记为 2，死鸡记为 3（病鸡和重病鸡的判断主要依据临床症状表现。一般而言，"病鸡"表现有下述一种症状，而"重病鸡"则表现下述多个症状，如呼吸症状、沉郁、腹泻、鸡冠和/或肉髯发绀、脸和/或头部肿胀、神经症状。死亡鸡在其死后的每次观察都记为 3）。

IVPI 值＝每只鸡在 10d 内所有数字之和/（10 只鸡×10d），如指数为 3.00，说明所有鸡 24h 内死亡；指数为 0.00，说明 10d 观察期内没有鸡表现临床症状。

当 IVPI 值大于 1.2 时，判定分离株为高致病性禽流感病毒。

（2）世界动物卫生组织对高致病性禽流感病毒的分类标准。

①取 HA 滴度>1/16 的无菌感染流感病毒的鸡胚尿囊液用等渗生理盐水 1∶10 稀释，以 0.2mL/羽的剂量翅静脉接种 8 只 4～8 周龄 SPF 鸡，在接种 10d 内，能导致 6 只或 6 只以上鸡死亡，判定该毒株为高致病性禽流感病毒株。

②如分离物能使 1～5 只鸡致死，但病毒不是 H5 或 H7 亚型，则应进行下列试验：将病毒接种于细胞培养物上，观察其在胰蛋白酶缺乏时是否引起细胞病变或形成蚀斑。如果病毒不能在细胞上生长，则分离物应被考虑为非高致病性禽流感病毒。

③所有低致病性的 H5 和 H7 毒株和其他病毒，在缺乏胰蛋白酶的细胞上能够生长时，则应进行与血凝素有关的肽链的氨基酸序列分析，如果分析结果同其他高致病性流感病毒相似，这种被检验的分离物应被考虑为高致病性禽流感病毒。

2. 病毒的鉴定 用于病毒鉴定的标准方法是以鸡红细胞检测胚液的血凝活性，常量法和微量法都可使用。

确定尿囊液或其他胚液的血凝活性后，还要鉴别是否由副黏病毒鸡新城疫病毒所致。因此，首先要用新城疫抗血清作 HI 试验，以排除新城疫病毒的可能性。如果新城疫病毒 HI 阴性，才可以进行下一步工作，即确定 A 型流感病毒 NP 抗原的存在。可用血清学方法，如双向扩散、免疫电泳或单辐射溶血试验等方式来检测型特异性的核心抗原 NP 或 MP。A 型流感病毒都具有相同的型特异性抗原。

3. 血清学试验

（1）血凝试验与血凝抑制试验。用血凝试验和血凝抑制试验可证实流感病毒的血凝活性及排除新城疫病毒。简单的方法是：取 1 滴 1∶10 稀释的正常鸡血清（最好是 SPF 鸡）和 1 滴新城疫抗血清，分别滴于瓷板上，再各加 1 滴有血凝活性的鸡胚尿囊液，混合后各加 1 滴 5%的鸡血红细胞悬液，若两份血清均出现血凝现象，则表明尿囊液中不含有新城疫病毒；若新城疫抗血清出现 HI 现象，表明尿囊液中含新城疫病毒。

新分离的禽流感病毒毒株可用 HI 试验与以前分离的毒株或标准株进行比较。多用 4 个血凝单位的病毒与以前的阳性血清和0.5%鸡红细胞进行 HI 试验，或与新近发生的禽流感病毒的血清进行 HIA 试验，可鉴定新分离株与已知株是否具有相同的 HA 亚型。准确的鉴定还是要用特异性的 H1～H 16亚型的抗血清进行交叉 HI 试验。

许多禽类血清（包括其他动物血清）都含有非特异性的血凝抑制因子（抑制素）。这是一种与红细胞表面受体相似的黏蛋白物质，能与红细胞表面受体竞争性地与病毒表面的血凝素所吸附。禽类血清中的抑制素属 α 型（已知有 α、β、γ 3 种）。因此，血凝抑制试验时，首先要除去这些非特异性的血凝抑制因子。常用的处理方法有受体破坏酶法（即霍乱滤液）和高碘酸钠法。

血凝试验与血凝抑制试验操作相对繁杂，需制备血清，较费时间。但特异性较好，是亚型鉴定中必须进行的项目。

（2）琼脂凝胶扩散试验。在琼脂凝胶中进行的抗原抗体反应比较简便和快捷，既可以定性，又可以定量。

抗原可用标准株或已知毒株自行制备。一般都采集有血凝活性的鸡胚绒毛尿囊膜（CAM），用 pH 7.2 的磷酸盐缓冲液冲洗鸡胚绒毛尿囊膜后，吸干，磨碎，冻融 3 次或超声波处理，再低速离心，取上清液加入甲醛（至终浓度 0.1%），37℃灭活 36h，即可应用。

琼脂扩散（AGP）试验最常用的是双向双扩散（或称免疫双扩散）。即用已知的阳性和阴性血清与待检抗原及已知抗原，在琼脂凝胶中进行免疫双扩散。室温下作用 24h，已知抗原和阳性血清之间应出现明显的沉淀线，48h 内都应很清晰。当待检抗原与阳性血清间出现沉淀线，并且沉淀线与邻近的阳性抗原和抗血清的沉淀线相连，即可判定为阳性反应，待检抗原即为 A 型流感病毒。

检验禽流感病毒的方法还有中和试验、免疫荧光技术、酶免疫测定技术、神经氨酸酶抑制试验、静脉内接种致病指数和荧光定量 PCR 技术等。

（三）卫生评价与处理

发生高致病性禽流感时，要根据《高致病性禽流感防治技术规范》要求和相关法律法规严格执行封锁、隔离、消毒和焚毁病鸡群及尸体等综合性防制措施。及时确诊，鉴定病毒的毒力和致病性。确诊后立即封锁和隔离疫区，并上报有关部门。划定疫区，严格封锁，对划入控制区的禽场密切监视，清除和扑杀所有感染高致病性禽流感的禽、禽产品、废物杂物、粪便、饲料和设备等，并按照《病害动物和病害动物产品生物安全处理规程》（GB 16548—2006）规定对所有病死禽、被扑杀禽及其禽类产品，以及禽类排泄物、被污染饲料、垫料、污水等都进行无害化处理，然后对整个禽场进行清洗、消毒，并控制 30d 以上才允许恢复生产，以后还对禽严加监控。对疫区外的禽群和各种野禽进行血清学检查，阳性者一律扑杀。在高致病性禽流感防控中，人员的防护按《高致病性禽流感人员防护技术规范》执行。

预防和控制高致病性禽流感，一定要严防高致病性禽流感病毒的传入，应尽量减少和避免野禽与家禽、饲料和水源的接触，防止野禽进入禽场、禽舍和饲料贮存间内，注意保持水源的清洁卫生。对所有易感禽类进行强制免疫，建立完整的免疫档案。对所有禽类实行疫情监测，掌握疫情动态。特别是加强进出境检疫，包括对进口的家禽、野禽及观赏鸟类及其产品进行严格检疫。

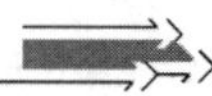

操作与体验

鸡新城疫病毒检验

【目的要求】 熟练掌握鸡新城疫病毒的血凝试验与血凝抑制试验（微量法）的操作方法及结果判定，学会活鸡棉拭子采样方法，掌握鸡胚接种技术，能用病毒的血凝试验与血凝抑制试验进行鸡新城疫病毒的检验。

【仪器及材料】 pH 7.2、0.01mol/L PBS或生理盐水、3.8%枸橼酸钠、棉拭子、9～11日龄鸡胚、离心机、天平、烧杯、新城疫标准阳性血清、新城疫标准阴性血清、微量血凝板（V型96孔）、微量移液器（带吸头）、微型振荡器、温箱、注射器、青霉素和链霉素等。

【方法与步骤】

1. 样品采集 出现临床症状的鸡，可自气管与泄殖腔用棉拭子取样；死鸡取肺、脑、脾、肝、肾和骨髓等组织；鸡肉原产地检验时在鸡群屠宰前5～7d用棉拭子取样。

2. 样品的处理 棉拭子的洗涤液或组织磨碎后的混悬液，经离心后，于上清液中加入青霉素和链霉素（含量为每毫升青霉素1 000U和链霉素1 000μg），经尿囊腔接种9～11日龄的鸡胚5个，接种量为0.1～0.2mL。每日照蛋2次，24h内死亡的鸡胚废弃连续观察8d。收集在该期间死亡鸡胚的尿囊液保存，同时检查胎儿的病变。死于新城疫的鸡胚全身出血，在头、胸、背、翅及腿趾等部位有出血点。8d内未死的鸡胚，也收集尿囊液，待检。

3. 1%鸡红细胞悬液的制备 采成年健康鸡血，加入有抗凝剂（3.8%枸橼酸钠液）的离心管中，用20倍量pH 7.2、0.01mol/L PBS磷酸缓冲盐水洗涤3～4次，每次以2 000r/min离心3～4min，最后一次5min。每次离心后弃去上清液，并彻底去除白细胞，最后用PBS稀释成1%红细胞悬液。

4. 血凝试验操作术式 见表7-4。

表7-4　血凝试验操作术式　（μL）

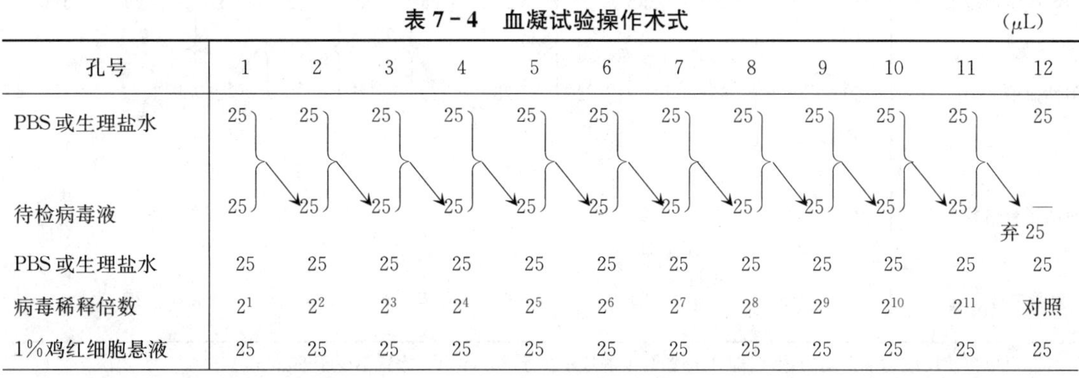

孔号	1	2	3	4	5	6	7	8	9	10	11	12
PBS或生理盐水	25	25	25	25	25	25	25	25	25	25	25	25
待检病毒液	25	→25	→25	→25	→25	→25	→25	→25	→25	→25	→25	→— 弃25
PBS或生理盐水	25	25	25	25	25	25	25	25	25	25	25	25
病毒稀释倍数	2^1	2^2	2^3	2^4	2^5	2^6	2^7	2^8	2^9	2^{10}	2^{11}	对照
1%鸡红细胞悬液	25	25	25	25	25	25	25	25	25	25	25	25
振荡混匀，室温即20～25℃下静置40min后观察结果。若环境温度太高，放4℃静置60min。生理盐水对照孔红细胞呈明显纽扣状沉到孔底时判定结果												
结果举例	+	+	+	+	+	+	+	±	±	－	－	－

（1）用微量移液器吸取PBS，依次加入第1～12孔中，每孔25μL。

（2）换吸头，吸取25μL病毒液加于第1孔的PBS中，并用移液器吹打3～5次使液体混合均匀，然后取 25μL 移入第 2 孔，混匀后取 25μL 移入第 3 孔，依次倍比稀释到第 11 孔，第 11 孔中液体混匀后从中吸出 25μL 弃掉。第 12 孔不加病毒抗原，作对照。

（3）换吸头，第 1～12 孔每孔再加 25μL PBS。

（4）换吸头，吸取 1%红细胞悬液依次加入第 1～12 孔中，每孔 25μL。

（5）加样完毕，将反应板置于微型振荡器上振荡 1min，室温即 20～25℃下静置 30～40min 后观察结果。若环境温度太高，放 4℃静置 60min。生理盐水对照孔红细胞呈明显纽扣状沉到孔底时判定结果。

（6）结果判定及记录：在生理盐水对照孔出现正确结果的情况下（生理盐水对照孔的红细胞呈明显的纽扣状沉到孔底），将反应板倾斜，正确判读 HA 效价，以 nlog2 方式报告结果，并填写结果报告单。

以完全凝集的病毒最大稀释度为该抗原的血凝滴度。完全凝集的病毒最高稀释倍数为 1 个血凝单位（HAM）。

新城疫病毒液能凝集鸡的红细胞，但随着病毒液被稀释，其凝集红细胞的作用逐渐变弱。稀释到一定倍数时，就不能使红细胞出现明显的凝集，从而出现可疑或阴性结果。

如果没有血凝活性或血凝效价很低，则采用 SPF 鸡胚用初代分离的尿囊液继续传两代，若仍为阴性，则认为新城疫病毒分离阴性。

对于血凝试验呈阳性的样品应采用新城疫标准阳性血清进一步进行血凝抑制试验。

5. 制备 4 个血凝单位的病毒液 HA 价除以 4 即为 4HAM 抗原的稀释倍数。假设 HA 价为 256，则 4HAM 抗原的稀释倍数为 64，吸取 1mL 抗原加入 63mL 生理盐水即为 4HAM 抗原。

6. 血凝抑制试验操作术式 见表 7－5。

表 7－5 病毒血凝抑制试验操作术式 （μL）

孔号	1	2	3	4	5	6	7	8	9	10	11	12
PBS 或生理盐水	25	25	25	25	25	25	25	25	25	25	25	100
阳性血清	25	25	25	25	25	25	25	25	25	25	— 弃 25	—
血清稀释倍数	2^1	2^2	2^3	2^4	2^5	2^6	2^7	2^8	2^9	2^{10}	病毒对照	盐水对照
4 血凝单位病毒	25	25	25	25	25	25	25	25	25	25	25	—
轻叩反应板使反应物混合均匀，室温即 20～25℃下静置不少于 30min，4℃静置不少于 60min												
1%鸡红细胞悬液	25	25	25	25	25	25	25	25	25	25	25	25
振荡混匀，室温即 20～25℃下静置 40min 后观察结果。若环境温度太高，放 4℃静置 60min。生理盐水对照孔红细胞呈明显纽扣状沉到孔底时判定结果												
结果举例	－	－	－	－	－	－	±	±	＋	＋	＋	－

（1）用微量移液器吸取 PBS，加入第 1～11 孔中，每孔 25μL。第 12 孔加 50μL。

（2）换吸头，吸取待检血清25μL置于第1孔的PBS中，吹打3～5次混匀，吸出25μL放入第2孔中，混匀后从第二孔中吸取25μL置于第3孔中，然后依次倍比稀释至第10孔，并将第10孔的液体混匀后吸取25μL弃掉。第11、12孔不加待检血清，分别作为病毒对照和盐水对照。

（3）换吸头，以同样方法稀释标准阳性血清和标准阴性血清。

（4）换吸头，用微量移液器吸取稀释好的4个血凝单位的病毒液，加入第1～11孔中，每孔25μL。

轻叩反应板使反应物混合均匀，室温即20～25℃下静置不少于30min，4℃静置不少于60min。

（5）换吸头，用微量移液器吸取1%红细胞悬液分别加入第1～12孔中，每孔25μL。再将反应板置于微型振荡器上振荡15～30s，混合均匀。

振荡混匀，室温即20～25℃下静置40min后观察结果。若环境温度太高，放4℃静置60min。生理盐水对照孔红细胞呈明显纽扣状沉到孔底时判定结果。

（6）结果判断和记录：在生理盐水对照孔出现正确结果（红细胞完全流下）的情况下，将反应板倾斜，从背侧观察，正确判读被检血清、标准阳性血清和标准阴性血清的HI效价，以nlog2方式报告结果，并填写结果报告单。

只有当阴性血清与标准抗原对照的HI滴度不大于2log2，阳性血清与标准抗原对照的HI滴度与已知滴度相差在1个稀释度范围内，并且所用阴、阳性血清都不发生自凝的情况下，HI试验结果方判定有效。

能完全抑制红细胞凝集的血清最大稀释倍数称为血清的血凝抑制滴度或血清的血凝抑制效价。

尿囊液血凝效价大于等于4log2，且标准新城疫阳性血清对其血凝抑制效价大于等于4log2，判为新城疫病毒。

对确定存在新城疫病毒繁殖的尿囊液应根据《新城疫诊断技术》（GB/T 16550—2008）的附录4.3做进一步检测。

【注意事项】

（1）微量移液器吸头不能混用。

（2）混匀要彻底，作用时间和温度要合适。

（3）4单位病毒配制准确，应悬滴加样。

拓展与提升

一、鸡新城疫病毒荧光RT-PCR检测

1. 样品的采集和处理　取200μL离心后的上清提取RNA，也可选择含病毒的鸡胚尿囊液进行RT-PCR鉴定。

2. 病毒核酸RNA的提取　RNA提取应在样品制备区，应保证无菌及核酸污染，实验材料和容器应经过消毒处理并一次性使用。提取RNA时应避免RNA污染。同时设立阳性对照和阴性对照。

用Trizol试剂提取RNA的操作步骤如下（样品以鸡胚尿囊液为例）：

（1）在无RNA酶的1.5mL离心管中加入200μL尿囊液后，加入1mLTrizol试剂，振荡20s，室温静置10min。

（2）加入200μL三氯甲烷，颠倒混匀，室温静置10min，以12 000r/min离心15min。离心后管内液体分为三层，取500μL上清液于离心管中，加入500μL预冷（−20℃）的异丙醇，颠倒混匀，静置10min，以12 000r/min离心15min沉淀RNA，弃去所有液体（离心管在吸水纸上控干）。

（3）加入700μL预冷（−20℃）的75%乙醇洗涤，颠倒混匀2～3次，以12 000r/min离心10min。

（4）调水浴至60℃，室温下干燥10min。

（5）加入40μL焦碳酸二乙酯（DEPC）水，60℃金属浴中作用10min，充分融解RNA，−70℃保存或立即使用。

3. RT-PCR 按照如下体系配置反应体系：无RNA酶灭菌超纯水13.5μL，缓冲液2.5μL，dNTPS 2μL，RNA酶抑制剂0.5μL，AMV反转录酶0.7μL，TAQ酶0.7μL，上游引物P1 1μL，下游引物P1 1μL，模板RNA 3μL。其中上游引物P1的序列为5-ATGGGCYCCAGAYCTAC-3，下游引物P2的序列为5-CTGCCACTGCTAGTTGTGATAATCC-3，Y为兼并碱基。全部加完后，充分混匀，瞬时离心，使液体都沉降到PCR管底。在每个PCR管中加入一滴液体石蜡（约20μL）。同时设立阳性对照和阴性对照。循环条件为：反转录42℃ 45min；预变性95℃ 3min；94℃ 30s，55℃ 30s，72℃ 45s，共30个循环；72℃ 7min。最后的RT-PCR产物置4℃保存。

4. 电泳

（1）制备1.5%琼脂糖凝胶板。

（2）取5μL PCR产物与0.5μL加样缓冲液混合，加入琼脂糖凝胶板的加样孔中。

（3）加入DNA分子质量标准物。

（4）盖好电泳仪，插好电极，5V/cm电压电泳，30～40min。

（5）紫外线灯下观察结果，凝胶成像仪扫描图片存档，打印。

（6）用分子质量标准物比较判断PCR片段大小。

5. 结果判定

（1）出现0.5Kb大小左右的目的片段，而阴性对照无目的片段出现方可判为新城疫病毒阳性。

（2）对于扩增到的目的片段，需进一步进行序列测定，从分子水平确定其致病性强弱。

（3）根据序列测定结果，对毒株F基因编码的氨基酸序列进行分析，如果毒株F2蛋白的C端有“多个碱性氨基酸残基”，F1蛋白的N端即117位为苯丙氨酸，可确定为新城疫强毒感染。“多个碱性氨基酸”指在113位到116位残基之间至少有三个精氨酸或赖氨酸。

二、高致病性禽流感病毒荧光RT-PCR检测

1. 样品处理

（1）咽喉、泄殖腔拭子。样品在混合器上充分混合后，用高压灭菌镊子将拭子中的液体

挤出，室温放置 30min，取上清液转入无菌的 1.5mL Eppendorf 管中，编号备用。

（2）肌肉或组织脏器。取待检样品 2.0g 于洁净、灭菌并烘干的研钵中充分研磨，加 10mL PBS 混匀，4℃，3 000r/min 离心 15min，取上清液转入无菌的 1.5mL Eppendorf 管中，编号备用。

2. 病毒 RNA 的提取

（1）取 *n* 个灭菌的 1.5mL Eppendorf 管，其中 *n* 为被检样品、阳性对照与阴性对照的和（阳性对照、阴性对照在试剂盒中已标出），编号。

（2）每管加入 600μL 裂解液，分别加入被检样本、阴性对照、阳性对照各 200μL，一份样本换用一个吸头，再加入 200μL 氯仿，混匀器上振荡混匀 5s（不能过于强烈，以免产生乳化层，也可以用手颠倒混匀）。于 4℃、12 000r/min 离心 15min。

（3）取与（1）相同数量灭菌的 1.5mL Eppendorf 管，加入 500μL 异丙醇（－20℃预冷），做标记。吸取本标准（2）各管中的上清液转移至相应的管中，上清液应至少吸取 500μL，不能吸出中间层，颠倒混匀。

（4）于 4℃、12 000r/min 离心 15min（Eppendorf 管开口保持朝离心机转轴方向放置），小心倒去上清，倒置于吸水纸上，沾干液体（不同样品须在吸水纸不同地方沾干）；加入 600μL 75%乙醇，颠倒洗涤。

（5）于 4℃、12 000r/min 离心 10min（Eppendorf 管开口保持朝离心机转轴方向放置），小心倒去上清，倒置于吸水纸上，尽量沾干液体（不同样品须在吸水纸不同地方沾干）。

（6）4 000r/min 离心 10s（Eppendorf 管开口保持朝离心机转轴方向放置），将管壁上的残余液体甩到管底部，小心倒去上清，用微量加样器将其吸干，一份样本换用一个吸头，吸头不要碰到有沉淀一面，室温干燥 3min，不能过于干燥，以免 RNA 不溶。

（7）加入 11μL 焦碳酸二乙酯水，轻轻混匀，溶解管壁上的 RNA，2 000r/min 离心 5s，冰上保存备用。提取的 RNA 须在 2h 内进行 PCR 扩增；若需长期保存须放置－70℃冰箱。

3. RT-PCR 检测

（1）扩增试剂准备。在反应混合物配制区进行。从试剂盒中取出相应的荧光 RT-PCR 反应液、Taq 酶，在室温下融化后，2 000r/min 离心 5s。设所需荧光 RT-PCR 检测总数为 n，其中 n 为被检样品、阳性对照与阴性对照的和，每个样品测试反应体系配制如下：RT-PCR 反应液 15μL，Taq 酶 0.25μL。根据测试样品的数量计算好各试剂的使用量，加入到适当体积中，向其中加入 0.25×n 颗 RT-PCR 反转录酶颗粒，充分混合均匀，向每个荧光 RT-PCR 管中各分装 15μL，转移至样本处理区。

（2）加样。在样本处理区进行。在各设定的荧光 RT-PCR 管中分别加入上述样本处理中制备的 RNA 溶液各 10μL，盖紧管盖，500r/min 离心 30s。

（3）荧光 RT-PCR 检测。在检测区进行。将本标准中离心后的 PCR 管放入荧光 RT-PCR 检测仪内，记录样本摆放顺序。

循环条件设置：第一阶段，反转录 42℃、30min；第二阶段，预变性 92℃、3min；第三阶段，92℃、10s，45℃、30s，72℃、1min，5 个循环；第四阶段，92℃、10s，60℃、30s，40 个循环，在第四阶段每个循环的退火延伸时收集荧光。

试验检测结束后，根据收集的荧光曲线和 Ct 值判定结果。

4. 结果判定

（1）结果分析条件设定。直接读取检测结果。阈值设定原则根据仪器噪声情况进行调整，以阈值线刚好超过正常阴性样品扩增曲线的最高点为准。

（2）质控标准。

①阴性对照无 Ct 值并且无扩增曲线。

②阳性对照的 Ct 值应＜28.0，并出现典型的扩增曲线。否则，此次实验视为无效。

（3）结果描述及判定。

①阴性：无 Ct 值并且无扩增曲线，表示样品中无禽流感病毒。

②阳性：Ct 值≤30，且出现典型的扩增曲线，表示样品中存在禽流感病毒。

③有效原则：Ct＞30 的样本建议重做。重做结果无 Ct 值者为阴性，否则为阳性。

复习与思考

1. 简述炭疽杆菌的形态、染色特性和呼吸类型及检验炭疽病时的注意事项。

2. 简述抗酸染色的方法及在显微镜下区分结核分枝杆菌的方法。

3. 血清学检验布鲁氏菌病时哪种方法具有确诊意义，为什么？

4. 口蹄疫病毒有几个亚型？目前我国主要流行哪些亚型？人类感染口蹄疫病毒的途径主要有哪些？

5. 简述血凝和血凝抑制试验的操作方法及其在生产实践中的重要意义。

项目八

肉与肉制品的微生物及其检验

项目指南

肉与肉制品营养价值很高，是人们膳食结构中重要的动物性食品之一。同时肉与肉制品又是多种微生物良好的培养基，肉类从屠宰到食用的各个环节，都有受到不同程度污染的可能。由于微生物的生长繁殖和分解作用，常可引起肉及肉制品的腐败变质。因此，对肉及肉制品进行微生物学检验，是确保其卫生质量及维护人体健康的重要工作之一。本项目主要内容是了解鲜肉微生物来源及菌群交替现象；掌握冷却肉、冷冻肉、解冻肉的基本概念；明确肉与肉制品微生物检验常规指标；掌握肉与肉制品中可能污染或残留的致病菌大肠埃希氏菌和O157：H7的检验。本项目重点是鲜肉的微生物来源，冷藏肉中霉菌的污染及控制措施，肉与肉制品中大肠埃希氏菌和出血性大肠埃希氏菌O157：H7的检验。难点是大肠埃希氏菌生化试验及其结果分析与判定。

通过本项目的学习，食品微生物检验人员应根据贸易方的要求严格按有关检验标准进行检验。为提高肉与肉制品的质量，增加了无公害食品、绿色食品、有机食品和农产品地理标志及其认证等相关知识，进一步普及食品质量安全知识，增强食品生产企业的市场竞争力。

认知与解读

肉与肉制品是营养价值很高的动物性食品，含有大量的全价蛋白质、脂肪、糖类、维生素及无机盐等。肉类的营养成分及其含量随动物的种类、品种、性别、年龄、畜体部位、营养状况不同而异。肉类食品蛋白质含量为10%～20%，主要包括肌原纤维中的蛋白质，如肌凝蛋白、肌纤蛋白；肌浆中的蛋白质，如肌浆蛋白、肌红蛋白；以及基质蛋白质，如胶原蛋白、弹性蛋白和网状硬蛋白。既含全价蛋白，也含非全价蛋白。此外，肉中还含有能溶于水的含氮浸出物，主要包括肌酸、肌酐、尿酸、嘌呤碱、核苷酸、胆碱和游离氨基酸等，这些物质是肉汤鲜味的主要来源。肉中的脂肪含量10%～30%，其中饱和脂肪酸的含量越高，脂肪的熔点越高，熔点越接近体温，脂肪的消化率越高，熔点在50℃以上者则不宜消化。肌肉中的糖类以糖原形式存在，占动物总糖量的5%左右，动物宰前休息充分，糖原含量就高，糖原在肉的储存过程中，由于酶酵解作用，含量逐渐减少，其生成物乳酸含量逐渐增高，使肉的pH下降。肉中无机盐的总量为0.6%～1.1%，无氮浸出物含量约为0.5%。

根据对肉的处理及储藏方法不同，可将其分为鲜肉、冷藏肉及各类肉制品。因为肉及肉制品的营养极为丰富，是多种微生物良好的培养基，肉类从屠宰到食用的各个环节，都有受到不同程度污染的可能。由于微生物的生长繁殖和分解作用，常可引起肉及肉制品的腐败变质。因此，对肉及肉制品进行微生物学检验，是确保其卫生质量及维护人体健康的重要工作之一。

一、鲜肉中的微生物及其检验

肉在保存过程中，由于组织酶和外界微生物的作用，一般要经过僵直→成熟→自溶→腐败等一系列变化。动物在屠宰后初期，尚未失去体温时，称为热肉。热肉呈中性或略偏碱性，pH 7.0～7.2，富有弹性，因未经过成熟，故鲜味较差，也不宜消化。屠宰后的动物，随着正常代谢的中断，体内自体分解酶活性作用占优势，肌糖原在糖原分解酶的作用下，逐渐发生酵解，产生乳酸，一般宰后1h，pH降至6.2～6.3，经24h可降至5.6～6.0。当肉的pH降至6.7以下时，肌肉失去弹性，变得僵硬，这种状态称为肉的僵直。肌肉僵直出现的早晚和持续时间与动物种类、年龄、环境温度、生前状态及屠宰方法有关。动物宰前过度疲劳，由于肌糖原大量消耗，尸僵往往不明显。处于僵直期的肉，肌纤维粗糙、强韧、保水性低，缺乏风味，食用价值及滋味都差。继僵直以后，肌肉开始出现酸性反应，组织比较柔软嫩化，具有弹性，切面富有水分，且有愉快的香气和滋味，易于煮烂和咀嚼，肉的食用性质改善的过程称为肉的成熟。成熟对提高肉的风味是完全必要的，成熟的速度与肉中肌糖原含量、储藏温度等有密切关系，在10～15℃下，2～3d即可完成肉的成熟，在3～5℃下需7d左右，0～2℃则2～3周才能完成。成熟好的肉表面形成一层干膜，能阻止水分蒸发，并能阻止微生物在肉表面生长繁殖及向深层组织蔓延。

肉在成熟过程中，主要是糖酵解酶类及无机磷酸化酶的作用，但随后由于肉的保藏不当，则肉中的蛋白质在自身组织蛋白酶的催化作用下发生分解，这种现象叫肉的自溶。自溶过程只将蛋白质分解不可溶性氮及氨基酸为止。由于成熟和自溶阶段的分解产物，为腐败微生物的生长繁殖提供了良好的营养物质，微生物大量繁殖的结果，必然导致肉的腐败分解，腐败分解的生成物如腐胺、硫化氢、吲哚等，使肉带有强烈的臭味，胺类有很强的生理活性，这些都可影响消费者的健康。此外，由于肉成分的分解必然使其营养价值显著降低。腐败分解的肉类是严禁销售和食用的。

（一）鲜肉中微生物的来源

1. 宰前微生物的污染　宰前微生物的污染属于内源性污染，指动物屠宰后体内或体表的微生物进入肌肉。主要是某些病原性或条件致病性微生物在机体抵抗力下降时，如沙门氏菌，可进入淋巴结、血液，并侵入到肌肉和实质器官。也有一些微生物可经体表的创伤感染而侵入深层组织。

2. 屠宰过程中微生物的污染　这种污染属于外源性污染，是动物在屠宰、加工、运输等过程中，微生物从水、用具、人员等外界环境中进入肌肉，这是主要污染来源。

（二）鲜肉中常见的微生物类群及其危害

1. 鲜肉中常见的微生物类群　鲜肉中的微生物广泛，种类甚多，包括真菌、细菌、病毒等，可分为致腐性微生物、致病性微生物及食物中毒性微生物三大类群。

（1）致腐性微生物。致腐性微生物是在自然界中分布广泛，能产生蛋白质分解酶，使动植物组织发生腐败分解的微生物。它们随各种途径的污染侵入肉中，是鲜肉中微生物污染的主要类群，包括细菌和真菌等，可引起肉品腐败变质。

①细菌：在各种致腐性微生物中，细菌不仅种类多，而且生长繁殖快，是造成鲜肉腐败的主要微生物，常见的致腐性细菌主要包括：革兰氏阳性、产芽孢细菌，如蜡样芽孢杆菌、小芽孢杆菌、枯草杆菌等；革兰氏阴性、无芽孢细菌，如阴沟产气杆菌、大肠埃希氏菌、奇异变形杆菌、普通变形杆菌、绿脓假单胞杆菌、荧光假单胞杆菌、腐败假单胞菌等；球菌均为革兰氏阳性菌，如嗜冷细球菌、黄细球菌、八叠球菌、金黄色葡萄球菌、粪链球菌等；厌氧性细菌，如腐败梭状芽孢杆菌、双酶梭状芽孢杆菌、溶组织梭状芽孢杆菌、产芽孢梭状芽孢杆菌等。

②真菌：真菌在鲜肉中没有细菌数量多，分解蛋白质的能力也较弱，生长较慢，在鲜肉变质中起一定作用。经常可从肉上分离到的真菌有：交链霉、青霉、枝孢霉、毛霉、芽孢发霉，以毛霉和青霉为最多。

肉的腐败，通常是由外界环境中的需氧菌污染肉表面开始，然后沿着结缔组织向深层扩散，即从吸附阶段到菌群交替阶段。肉品腐败的发展取决于微生物的种类、外界条件（温度、湿度）以及侵入部位。鲜肉一旦吸附环境中的微生物，则不易清除掉，这是由于鲜肉表面有一层黏性物质。吸附开始，细菌接近肉表面，并微弱地结合在上面，细菌呈布朗运动，此时水洗可清除掉，这种吸附称可逆性吸附。随着时间的延续，细菌的吸附变得紧密，没有布朗运动，水洗清除不掉，即进入了不可逆的吸附阶段，为微生物生长繁殖打下了基础。吸附后的细菌在条件适宜时迅速生长繁殖，引起鲜肉的腐败变质。在此过程中，伴随着细菌生存环境的改变，出现了一系列的菌群交替现象，即菌相及优势菌随之发生改变。早期阶段，腐败仅限于表面，处在有氧环境中，在表层生长繁殖的主要菌群是一些需氧性球菌和杆菌，即需氧菌群增殖期。常见的有葡萄球菌、链球菌、八叠球菌、大肠埃希氏菌、变形杆菌、枯草杆菌、马铃薯杆菌等，此期多维持3～4d。随着腐败过程向深层发展，由于深层组织含氧量较少，需氧菌类就逐渐减少，兼性厌氧菌发育繁殖较快，即进入兼性厌氧菌群增殖期，此期优势菌可见到产气荚膜杆菌、双酵母产芽孢杆菌等，维持均3～4d。随后，由于组织中氧被大量消耗，形成厌氧环境，厌氧菌变成了优势菌群，主要是一些腐败杆菌等，此即厌氧菌群增殖期，可维持7～8d。这种菌群交替现象与肉的保藏条件有关，当保藏温度较高时，杆菌的繁殖较球菌快。另外，在考虑鲜肉的微生物类群时，绝不可忽视食物中毒菌和人兽共患病病原菌的存在。

（2）致病性微生物。鲜肉中污染的致病性微生物主要有细菌和病毒。鲜肉中可能的病原微生物有炭疽杆菌、结核杆菌、布鲁氏菌、沙门氏菌、鼻疽杆菌、钩端螺旋体、口蹄疫病毒等人兽共患传染病的病原体；还有各种动物传染病的病原体如多杀性巴氏杆菌、坏死杆菌、猪瘟病毒、兔病毒性出血症病毒、鸡传染性支气管炎病毒、鸡传染性法氏囊炎病毒、鸡马立克氏病病毒、鸭瘟病毒、鸭肝炎病毒等。

（3）中毒性微生物。有些致病性微生物或条件致病性微生物，可通过污染食品或细菌污染后产生大量毒素，从而引起以急性过程为主要特征的食物中毒。常见的致病性细菌有沙门氏菌、志贺氏菌、致病性大肠埃希氏菌、副溶血性弧菌等；常见的条件致病菌有变形杆菌、蜡样芽孢杆菌等。有的细菌可在肉品中产生强烈的外毒素或产生耐热的肠毒素，也有的细菌在随食品大量进入消化道过程中，能迅速形成芽孢，同时释放肠毒素。如蜡样芽孢杆菌、肉毒梭菌、产气荚膜梭菌、金黄色葡萄球菌等。此外，常见的食物中毒性微生物还有溶血性链球菌、空肠弯曲杆菌、小肠结肠炎耶尔森氏菌、单核细胞增生李斯特氏菌等。再者，一些真菌在肉品中繁殖后产生毒素，可引起各种毒素中毒，常见的真菌有麦角菌、赤霉、黄曲霉、黄绿青霉、橘青霉、冰岛青霉等。

2. 鲜肉中微生物的危害

（1）导致传染病的流行。带有活的病原微生物的肉类被人兽食用，或者在运输、加工过程中感染了健康人兽，都会引起传染病的发生和流行。

（2）导致细菌性食物中毒。因食用被病原菌及其毒素污染的食品而引起的人和动物的中毒称细菌性食物中毒。肉制品被沙门氏菌、致病性大肠埃希氏菌、变形杆菌、副溶血性弧菌、葡萄球菌或肉毒梭菌的毒素污染时，能引起细菌性食物中毒。

另外，少数真菌也能通过肉品引起食物中毒。

所以加强动物宰前检疫，保证屠宰场所及肉品市场的卫生，对肉品进行冷藏，搞好宰后检疫和肉品卫生检验等，都是保证肉品卫生质量的有效措施。

（三）鲜肉中微生物的检验

鲜肉的腐败变质是由于微生物大量繁殖，导致蛋白质分解的结果，故检查鲜肉的微生物污染情况，不仅可判断鲜肉的新鲜程度，而且反映肉在生产、运输、销售过程中的卫生状况，为及时采取有效措施提供依据。

（1）样品的采集及处理。

①一般检验法：国家标准规定：如系屠宰后的畜肉，可于开膛后，用无菌刀采取两腿内侧肌肉100g（或劈半后采取背最长肌100g）；如系冷藏或售卖的生肉，可用无菌刀取腿肉或其他肌肉100g，也可取可疑的淋巴结或病变组织。检样采取后放入无菌容器内，立即检验。如条件不允许时，最好不超过3h。送样时应注意冷藏，不得加入任何防腐剂。

先将样品放入沸水中，烫3～5s（或烧灼），进行表面灭菌，以无菌手续从各样品中间部取25g，再用无菌剪刀剪碎后，加入灭菌砂少许进行研磨，研磨碎后，加入灭菌生理盐水，混匀后制成1∶10稀释液。

②表面检查法：取50cm^{2}消毒滤纸（可剪成数块分别粘贴），滴加适量灭菌生理盐水，以无菌刀将滤纸贴于被检肉的表面，持续1min，取下后投入装有100mL无菌生理盐水和带有玻璃珠的250mL三角瓶内，或将取下的滤纸投入放有一定量无菌生理盐水的试管内，送至实验室后，再按1cm^{2}滤纸加盐水5mL的比例补足，强力振荡，直至滤纸呈细纤维状备用。

也可用拭子法采样，具体操作见项目三。

（2）微生物检验。根据目的要求可分别进行相应项目的检验，如菌落总数、大肠菌群MPN和致病微生物的检验，均按国家标准或行业标准进行。

（3）鲜肉的细菌学触片镜检。

①触片制取：无菌操作，用灭菌的手术刀进行表面灭菌，从鲜肉表层1～2mm处及深层2～4cm处，各剪取0.5cm^{3}大小的肉块，分别进行触片。

②染色镜检：干燥的触片用瑞氏（或革兰氏）染色后油镜镜检，观察5个以上视野。记

录每个视野的球菌和杆菌数，然后求出每一触片细菌的平均数。

③鲜度判定：

新鲜肉：触片印迹着色不良，表层触片中可见到少数的球菌和杆菌，深层触片无菌或偶见个别细菌，触片上看不到分解的肉组织。

次鲜肉：触片印迹着色较好，表层触片上平均每个视野可见到20～30个球菌和少数杆菌，深层触片也可见到20个左右的细菌，触片上明显可见到分解的肉组织。

变质肉：触片印迹着色极浓，表层及深层触片上每个视野均可见到30个以上的细菌，且大都为杆菌，触片上有大量分解的肉组织。

二、冷藏肉中的微生物及其检验

冷藏肉包括冷却肉、冻结肉及解冻肉三大类。冷却肉是指在0～4℃下贮藏而肉温不超过4℃的肉类。冷却肉质地柔软，富有弹性，切面湿润，烹调时易煮熟，具有浓郁美味和香味，表面形成一层“薄膜”，从而阻止微生物的生长繁殖，但由于温度较高，不宜久存。冻结肉是指屠宰后肉类经预冷，并进一步在－23℃速冻，－18℃贮藏而肉中心温度保持－15℃的肉类。解冻肉又称冷冻融化肉，冻肉在受到外界较高温度的作用下缓慢解冻，并使深层温度升高至0℃左右的肉类。正确的缓慢解冻，溶解的组织液大都可被细胞重新吸收，基本可恢复到新鲜肉的原状和风味，但当外界温度过高时，因解冻速度过快，溶解的组织液难以完全被细胞吸收，营养损失较大。

（一）冷藏肉中微生物的来源

冷藏肉的微生物来源，以外源性污染为主，如屠宰、加工、贮藏、销售等过程中的污染。低温能抑制或减弱大部分微生物的生长繁殖，如大部分腐败菌和病原菌在10℃以下的低温，发育就显著地被抑制了，0℃左右发育则非常缓慢。但低温对微生物的致死作用很微小，有些嗜冷菌和霉菌在一定低温下仍可生长繁殖，多数霉菌在－8℃下仍能缓慢增殖。这些微生物在温度及水分条件变得适宜时，又可在肉上恢复其生长繁殖能力。因此嗜冷性细菌尤其是霉菌常可引起冷藏肉的污染与变质。另外，还有相当多能耐低温的微生物，如沙门氏菌，在－165℃可存活3d，结核杆菌在－10℃可存活2d，口蹄疫病毒在冻肉骨髓中可存活144d，炭疽杆菌在低温中也可存活。所以不能以冷冻作为带病肉尸无害化处理的手段。为保证冻结肉的卫生质量，在冰冻前必须经过预冻，一般先将肉类预冷至4℃，然后采用－23～－30℃速冻，最后在－18℃冰冻保藏。

冷藏肉类中常见的嗜冷细菌有假单胞杆菌、不动杆菌、乳杆菌及肠杆菌科的某些菌属，尤其以假单胞菌最为常见，常见的真菌有球拟酵母、隐球酵母、红酵母、假丝酵母、毛霉、根霉、枝霉、青霉等。

解冻肉在融化过程中，一方面，冻藏时和冻结前污染于肉表面并被抑制的微生物，随着环境温度的升高而逐渐生长发育；另一方面，解冻肉表面的潮湿和温暖，更有利于污染于肉品上的微生物的生长繁殖。同时随着肉的解冻，由表及里，逐渐向深层蔓延扩散。另外，肉解冻时渗出的组织液又为微生物提供了丰富的营养物质。因此，解冻肉在较短时间内即可发生腐败变质。冷藏肉在贮藏过程中更不能反复冻融，否则会严重影响冷藏肉的质量。

（二）冷藏肉中常见的微生物类群

肉类冷藏时，嗜温菌受到抑制，嗜冷菌成为优势菌而生长繁殖，如假单胞菌、明串珠菌、微球菌、无色杆菌等，它们使肉表面产生灰褐色，尤其是在温度尚未降至较低，或由于吊挂冷却时，胴体互相接触，降温较慢，通风不良，可能在肉表面形成黏液样物质，手触有滑腻感，甚至起黏丝，同时发出一种陈腐味，严重的有恶臭味。一般认为，当肉表面菌落数达到 $10^{7\sim8}$个/cm^2，即可出现发黏现象。有些微生物能产生色素，改变肉的颜色，如肉中的红点是由沙雷氏菌产生的红色色素引起；类蓝假单胞菌能使肉表面呈现蓝色；微球菌或黄杆菌属的菌种能使肉变黄；蓝黑色杆菌在贮藏的牛肉表面形成淡蓝色或淡褐黑色的斑点；发光杆菌属的许多菌能使肉表面发出磷光，放线菌的生长使肉产生霉味或泥土味。在有氧的条件下，酵母也能于肉表面生长繁殖，引起肉类发黏、脂肪水解、产生异味和使肉类变色（白色、褐色等）。

肉类在冻结时，各类细菌的生长速度明显下降，而真菌类则又形成优势。因此，冷藏肉类在贮存 4～6 周后，可在肉的表层深部形成各种霉斑，如白色小斑点是由肉色分枝霉所引起，直径 2～6mm，很像石灰水点，多生长在肉的表面，抹去后不留痕迹，可供食用；黑色小斑点是由蜡叶芽枝霉所引起，直径 6～13mm，并且霉斑向深部组织侵染，擦拭后仍留下明显痕迹，必须用尖刀剔除。其他霉菌如青霉、曲霉、刺枝霉、毛霉等也可在肉表面生长，形成不同色泽的霉斑。

不少种类的微生物在冷藏过程中逐渐死亡，但芽孢菌及一些嗜冷菌和球菌类尚能耐受而存活下来，有人分析在－30℃下冷冻两周的禽肉中的微生物种类，30%为革兰氏阳性菌，如棒状杆菌、短杆菌、微杆菌、乳杆菌、微球菌等，30%为革兰氏阴性菌，如单胞菌、气单胞菌、弧菌等，也有少量酵母。在－30℃贮存 57 周，总菌数减少 60%，存活的细菌中，70%为革兰氏阳性菌。一般而言，－10℃冷藏可抑制各种细菌的生长；－12℃可抑制大多数霉菌的生长；－15℃时能抑制多数酵母菌的生长繁殖；－18℃可抑制各种真菌的繁殖。

随着肉的融化，其中的微生物类群也逐渐发生变化，这不仅与肉类冻结前的污染有关，而且也与解冻时再次污染于肉品表面的微生物类群及数量有关。当肉温度上升至 10℃左右时，一些嗜温菌逐渐生长发育，如梭状芽孢杆菌、大肠埃希氏菌类以及乳酸菌利用糖类，产生酸类物质发生酸味；梭状芽孢杆菌、假单胞菌属、产碱杆菌属和变形杆菌属中的某些种，分解肉中的蛋白质，使肉腐败变质。

（三）冷藏肉中微生物的检验

1. 样品的采集 禽肉采样按五点拭子法从光禽体表采集，家畜冻藏胴体肉在取样时应尽量使样品具有代表性，一般以无菌方法分别从颈、肩胛、腹及臀股部的不同深度上多点采样，每一点取一方形肉块 50～100g，各置于灭菌容器内立即送检，若不能在 2～3h 进行检验时，必须将样品低温保存并尽快检验。

2. 样品的处理 如为冻肉，应在无菌条件下将样品迅速解冻。由各检验肉块的表面和深层分别制得触片，进行细菌镜检；然后再对各样品进行表面消毒处理（100℃水中 2min

或用点燃的酒精棉球擦拭表面2～3min），以无菌操作从各样品中间部取出25g，剪碎、匀浆，并制备稀释液。

3. 微生物检验

（1）细菌镜检。同鲜肉的检验。

（2）其他微生物检验。可根据实验目的而分别进行菌落总数测定、霉菌总数测定、大肠菌群MPN检验及有关致病菌的检验等。

三、肉制品中的微生物及其检验

（一）肉制品中的微生物

肉制品一般包括熟肉制品、灌肠制品和腌腊制品。由于加工原料、制作工艺、贮存方法等不同，其微生物来源与种类也有很大差别。

1. 熟肉中的微生物 熟肉制品中包括酱卤肉、烧烤肉、肉松、肉干等，经加热处理后，一般不含有细菌的繁殖体，但可能含少量细菌的芽孢。如果肉块过大或未完全烧煮透时，一些耐热的细菌或细菌的芽孢仍然会存活下来，如嗜热脂肪芽孢杆菌、嗜热解糖梭状芽孢杆菌，还有微球菌属、链球菌属、小杆菌属、节杆菌属、乳杆菌属、芽孢杆菌及梭菌属等。还有真菌，如根霉、青霉及酵母等，它们的孢子广泛分布于加工厂的环境中。有时，这些肉类制品也可能是由于加热后重新被微生物污染而导致变质。熟肉制品经过加热处理后，可通过操作人员的手、衣物、呼吸道和贮藏肉品的不洁用具等使其受到污染；也可通过空气中的尘埃、鼠类及蝇虫等媒介而污染各种微生物。另外，由于肉类导热性较差，污染于表层的微生物极易生长繁殖，并不断向深层扩散，食用前未经充分加热，就可引起食物中毒。如熟肉制品受到金黄色葡萄球菌或鼠伤寒沙门氏菌或变形杆菌等严重污染后，在室温下存放10～24h，被人食用后就会发生食物中毒。因此，加工好的熟肉制品应在冷藏条件下运送、贮存和销售，以防熟肉制品的腐败变质。

2. 香肠和灌肠的微生物 灌肠类肉制品系指以鲜（冻）畜肉腌制、切碎、加入辅料，灌入肠衣后经风（焙）干而成的生肠类肉制品，或煮熟而成的熟肠类肉制品。前者如腊（香）肠，后者如火腿肠等。

与生肠类变质有关的微生物有酵母、微杆菌及一些革兰氏阴性杆菌。熟肠类如果加热适当可杀死其中细菌的繁殖体，但芽孢可能存活，加热后及时进行冷藏，一般不会危害产品质量。但各种原料的产地、贮藏条件及产品质量不同，以及加工工艺的差别，对成品中微生物的污染都会产生一定的影响。如原料肉在经绞肉机绞碎过程中，肉糜经过机械及热作用，肉汁渗出，与空气接触的表面积增加，这些因素一方面会加重原料肉的污染，另一方面为污染于肉表面的微生物的生长繁殖提供了丰富的营养。据统计，在相同条件下，细菌在绞肉中繁殖的速度比在完整肉块中快3～4倍。因此，绞肉的加工设备、操作工艺、原料肉的新鲜度以及绞肉的贮存条件和时间等，都对灌肠制品产生重要影响，这些过程中的污染往往是这些肉制品中微生物的主要来源。

3. 腌腊肉制品的微生物 腌制是肉类的一种加工方法，也是一种防腐的方法。这种方法在我国历史悠久，一直到现在还普遍使用，肉的腌制可分为干腌法和湿腌法。腌制的防腐作用，主要是依靠一定浓度的盐水形成高渗环境，使微生物处于生理干燥状态而不能繁殖。

腌腊制品中的微生物来源于两方面，一方面是原料肉的污染，另一方面与盐水或盐卤中的微生物数量有关。盐水和盐卤中的微生物在腌制肉品的过程中可污染肉制品的表面及深层，这些微生物大都具有较强的耐盐性或嗜盐性，如假单胞菌属、弧菌属、不动杆菌属、盐杆菌属、嗜盐球菌属、黄杆菌属、无色杆菌属、叠球菌属、芽孢杆菌属及微球菌属的某些菌及某些真菌。最典型的是脱盐淡微球菌和腌肉弧菌。这些细菌在腌肉制品中，可缓慢增殖，从而引起腌肉制品腐败和霉变。许多人类致病菌，如金黄色葡萄球菌、产气荚膜梭菌和肉毒梭菌可通过盐渍食品引起食物中毒。

（二）肉制品中的微生物检验

肉制品中微生物检验应根据其品种类别和具体目的要求而定。

1. 样品的采集与处理

（1）样品的采集。

①烧烤肉块或禽类制品：用拭子法采样，用无菌棉拭子取样 $50cm^2$。

②其他肉制品：包括熟肉制品（酱卤肉、肴肉）、灌肠类、腌腊制品、肉松等，都采集 200g。有时对灌肠制品可按随机抽样法进行一定数量的样品采集。

（2）样品的处理。

①用棉拭子采取的样品，可先用无菌盐水少许充分洗涤棉拭子，制成原液，再按要求进行十倍系列稀释。

②其他按重量法采样同鲜肉的处理方法，进行稀释液制备。

2. 微生物检验 肉制品中的菌落总数、大肠菌群 MPN 及致病菌的检验参照本教材有关内容进行。其细菌学指标见表 8-1。

表 8-1 肉类制品的细菌学指标

项 目		指 标
菌落总数/（CFU/g）		
烧烤肉、肴肉、肉灌肠	≤	50 000
酱卤肉	≤	80 000
熏煮火腿、其他熟肉制品	≤	30 000
肉松、油酥肉松、肉粉松	≤	30 000
肉干、肉脯、肉糜脯、其他熟肉制品	≤	10 000
大肠菌群（MPN/100g）		
肉灌肠	≤	30
烧烤肉、熏煮火腿、其他熟肉制品	≤	90
肴肉、酱卤肉	≤	150
肉松、油酥肉松、肉粉松	≤	10
肉干、肉脯、肉糜脯、其他熟肉制品	≤	30
致病菌（沙门氏菌、金黄色葡萄球菌、志贺氏菌）		不得检出

注：表中所列指标引自《熟肉制品卫生标准》（GB 2726—2005）。

操作与体验

技能一　大肠埃希氏菌计数（GB 4789.38—2012）

【目的要求】　掌握大肠埃希氏菌计数原理和方法，掌握食品中大肠埃希氏菌标准检验方法，能够正确对食品检样处理，会进行大肠埃希氏菌的初发酵试验、复发酵试验、分离培养、纯培养、生化试验的操作，会正确报告结果，对食品质量作出正确评价。

【仪器及材料】　高压灭菌锅、恒温培养箱、冰箱、恒温水浴箱、天平、均质器、漩涡振荡器、无菌吸管、无菌锥形瓶、无菌培养皿、pH 计或 pH 比色管或精密 pH 试纸、菌落计数器、紫外灯等。

各种肉与肉制品检样、月桂基硫酸盐胰蛋白胨（LST）肉汤、EC 肉汤（*E. coli* broth）、蛋白胨水、缓冲葡萄糖蛋白胨水〔甲基红（MR）和 V-P 试验用〕、西蒙氏柠檬酸盐培养基、磷酸盐缓冲液、伊红美蓝（EMB）琼脂、营养琼脂斜面、结晶紫中性红胆盐琼脂（VRBA）、结晶紫中性红胆盐-4-甲基伞形酮-β-D-葡萄糖苷琼脂（VRBA-MUG）、革兰氏染色液、Kovacs 靛基质试剂、无菌 1mol/L 氢氧化钠、无菌 1mol/L 盐酸。

【方法与步骤】

1. 样品的稀释

（1）固体和半固体样品。称取 25g 样品，放入盛有 225mL 磷酸盐缓冲液的无菌均质杯内，8 000～10 000r/min 均质 1～2min，制成 1∶10 样品匀液，或放入盛有 225mL 磷酸盐缓冲液的无菌均质袋中，用拍击式均质器拍打 1～2min 制成 1∶10 的样品匀液。

（2）液体样品。以无菌吸管吸取 25mL 样品置盛有 225mL 磷酸盐缓冲液的无菌锥形瓶（瓶内预置适当数量的无菌玻璃珠）中，充分混匀，制成 1∶10 的样品匀液。

（3）样品匀液的 pH 6.5～7.5，必要时分别用 1mol/L 氢氧化钠或 1mol/L 盐酸调节。

（4）用 1mL 无菌吸管或微量移液器吸取 1∶10 样品匀液 1mL，沿管壁缓缓注入 9mL 磷酸盐缓冲液的无菌试管中（注意吸管或吸头尖端不要触及稀释液面），振摇试管或换用 1 支 1mL 无菌吸管或吸头反复吹打，使其混合均匀，制成 1∶100 的样品匀液。

（5）根据对样品污染状况的估计，按上述操作，依次制成 10 倍递增系列稀释样品匀液。每递增稀释 1 次，换用 1 支 1mL 无菌吸管或吸头。从制备样品匀液至样品接种完毕，全过程不得超过 15min。

2. 初发酵试验　每个样品，选择 3 个适宜的连续稀释度的样品匀液（液体样品可以选择原液），每个稀释度接种 3 管月桂基硫酸盐胰蛋白胨（LST）肉汤，每管接种 1mL（如接种量超过 1mL，则用双料 LST 肉汤），36℃±1℃培养 24h±2h，观察小倒管内是否有气泡产生，24h±2h 产气者进行复发酵试验，如未产气则继续培养 48h±2h。产气者进行复发酵试验。如所有 LST 肉汤管均未产气，即可报告大肠埃希氏菌 MPN 结果。

3. 复发酵试验　用接种环从产气的 LST 肉汤管中分别取培养物 1 环，移种于已提前预温至 45℃的 EC 肉汤管中，放入带盖的 44.5℃±0.2℃水浴箱内。水浴的水面应高于肉汤培养基液面，培养 24h±2h，检查小倒管内是否有气泡产生，如未有产气则继续培养至 48h±2h。记录在 24h 和 48h 内产气的 EC 肉汤管数。如所有 EC 肉汤管均未产气，即可报告大肠埃希氏菌 MPN 结果；如有产气者，则进行 EMB 平板分离培养。

4. 伊红美蓝琼脂平板分离培养 轻轻振摇各产气管，用接种环取培养物分别划线接种于 EMB 平板，36℃±1℃培养 18～24h。观察平板上有无具黑色中心有光泽或无光泽的典型菌落。

5. 营养琼脂斜面或平板培养 从每个平板上挑 5 个典型菌落，如无典型菌落则挑取可疑菌落。用接种针接触菌落中心部位，移种到营养琼脂斜面或平板上，36℃±1℃培养 18～24h。取培养物进行革兰氏染色和生化试验。

6. 鉴定 取培养物进行靛基质试验、MR-VP 试验和柠檬酸盐利用试验。大肠埃希氏菌与非大肠埃希氏菌的生化鉴别见表 8-2。

表 8-2 大肠埃希氏菌与非大肠埃希氏菌的生化鉴别

靛基质	MR	VP	枸橼酸盐	鉴定
+	+	−	−	典型大肠埃希氏菌
−	+	−	−	非典型大肠埃希氏菌
+	+	−	+	典型中间型
−	+	−	+	非典型中间型
−	−	+	+	典型产气肠杆菌
+	−	+	+	非典型产气肠杆菌

注：①如出现表 8-2 以外的生化反应类型，表明培养物可能不纯，应重新划线分离，必要时做重复试验。
②生化试验也可以选用生化鉴定试剂盒或全自动微生物生化鉴定系统等方法，按照产品说明书进行操作。

7. 大肠埃希氏菌 MPN 计数的报告 大肠埃希氏菌为革兰氏阴性无芽孢杆菌，发酵乳糖、产酸、产气，IMViC 生化试验为++−−或−+−−。只要有 1 个菌落鉴定为大肠埃希氏菌，其所代表的 LST 肉汤管即为大肠埃希氏菌阳性。依据 LST 肉汤阳性管数查 MPN 表（见附录三），报告每 1g（mL）样品中大肠埃希氏菌 MPN 值。

【注意事项】

（1）接种量 1mL 及 1mL 以下者，用单料 LST 肉汤管；接种量超过 1mL，用双料 LST 肉汤管。

（2）LST 肉汤管和 EC 肉汤管使用前注意检查有无气泡。

（3）只有产气的 LST 肉汤管才接种 EC 肉汤管。

（4）只要 EMB 平板上有 1 个菌落鉴定为大肠埃希氏菌，其所代表的 LST 肉汤管即为大肠埃希氏菌阳性。

（5）应提前做好稀释用试管、各稀释度发酵管、EMB 平板培养基等标记。

技能二 肠出血性大肠埃希氏菌 O157：H7 检验
（SN/T 0973—2010）

【目的要求】 掌握进出口肉、肉制品及其他食品中肠出血性大肠埃希氏菌 O157：H7 的检验方法，以判断食品的卫生质量。

【仪器及材料】 恒温培养箱、均质器、高压灭菌锅、科玛嘉大肠埃希氏菌 O157：H7

显色琼脂培养基、VIDAS自动酶联免疫检测仪、接种环、玻璃L棒、电子天平、移液枪及枪头或刻度吸管。

各种肉样、改良E. C新生霉素增菌肉汤（mEC+n）、山梨醇麦康凯琼脂（SMAC）、月桂基磷酸盐胰蛋白胨MUG肉汤（LST-MUG）、TecraTM微孔板法大肠埃希氏菌O157快速检测试剂盒、VIDAS或VIDASMPO157：H7测试条等、含新生霉素的缓冲胰蛋白胨大豆肉汤（BTSB+N）。

【方法与步骤】

1. 增菌培养　无菌操作称取的试样25g放入含225mL（mEC+n）增菌肉汤的均质容器中，置41℃±1℃培养18～24h。

2. 分离培养　对增菌肉汤进行10倍递增稀释，从10^{-4}、10^{-5}、10^{-6}稀释液中各取0.1mL滴加于山梨醇麦康凯琼脂平板或（和）科玛嘉大肠埃希氏菌显色琼脂平板上，以灭菌L棒进行涂布并置于36℃±1℃培养18～24h。在山梨醇麦康凯琼脂平板上可疑肠出血性大肠埃希氏菌落呈淡褐色中心，扁平透明，边缘光滑，直径约2mm。在科玛嘉大肠埃希氏菌显色琼脂平板上可疑肠出血性大肠埃希氏菌落呈紫红色。

3. 生化试验和血清学鉴定　每个山梨醇麦康凯琼脂平板或科玛嘉大肠埃希氏菌显色琼脂平板上要求挑选不少于5～8个可疑菌落，然后将挑出的每个菌落接种到LST-MUG肉汤中，36℃±1℃培养24h，出现产气，并且无荧光者，于普通营养琼脂进行纯化，并对单菌落参见《进出口肉、肉制品及其他食品中肠出血性大肠杆菌O157：H7检测方法》（SN/T 0973—2010）中附录进行生化鉴定，或采用VITEK或等效的自动微生物生化鉴定仪进行鉴定，然后用O157：H7标准血清做凝集试验。最后，也可采用遗传分子特征性鉴定试验进行鉴定。

4. 结果报告　根据选择性分离平板、生化试验和血清学鉴定结果，分别报告25g样品中检出或未检出肠出血性大肠埃希氏菌。

附：肠出血性大肠埃希氏菌O157：H7生化特性

（1）三糖铁培养基：底及斜面呈黄色，硫化氢阴性。

（2）山梨醇发酵：阴性或迟缓。

（3）纤维二糖发酵：阴性。

（4）胰蛋白胨肉汤：靛基质阳性。

（5）MR-VP：MR阳性，VP阴性。

（6）西蒙氏柠檬酸盐：阴性。

（7）赖氨酸脱羧酶：阳性（紫色）。

（8）鸟氨酸脱羧酶：阳性（紫色）。

（9）动力试验培养基：有动力或无动力。

（10）棉籽糖发酵：阳性。

【注意事项】

（1）用灭菌L棒涂布时要涂布均匀，直到感觉发黏为止。

（2）平板上菌落挑取时不少于5～8个可疑菌落。

（3）本方法是行业标准，适用于进出口肉、肉制品及其他食品中肠出血性大肠埃希氏菌O157：H7的检验。

拓展与提升

一、无公害食品、绿色食品、有机食品及其认证

（一）无公害食品

无公害食品是指产地环境和产品质量均符合国家普通加工食品相关卫生质量标准要求，经政府相关部门认证合格并允许使用无公害标志的食品。

这类食品不对人的身体健康造成任何危害，是对食品的最起码要求，我们的食品均应符合这种食品的要求，所以无公害食品是指无污染、无毒害、安全的食品。2001年农业部提出“无公害食品行动计划”，并制定了相关国家标准，如鸡蛋，产地环境需符合《农产品质量安全　无公害畜禽肉产地环境要求》（GB/T 18407.3—2001）或《畜禽场环境质量标准》（NY/T 388—1999），生产过程需符合《无公害食品　蛋鸡饲养兽药使用准则》（NY 5040—2001）、《无公害食品　蛋鸡饲养兽医防疫准则》（NY 5041—2001）、《无公害食品　蛋鸡饲养饲料使用准则》（NY 5042—2001）、《无公害食品　蛋鸡饲养管理准则》（NY 5043—2001），产品质量需符合《无公害食品　蛋鸡》（NY 5039—2001）。

无公害食品在生产过程中允许使用限品种、限数量、限时间的安全的人工合成化学物质。

无公害食品的认证机构较多，目前有许多省（自治区、直辖市）的农业主管部门都进行了无公害食品的认证工作，但只有在国家工商局正式注册标识商标或颁布了省级法规的前提下，其认证才有法律效应。

（二）绿色食品

绿色食品是指无污染、优质、营养食品，经国家绿色食品发展中心认可，许可使用绿色食品商标的产品。由于与环境保护有关的事物和我国通常都冠以“绿色”，为了更加突出这类食品出自良好的生态环境，因此称为绿色食品。

绿色食品是中档食品，我国已有多家企业生产绿色食品，是人类食品在不远的将来要达到的食品。绿色食品分为两级，即A级绿色食品和AA级绿色食品。A级绿色食品生产条件要求较低，与无公害食品要求基本相同；AA级绿色食品要求质量较高，与有机食品要求基本相同。20世纪90年代，我们国家提出绿色食品的概念，相继也制定了相应的标准如《绿色食品产地环境技术条件》、《绿色食品生产农药使用准则》和《绿色食品生产化肥使用准则》等。

A级绿色食品产地环境质量要求评价项目的综合污染指数不超过1，在生产加工过程中，允许限量、限品种、限时间使用安全的人工合成农药、兽药、鱼药、肥料、饲料及食品添加剂。AA级绿色食品产地环境质量要求评价项目的单项污染指数不得超过1，生产过程中不得使用任何人工合成的化学物质，且产品需要3年的过渡期。

绿色食品的认证机构是中国绿色食品发展中心，该中心负责全国绿色食品的统一认证和最终审批。

(三) 有机食品

有机食品是指根据有机农业原则，生产过程绝对禁止使用人工合成的农药、化肥、色素等化学物质和采用对环境无害的方式生产、销售过程受专业认证机构全程监控，通过独立认证机构认证并颁发证书，销售总量受控制的一类真正纯天然、高品味、高质量的食品。

有机食品在生产过程中不允许使用任何人工合成的化学物质，而且需要3年的过渡期，过渡期生产的产品为“转化期”产品。

有机食品的认证由国家认证认可监督委员会批准、认可的认证机构进行，有中绿华夏有机食品认证中心、南京国环有机食品认证中心、北京五岳华夏管理技术中心、杭州万泰认证有限公司等26家机构。另外亦有一些国外有机食品认证机构在我国发展有机食品的认证工作，如德国的有机认证机构BCS。

二、农产品地理标志

农产品地理标志是指标示农产品来源于特定地域，产品品质和相关特征主要取决于自然生态环境和历史人文因素，并以地域名称冠名的特有农产品标志。

农业部负责全国农产品地理标志的登记工作，农业部农产品质量安全中心负责农产品地理标志登记的审查和专家评审工作。省级人民政府农业行政主管部门负责本行政区域内农产品地理标志登记申请的受理和初审工作。农业部设立的农产品地理标志登记专家评审委员会，负责专家评审。

申请地理标志登记的农产品，应当符合下列条件：称谓由地理区域名称和农产品通用名称构成，产品有独特的品质特性或者特定的生产方式，产品品质和特色主要取决于独特的自然生态环境和人文历史因素，产品有限定的生产区域范围，产地环境、产品质量符合国家强制性技术规范要求。

农产品地理标志是集体公权的体现，企业和个人不能作为农产品地理标志登记申请人。符合下列条件的单位和个人，可以向登记证书持有人申请使用农产品地理标志：生产经营的农产品产自登记确定的地域范围，已取得登记农产品相关的生产经营资质，能够严格按照规定的质量技术规范组织开展生产经营活动，具有地理标志农产品市场开发经营能力。使用农产品地理标志，应当按照生产经营年度与登记证书持有人签订农产品地理标志使用协议，在协议中载明使用的数量、范围及相关的责任义务。

复习与思考

1. 解释下列名词：菌群交替现象、优势菌、冷却肉、冷冻肉、无公害食品、绿色食品、有机食品。

2. 简述鲜肉中微生物的来源及常见的微生物类群。

3. 简述冷藏肉中微生物的类群及冷藏肉在冷藏期间微生物的变化。

4. 肉制品的种类主要有哪些？肉与肉制品中微生物的检验指标有哪几项？

5. 无公害猪肉的微生物检验指标有哪些？

项目九 乳与乳制品中的微生物及其检验

项目指南

乳与乳制品是具有高度营养价值的动物性食品之一。乳中含有蛋白质、乳糖、脂肪、无机盐和维生素等多种营养物质，容易被人体消化吸收，适合各种人群的食用。同时乳与乳制品也是微生物的天然培养基，有益微生物可以将鲜乳转化成多种乳制品，但有的微生物可以引起鲜乳或乳制品变质，甚至使食用者感染发病或引起食物中毒。通过本项目的学习，主要是了解鲜乳微生物的来源、种类，掌握鲜乳菌群交替现象，掌握消毒乳、嗜冷菌、营冷菌、嗜热菌、耐热菌的基本概念和生产时的微生物控制，明确鲜乳和消毒乳微生物检验指标，能够进行乳与乳制品中常见的指标菌金黄色葡萄球菌检验，能够进行鲜乳的美蓝还原试验。本项目重点是鲜乳的菌群交替现象，消毒乳微生物的控制，乳与乳制品的微生物常规指标及其检验。难点是金黄色葡萄球菌标准检验方法。

通过本项目的学习，食品微生物检验人员应明确在实际工作中应根据不同的食品和不同的场合，选择一定的参考菌群进行检验。为了更好地进行乳与乳制品的微生物检验，增加了乳酸菌、双歧杆菌、阪歧杆菌检验等相关知识。

认知与解读

一、鲜乳中的微生物及其检验

（一）鲜乳中微生物的来源

鲜乳中的微生物主要来源于乳畜本身、盛乳用器具、外界环境、挤乳人员和饲料等。

1. 乳畜本身的污染 乳畜本身的污染包括乳房和乳畜体表。乳从乳腺中分泌出来本应是无菌的，但微生物常常污染乳头开口并蔓延至乳腺管及乳池，挤乳时，乳汁将微生物冲洗下来，带入鲜乳中，一般情况下，最初挤出的乳含菌数比最后挤出的乳多几倍，因此挤乳时最好将头乳弃去。正常存在于乳房中的微生物主要是一些无害的球菌。当乳畜患有结核病、布鲁氏菌病、炭疽、口蹄疫、李氏杆菌病、伪结核、胎儿弯曲杆菌病等传染病时，其乳常成为人类疾病的传染源。来自乳房炎、副伤寒患畜的乳，可能引起人的食物中毒，因此，对乳畜的健康状况必须严格监督，定期检查。在正常情况下，由于对乳畜实行严格的检疫检验制度，乳中的微生物主要来源于外界环境，而非乳房内部。另外，乳畜体表及乳房上常附着粪屑、垫草、灰尘等。挤乳时不注意操作卫生，带有大量微生物的附着物就会落入乳中，造成严重污染，这些微生物多为芽孢杆菌和大肠埃希氏菌。因此，挤乳前要彻底清洗乳房，减少乳中微生物污染。

2. 盛乳用器具 乳生产中所使用的容器及用具，如乳桶、挤乳机、滤乳布和毛巾等不清洁，是造成污染的重要途径。特别在夏季，当容器及用具洗涮不彻底、消毒不严格时，微生物便在残渣中生长繁殖，这些细菌又多属耐热性球菌和杆菌，一旦对乳造成污染，即使高温瞬间灭菌也难以彻底杀灭。

3. 外界环境 主要包括空气和水源。畜舍内飘浮的灰尘中常常含有许多微生物，通常每立方米空气中含有50～100个细菌，有时可达1 000个以上。其中多数是芽孢杆菌和球菌，此外，也含有大量的霉菌孢子。空气中的尘埃落入乳中即可造成污染。因此，必须保持畜舍清洁卫生，打扫畜舍宜在挤乳后进行，挤乳前1h不宜清扫。用于清洁牛乳房、挤乳用具和乳桶用的水也是乳中细菌的来源之一，井、泉、河水可能受到粪便中细菌的污染，也可能受到土壤中细菌的污染，主要是一定数量的嗜冷菌。因此，这些水必须经过清洁处理或消毒处理方可使用。蝇、蚊有时会成为乳最大的污染源，特别是夏秋季节。由于苍蝇常在垃圾或粪便上停留，每个苍蝇的体表可存在几百万甚至几百亿个细菌，其中包括各种致病菌，当其落入乳中时就可将细菌带入到乳中，造成污染。

4. 挤乳人员 乳业工作人员，特别是挤乳人员的手和服装，常成为乳细菌污染的来源。因为在指甲缝里，手皮肤的皱纹里往往积聚有大量的微生物，甚至致病菌，所以，挤乳人员如不注意个人卫生，不严格执行卫生操作制度，挤乳时就可直接污染乳汁。特别是工作人员如果患有某些传染病，或是带菌（毒）者则更危险。因此，乳业工作人员应定期进行卫生防疫和体检，以便及时杜绝传染源。

5. 饲料 乳被饲料中的细菌污染，主要是挤乳前分发饲料时，附着在饲料上的细菌（主要是酪酸芽孢杆菌、枯草杆菌等）随同灰尘、草屑等飞散在厩舍的空气中，既污染了牛体，也污染了所有用具，或挤乳时直接落入乳桶中，造成乳的污染。

（二）鲜乳中的微生物类群

鲜乳中最常见的微生物是细菌、酵母菌及霉菌，有时也有支原体和病毒。最常见的而且活动占优势的微生物主要是一些细菌。这些细菌既包括乳品工业中一些有益的，也有些是引起乳品变质的有害细菌。

1. 发酵产酸的细菌 主要包括乳酸链球菌和乳酸杆菌等乳酸菌，它们能在鲜乳中迅速繁殖，分解乳糖产生大量乳酸。乳酸既能使乳中的蛋白质均匀凝固，又可抑制腐败菌的生长。有的乳酸菌还能产生气体和芳香物质。因此，乳酸菌被广泛用于乳品加工。

2. 胨化细菌 胨化细菌有枯草杆菌、液化链球菌、蜡样芽孢杆菌、假单胞菌等。它们能产生蛋白酶，使已经凝固的蛋白质溶解液化，并产生不良气味。

3. 产酸产气的细菌 此类细菌使乳糖转化为乳酸、醋酸、丙酸、二氧化碳和氢等。大肠埃希氏菌和产气杆菌的产酸产气作用最强，能分解蛋白质而产生异味；厌氧性丁酸梭菌能产生大量气体和丁酸，使凝固的牛乳裂成碎块形成暴烈发酵现象，并出现恶臭；丙酸菌也能使乳品产酸产气，使干酪形成孔眼和芳香气味，对干酪的品质形成有利。

4. 嗜热菌与嗜冷菌 嗜热菌能在30～70℃生长发育。乳中的嗜热菌包括多种需氧和兼性厌氧菌，它们能耐过巴氏消毒，甚至80～90℃、10min也不死亡。乳中还有嗜冷菌，以革兰氏阴性杆菌为主，它们适合在低于20℃的温度下生长。嗜热菌和嗜冷菌常生长在鲜乳消毒和加工设备中，能增加乳中的细菌数量并产生不良气味，降低鲜乳的品质。

5. 其他微生物 酵母菌、霉菌、一些细菌和放线菌可以使鲜乳变稠或凝固，有的细菌和酵母菌还能使鲜乳变色，降低了乳的品质。

6. 致病微生物 乳畜患传染病时，乳中常有病原微生物，如牛结核分枝杆菌、布鲁氏菌、大肠埃希氏菌、葡萄球菌、口蹄疫病毒等。乳畜患乳房炎时，乳中还会有无乳球菌等病原菌。患有沙门氏菌病和结核病的工作人员也会将病原菌带到鲜乳中去。饲料中的李氏杆菌、霉菌及其毒素也可能污染鲜乳。

（三）鲜乳贮藏过程中的微生物学变化

从乳畜挤出的正常乳汁在常温下会经过一系列微生物学变化，包括以下四个时期。

1. 抗菌期 鲜乳中含有溶酶体、抗体、补体等具有杀菌作用的物质，这些物质可使乳中的微生物总数减少，称此时期为细菌减数期。此期长短与乳汁温度、最初含菌量及乳中抗菌物质的多少有关。在10℃以下时，此期约持续24h。而在30～37℃时仅可维持2h。

2. 发酵产酸期 随着抗菌作用的减弱，各种微生物开始生长。首先是乳链球菌占优势，分解乳糖，产生乳酸，使pH下降。此期间若有大肠埃希氏菌和产气类杆菌就会出现产气现象。当pH降至6时，乳酸杆菌开始迅速繁殖，产生大量乳酸，其浓度可达到2%～4%。最后乳酸杆菌也被抑制。此期乳液中出现大量凝乳块，并有大量乳清析出，大约维持数小时到几天。

3. 中和期 酸性环境（pH 3.0～3.5）中，多数微生物都被抑制，但霉菌和酵母菌大量增殖。它们利用乳酸及其他酸类，同时分解蛋白质产生碱性物质，中和乳的酸性，使pH回升，此期约数天到几周。

4. 腐败期 当乳由酸性被中和至微碱性时，乳中被抑制的腐败菌开始发育，主要是假单胞菌和芽孢菌等，它们分解酪蛋白；霉菌和酵母菌继续活动，将乳中固形营养物质分解无余，最后使乳变成澄清而有毒性的液体即所谓胨化，并有腐败的臭味产生。此时pH上升至7左右。

（四）鲜乳中微生物的检验

为了保证乳的卫生质量，鲜乳挤出后应该立即冷藏和消毒，并进行微生物检验。鲜乳中微生物检验包括菌落总数测定、大肠菌群MPN测定和致病菌的检验。菌落总数反映鲜乳受微生物污染的程度；大肠菌群MPN说明鲜乳被肠道菌污染的情况；致病菌不允许在鲜乳与乳制品中检出。

按照食品安全国家标准，生乳微生物指标菌落总数不得超过2×10^{6}CFU/mL（GB 19301—2010）；巴氏杀菌乳微生物限量标准（GB 19645—2010）见表9-1；灭菌乳微生物指标见《食品安全国家标准　灭菌乳》（GB 25190—2010）；调制乳微生物限量标准见《食品安全国家标准　调制乳》（GB 25191—2010）。

1. 样品的采集 采样时要遵守无菌操作规程，瓶装鲜乳应取整瓶作样品，桶装的乳，在采样前先用灭菌搅拌器搅和均匀，然后用灭菌勺子采取样品，检验一般细菌时，采取100mL，检验致病菌时，采样200～300mL，倒入灭菌广口瓶至瓶塞下部，立即盖上瓶塞，并迅速使之冷却至6℃以下。应在采样后4h内送检。如不能按时送检，要置于冰箱中保存。样品中不准添加防腐剂。采取检验结核杆菌、布鲁氏菌及其他致病菌的样品乳时，应从个别阳性牛或可疑病牛乳中采取，不宜从混合乳中采取；采取时牛乳房中的乳挤掉一部分，然后将余下的一部分直接挤入灭菌广口瓶中，避免杂菌的污染。

表9-1　巴氏杀菌乳微生物限量

项　目	采样方案[a]及限量（若非指定，均以CFU/g表示）				检验方法
	n	c	m	M	
菌落总数	5	2	50 000	100 000	GB 4789.2
大肠菌群	5	2	1	5	GB 4789.3平板计数法
金黄色葡萄球菌	5	0	0/25g（mL）	_	GB 4789.10平板计数法
沙门氏菌	5	0	0/25g（mL）	_	GB 4789.4

注：a. 样品的分析及处理按GB 4789.1和GB 4789.18执行。

2. 样品的处理　以无菌手续去掉瓶塞，瓶口经火焰消毒，用无菌吸管吸取25mL检样，置于装有225mL灭菌盐水的三角烧瓶内，混匀备用。

3. 微生物检验　鲜乳中微生物检验通常进行菌落总数、大肠菌群MPN和致病菌的检验，按国家有关标准进行。此外，还可以采用以下方法检验乳中的微生物。

（1）美蓝还原试验。存在于乳中的微生物在生长繁殖过程中能分泌出还原酶，可使美蓝还原而褪色，还原反应的速度与乳中的细菌数量有关。根据美蓝褪色时间，可估计乳中含菌数的多少，从而评价乳的品质。操作方法如下：

无菌操作吸取被检乳5mL，注入灭菌试管中，加入美蓝溶液（取2.5mL美蓝乙醇饱和液和97.5mL水充分混匀备用）0.5mL，塞紧棉塞，混匀，置37℃水浴中，每隔10～15min观察试管内容物褪色情况。按表9-2判定乳品质量。

表9-2　美蓝还原试验的结果判定

美蓝褪色时间	细菌个数/mL	乳品质量	乳品等级
5.5h以上	不超过50万	良好	一级品
2～5.5h	50万～400万	合格	二级品
20min至2h	400万～2 000万	不好	三级品
20min以内	超过2 000万	劣质	四级品

（2）刃天青试验。刃天青是氧化还原反应的指示剂，加入到正常乳中呈青蓝色或微带蓝紫色，如果乳中含有细菌并生长繁殖时，能使刃天青还原，并产生颜色改变。根据颜色从青蓝→红紫→粉红→白色的变化情况，可以判定鲜乳的品质优劣。刃天青试验的反应速度比美蓝试验快，且为不可逆变色反应，适用于含菌数量较高的乳类。具体操作方法如下：

①用10mL无菌吸管取被检乳样10mL于灭菌试管中，如为多个被检样品，每个检样需用1支10mL吸管，并将试管编号。

②用1mL无菌吸管取0.005%刃天青水溶液1mL加入试管中，立即塞紧无菌胶塞，将

试管上下倒转 2～3 次，使之混匀。

③迅速将试管置于 37℃水浴箱内加热（松动胶塞，勿使过紧）。

④水浴 20min 时进行首次观察，同时记录各试管内的颜色变化，去除变为白色的试管，其余试管继续水浴至 60min 为止。记录各试管颜色变化结果，根据各试管检样的变色程度及变色时间判定乳品质量，也可放在光电比色计中检视。详见表 9－3。

表 9－3 刃天青试验颜色特征与乳品质量

编号	颜色特征		乳品质量	处理
	20min	60min		
6	青蓝色	青蓝色	优	可作鲜乳（消毒乳）或制作炼乳用
5	青蓝色	微带蓝紫色	良好	
4	蓝紫色	红紫色	好	
3	红紫色	淡红紫色	尚好、合格	可考虑作适当加工
2	淡红紫色	粉红色	差	
1	粉红色	淡粉红或白色	劣	不得食用
0	白色	—	很劣	

二、消毒乳中的微生物及其检验

鲜乳经过巴氏消毒和分装后称为消毒乳。消毒乳是一种营养丰富、食用方便、老少皆宜的理想食品。由于鲜乳中不同程度地污染了各种微生物，为了保证消毒乳的质量，应该选用优质鲜乳来生产，并且应尽早予以消毒或杀菌，以减少鲜乳的细菌污染及防止细菌繁殖。

（一）生产消毒乳时微生物的控制

1. 鲜乳的净化 鲜乳中通常污染有草屑、牛毛等杂质，除去杂质可减少微生物的污染。常用的净化方法有过滤法和离心法。我国多数牧场采用 3～4 层纱布结扎在桶口上过滤。离心净化是将乳液置于离心罐内，使之受到强大离心力的作用，从而使杂质和部分细菌沉淀，乳液得到净化。净化后的微生物含量大大降低，但仍需进一步消毒处理。

2. 鲜乳的消毒 消毒是指杀死病原微生物，而对非病原微生物、细菌的芽孢及霉菌的孢子等不一定全部杀死。鲜乳消毒的时间和温度，要保证最大限度地消灭微生物和最低限度地破坏乳的营养成分和风味。目前国内外常用的方法有以下几种：

（1）低温长时间消毒法。又称保温消毒法或巴氏消毒法。即加热 61～63℃、30min。这种方法虽然对乳的性质影响很小，但由于需要时间较长，而且消毒的效果不理想，所以目前生产市售鲜乳很少采用。

（2）高温短时间巴氏消毒法。是利用管式杀菌器进行消毒。加热到 72～75℃，维持 15～16s或 80～85℃维持 10～15s。这样可使大批生乳连续消毒，但如果原料污染较严重就难以保证消毒效果，并且在这种温度下，会引起部分蛋白质和少量磷酸钙沉淀。

（3）超高温杀菌法（UHT 法）。鲜乳在加压的情况下，使温度达到沸点以上，在120～

140℃下2～4s。这种消毒法既能杀菌，又能最大限度地保持牛奶风味、色泽和营养价值。

（4）蒸汽直接喷射法超高温瞬间灭菌。条件大致与超高温杀菌法相同，鲜乳与高温蒸汽直接接触，在喷射过程中瞬间即达到消毒效果，经无菌包装后即为消毒乳。

（5）瓶装蒸笼消毒法。系将生乳装瓶加盖放入蒸笼内，待蒸汽上升后，维持10min，奶受热温度可达85℃左右。据检验，每毫升细菌总数减少到100个以下，但营养成分略有损失。

消毒后的乳应急时冷却，以防残留细菌的生长繁殖。

（二）消毒乳中残留的细菌类型

1. 嗜冷菌和营冷菌　在乳品工业上，把最适生长温度为10～20℃，在0℃或0℃以下均可生长的菌称为嗜冷菌。最适生长温度为20～32℃，而在2～7℃冷藏条件下能够生长的细菌称为营冷菌。在消毒乳贮存的环境中（2～4℃），营冷菌的繁殖胜过嗜冷菌。

乳品中存在的营冷菌多数为革兰氏阴性不形成芽孢、氧化酶阳性的小杆菌，主要有假单胞菌、黄杆菌和产碱杆菌等。此外，近些年来人们也开始关注形成芽孢的嗜冷菌和营冷菌。消毒乳中的营冷菌主要来自原料乳和杀菌后污染。

2. 嗜热菌和耐热菌　最适生长温度为50～55℃，最高生长温度为70℃左右的菌类为专性嗜热菌。测定乳中专性嗜热菌含量，用菌落计数时，应用50～55℃培养。还有一部分嗜热菌在37℃时也能生长，称之为兼性嗜热菌。检测乳中兼性嗜热菌含量时，用标准菌落计数法培养。

乳中的嗜热菌主要是需氧型和兼性厌氧型的芽孢。它们主要来自土壤、水和牛舍垫草。在原料乳中一般数量不多，乳在用低温长时间消毒时，由于使用的温度（63℃）适合此类菌生长，所以这些菌类常在消毒乳中出现。另外，还在加工设备上的残留乳中生长，造成消毒乳含菌量增高。乳反复进行消毒也会使嗜热菌数量增高。

能耐过巴氏消毒，但在巴氏消毒温度（63℃）不能繁殖的菌类为耐热菌。在消毒乳中常见的耐热菌有节杆菌、芽孢杆菌、微杆菌、微球菌和部分葡萄球菌、链球菌。

消毒乳中的耐热菌主要来自乳品加工设备，这些设备清洗和杀菌不彻底，有些耐热菌在设备上生长繁殖。原料乳中含菌量高也是原因之一。多数耐热菌在7.2℃以下不能生长，它们不会引起冷藏乳变质，高于这个温度即可生长繁殖，引起乳变质。

3. 大肠菌类　这类菌不耐热，巴氏消毒即可杀死。消毒乳中有大肠菌类存在，说明是消毒后污染的。它可作为食品卫生指标。消毒乳中大肠菌类超过卫生指标时，不但要检查成品的大肠菌类的含量，也应检查各个加工过程的乳，以便查出污染原因。

三、乳制品中的微生物及其检验

乳制品种类繁多，风味各异，常见的有奶粉、炼乳、酸乳等。乳制品具有较长的保存期和运输、食用方便等优点，其加工大都离不开微生物。乳制品的变质也往往是微生物活动的结果。

1. 微生物在乳制品中的作用　微生物在下列制品中起有益作用。

（1）酸乳酪。酸乳酪又称酸性奶油，是稀奶油经乳酸发酵而制成的。在制备酸乳酪中，乳酸链球菌和乳酪链球菌有产酸作用，而柠檬酸链球菌和副柠檬酸链球菌能产生芳香物质。

（2）酸奶制品。嗜热链球菌、保加利亚乳酸杆菌与乳酸链球菌在适当温度下，经协同发酵作用可使原料产酸而形成酸奶。乳酸菌与酵母菌协同发酵后，还会形成含酒精的酸奶酒、马奶酒等酸乳制品。

（3）干酪。在乳酸菌的作用下，使原料乳经过发酵、凝乳、乳清分离而制得的固体乳制品称干酪。干酪中的乳酸链球菌、嗜热链球菌等有产酸作用，而丁二酮乳酸链球菌和乳酪串珠菌兼有产香和产气作用，使干酪带上孔眼和香味。在细菌等其他微生物参与的"成熟"过程中，干酪内残留的乳糖及蛋白质充分降解，并形成特殊的风味和香味。

2. 乳制品的变质

（1）奶油变质。霉菌可引起奶油发霉；鱼杆菌和乳卵孢霉分解奶油中的卵磷脂而产生带鱼腥味的三甲胺；一些酵母、霉菌、假单胞菌、灵杆菌等能产生脂肪酶，使奶油中的脂肪分解为酪酸、己酸，使之散发酸臭味。

（2）干酪变质。大肠菌群和产气杆菌分解残留的乳糖，可引起干酪成熟初期的膨胀现象，而酵母菌和厌氧性丁酸梭菌可导致成熟后期发生膨胀，使干酪组织变软呈海绵状，并带上丁酸味和油腻味。干酪的酸度和盐分不足时，乳酸菌、胨化细菌及厌氧的丁酸梭菌等使干酪表面湿润、液化，并产生腐败气味。酵母菌、细菌和霉菌还可使干酪表面变色、发霉或带上苦味。

（3）甜炼乳变质。液态的甜炼乳含蔗糖 40%～50%，为高渗环境，一般微生物在其中难以生长，但耐高渗的酵母菌及丁酸菌繁殖后产气，造成膨罐；耐高渗的芽孢杆菌、球菌及乳酸菌可产生有机酸和凝乳酶，使炼乳变稠，不易倒出；霉菌生长后还会在炼乳表面形成褐色和淡棕色纽扣状菌落。

（4）其他乳制品的变质。淡炼乳灭菌不彻底时，耐热的芽孢杆菌会引起结块、胀罐及变味，球菌、芽孢杆菌、大肠菌群、霉菌等微生物常污染冰淇淋，而嗜热性链球菌等可能污染奶粉。

3. 乳制品中微生物的检验 乳制品需要按国家标准进行菌落总数、大肠菌群 MPN 和致病菌的检验，见本教材有关项目。食品安全国家标准乳粉的微生物限量见表 9－4，加糖炼乳、调制加糖炼乳的微生物限量见表 9－5。

表 9－4 乳粉的微生物限量

项 目	采样方案[a]及限量（若非指定，均以 CFU/g 表示）				检验方法
	n	c	m	M	
菌落总数[b]	5	2	50 000	200 000	GB 4789.2
大肠菌群	5	1	10	100	GB 4789.3 平板计数法
金黄色葡萄球菌	5	2	10	100	GB 4789.10 平板计数法
沙门氏菌	5	0	0/25g	_	GB 4789.4

注：表中所列指标引自 GB 19644—2010。

a. 样品的分析及处理按 GB 4789.1 和 GB 4789.18 执行。

b. 不适用于添加活性菌种（需氧和兼性厌氧益生菌）的产品。

表 9-5　加糖炼乳、调制加糖炼乳的微生物限量

项　目	采样方案[a]及限量（若非指定，均以 CFU/g 表示）				检验方法
	n	c	m	M	
菌落总数	5	2	30 000	100 000	GB 4789.2
大肠菌群	5	1	10	100	GB 4789.3 平板计数法
金黄色葡萄球菌	5	0	0/25g（mL）	—	GB 4789.10 平板计数法
沙门氏菌	5	0	0/25g（mL）	—	GB 4789.4

注：表中所列指标引自 GB 13102—2010。

a. 样品的分析及处理按 GB 4789.1 和 GB 4789.18 执行。

操作与体验

技能一　金黄色葡萄球菌检验（GB 4789.10—2010）

【目的要求】　掌握乳与乳制品中金黄色葡萄球菌的检验方法，会用不同检验方法对食品中金黄色葡萄球菌进行检验。熟练操作适用于食品中金黄色葡萄球菌的定性检验（第一法），掌握金黄色葡萄球菌平板计数法（第二法），对食品的质量作出正确判定。

【仪器及材料】　高压灭菌锅、冰箱、恒温培养箱、均质器、振荡器、电子天平（感量 0.1g）、无菌锥形瓶（容量 100mL、250mL）、无菌吸管 1mL（具 0.01mL 刻度）、10mL（具 0.1mL 刻度）或微量移液器及吸头、无菌培养皿（直径 90mm）、注射器（0.5mL）、pH 计或 pH 比色管或精密 pH 试纸。

各种乳样、10 %氯化钠胰酪胨大豆肉汤、7.5 %氯化钠肉汤、鲜血琼脂平板、Baird-Parker 琼脂平板、脑心浸出液肉汤（BHI）、兔血浆、磷酸盐缓冲液、营养琼脂小斜面、革兰氏染色液、无菌生理盐水。

【方法与步骤】

一、金黄色葡萄球菌的定性检验（第一法）

1. 样品的处理　吸取乳样 25mL 样品至盛有 225mL 7.5%氯化钠肉汤或 10%氯化钠胰酪胨大豆肉汤的无菌锥形瓶（瓶内可预置适当数量的无菌玻璃珠）中，振荡混匀。

2. 增菌　将上述样品匀液于 36℃±1℃培养 18～24h。

3. 分离培养　将上述培养物，分别划线接种到 Baird-Parker 琼脂平板和鲜血琼脂平板，鲜血琼脂平板 36℃±1℃培养 18～24h。Baird-Parker 琼脂平板 36℃±1℃培养 18～24h 或 45～48h。观察金黄色葡萄球菌在 Baird-Parker 琼脂平板上菌落特征。

4. 革兰氏染色镜检　挑取在 Baird-Parker 琼脂平板和鲜血琼脂平板上典型或可疑菌落的一半进行革兰氏染色镜检。

5. 血浆凝固酶试验　革兰氏染色镜检为革兰氏阳性、无芽孢、球菌，挑取 Baird-Parker 琼脂平板或鲜血琼脂平板上菌落的另一半，接种到 5mL BHI 和营养琼脂小斜面，36℃±1℃培养18～24h。

取新鲜配制的兔血浆0.5mL，放入小试管中，再加入BHI培养物0.2～0.3mL，振荡摇匀，置36℃±1℃温箱或水浴箱内，每半小时观察一次，观察6h。如呈现凝固判定为阳性结果。同时以血浆凝固酶试验阳性和阴性葡萄球菌菌株的肉汤培养物作为对照。也可用商品化的试剂，按说明书操作，进行血浆凝固酶试验。

结果如可疑，挑取营养琼脂小斜面的菌落到5mL BHI，36℃±1℃培养18～48h，重复试验。

6. 结果与报告

（1）结果判定。符合4、5，可判定为金黄色葡萄球菌。

（2）结果报告。在25g（mL）样品中检出或未检出金黄色葡萄球菌。

二、金黄色葡萄球菌平板计数法（第二法）

1. 样品的稀释 同CFU测定

2. 样品的接种 根据对样品污染状况的估计，选择2～3个适宜稀释度的样品匀液，在进行10倍递增稀释时，每个稀释度分别吸取1mL样品匀液以0.3mL、0.3mL、0.4mL接种量分别加入三块Baird-Parker琼脂平板，然后用无菌L棒涂布整个平板。

3. 培养 将平板静置10min，如样液不易吸收，可将平板放在培养箱36℃±1℃培养1h；等样品匀液吸收后翻转平皿，倒置于培养箱，36℃±1℃培养45～48h。

4. 典型菌落计数和确认

（1）金黄色葡萄球菌在Baird-Parker琼脂平板上，菌落直径为2～3mm，颜色呈灰色到黑色，边缘为淡色，周围为一混浊带，在其外层有一透明圈。

（2）选择有典型的金黄色葡萄球菌菌落的平板，且同一稀释度3个平板所有菌落数合计在20～200CFU的平板，计数典型菌落数。具体见《食品微生物学检验　金黄色葡萄球菌》（GB 4789.10—2010）。

5. 结果与报告 根据Baird-Parker琼脂平板上金黄色葡萄球菌的典型菌落数，典型菌落中任选5个菌落（小于5个全选），分别按第一法做血浆凝固酶试验。按《食品微生物学检验　金黄色葡萄球菌》（GB 4789.10—2010）公式计算，报告每1g（mL）样品中金黄色葡萄球菌数，以CFU/ g（mL）表示。

【注意事项】

（1）定性检验（第一法）是金黄色葡萄球菌的基准检验方法。

（2）平板计数（第二法）适用于金黄色葡萄球菌含量较高的食品中金黄色葡萄球菌的检验，适用于致病菌限量检测。

（3）MPN计数（第三法）适用于金黄色葡萄球菌含量较低而杂菌含量较高的食品中金黄色葡萄球菌的检验。

技能二　牛乳美蓝还原试验

【目的要求】 掌握乳中美蓝还原试验原理和操作方法，以便快速判定乳的卫生质量。

【仪器及材料】 高压灭菌锅、冰箱、恒温培养箱、无菌吸管、无菌试管、酒精灯、美蓝试剂、95%酒精等。

【方法与步骤】

（1）无菌操作，用灭菌吸管吸取10mL被检乳于灭菌试管中，再用1mL灭菌吸管加入1mL美蓝试剂，迅速塞紧塞子，摇匀内容物后于38℃恒温箱中，记下放入的开始时间。

（2）经过20min、2h、5.5h各观察一次，并同时将试管倒置摇振一次。

（3）根据美蓝褪色时间长短，可将被检乳分为四个等级以判定鲜乳的新鲜程度。

【注意事项】

（1）美蓝试剂的浓度一定按标准配制。

（2）美蓝褪色是可逆性的，观察时进行混匀，确认为没有颜色后记录褪色时间。

拓展与提升

一、乳酸菌检验（GB 4789.35—2010）

乳酸菌是一类可发酵糖主要产生大量乳酸的细菌的通称。本标准中乳酸菌主要为乳酸菌杆菌属（*Lactobacillus*）、双歧杆菌属（*Bifidobacterium*）和链球菌属（*Streptococcus*）。

1. 样品制备

（1）样品的全部制备过程均应遵循无菌操作程序。

（2）冷冻样品可先使其在2～5℃条件下解冻，时间不超过18h，也可在温度不超过45℃的条件解冻，时间不超过15min。

（3）固体和半固体食品：以无菌操作称取25g样品，置于装225mL生理盐水的无菌均质杯内，于8 000～10 000r/min均质1～2min，制成1∶10样品匀液；或置于225mL生理盐水的无菌均质袋中，用拍击式均质器拍打1～2min制成1∶10的样品匀液。

（4）液体样品：液体样品应先将其充分摇匀后以无菌吸管吸取样品25mL放入装有225mL生理盐水的无菌锥形瓶（瓶内预置适当数量的无菌玻璃珠）中，充分振摇，制成1∶10的样品匀液。

2. 步骤

（1）用1mL无菌吸管或微量移液器吸取1∶10样品匀液1mL，沿管壁缓慢注于装有9mL生理盐水的无菌试管中（注意吸管尖端不要触及稀释液），振摇试管或换用1支无菌吸管反复吹打使其混合均匀，制成1∶100的样品匀液。

（2）另取1mL无菌吸管或微量移液器吸头，按上述操作顺序，做10倍递增样品匀液，每递增稀释一次，即换用1次1mL灭菌吸管或吸头。

（3）乳酸菌计数。

①乳酸菌总数。根据待检样品活菌总数的估计，选择2～3个连续的适宜稀释度，每个稀释度吸取0.1mL样品匀液分别置于2个MRS琼脂平板，使用L形棒进行表面涂布。36℃±1℃，厌氧培养48h±2h后计数平板上的所有菌落数。从样品稀释到平板涂布要求在15min内完成。

②双歧杆菌计数。根据对待检样品双歧杆菌含量的估计，选择2～3个连续的适宜稀释度，每个稀释度吸取0.1mL样品匀液于莫匹罗星锂盐（Li-mupirocin）改良MRS琼脂平板，使用灭菌L形棒进行表面涂布，每个稀释度作两个平板。36℃±1℃，厌氧培养48h±

2h 后计数平板上的所有菌落数。从样品稀释到平板涂布要求在 15min 内完成。

③嗜热链球菌计数。根据待检样品嗜热链球菌活菌数的估计，选择 2～3 个连续的适宜稀释度，每个稀释度吸取 0.1mL 样品匀液分别置于 2 个 MC 琼脂平板，使用 L 形棒进行表面涂布。36℃±1℃，需氧培养 48h±2h 后计数。嗜热链球菌在 MC 琼脂平板上的菌落特征为：菌落中等偏小，边缘整齐光滑的红色菌落，直径 2mm±1mm，菌落背面为粉红色。从样品稀释到平板涂布要求在 15min 内完成。

④乳杆菌计数。乳酸菌总数结果减去　双歧杆菌与嗜热链球菌计数结果之和即得乳杆菌计数。

(4) 菌落计数。可用肉眼观察，必要时用放大镜或菌落计数器，记录稀释倍数和相应的菌落数量。菌落计数以菌落形成单位（colony-forming units，CFU）表示。

①选取菌落数在 30～300 CFU、无蔓延菌落生长的平板计数菌落总数。低于 30 CFU 的平板记录具体菌落数，大于 300 CFU 的可记录为多不可计。每个稀释度的菌落数应采用两个平板的平均数。

②其中一个平板有较大片状菌落生长时，则不宜采用，而应以无片状菌落生长的平板作为该稀释度的菌落数；若片状菌落不到平板的一半，而其余一半中菌落分布又很均匀，即可计算半个平板后乘以 2，代表一个平板菌落数。

③当平板上出现菌落间无明显界线的链状生长时，则将每条单链作为一个菌落计数。

(5) 结果的表述。同菌落总数测定（GB 4789.2—2010）。

(6) 菌落数的报告。同菌落总数测定（GB 4789.2—2010）。

3. 结果与报告

根据菌落计数结果出具报告，报告单位以 CFU/g（mL）表示。

4. 乳酸菌的鉴定（可选做）

(1) 纯培养。挑取 3 个或以上单个菌落，嗜热链球菌接种于 MC 琼脂平板，乳杆菌属接种于 MRS 琼脂平板，置 36℃±1℃厌氧培养 48h。

(2) 鉴定。

①双歧杆菌的鉴定按《食品安全国家标准　食品微生物学检验　双歧杆菌的鉴定》（GB/T 4789.34—2012）的规定操作。

②涂片镜检：乳杆菌属菌体形态多样，呈长杆状、弯曲杆状或短杆状。无芽孢，革兰氏染色阳性。嗜热链球菌菌体呈球形或球杆状，直径为 0.5～2.0μm，成对或成链排列，无芽孢，革兰氏染色阳性。

③乳酸菌菌种主要生化反应见表 9-6 和表 9-7。

表 9-6　常见乳杆菌属内种的糖类反应

菌　种	七叶苷	纤维二糖	麦芽糖	甘露醇	水杨苷	山梨醇	蔗糖	棉籽糖
干酪乳杆菌干酪亚种（*L. casei* subsp. *casei*）	+	+	+	+	+	+	+	−
德氏乳杆菌保加利亚种（*L. delbrueckii* subsp. *bulgaricus*）	−	−	−	−	−	−	−	−
嗜酸乳杆菌（*L. acidophilus*）	+	+	+	−	+	−	+	d

（续）

菌　　种	七叶苷	纤维二糖	麦芽糖	甘露醇	水杨苷	山梨醇	蔗糖	棉籽糖
罗伊氏乳杆菌（*L. reuteri*）	ND	－	＋	－	－	－	＋	＋
鼠李糖乳杆菌（*L. rhamnosus*）	＋	＋	＋	＋	＋	＋	＋	－
植物乳杆菌（*L. plantarum*）	＋	＋	＋	＋	＋	＋	＋	＋

注：＋表示90%以上菌株阳性；－表示90%以上菌株阴性；d表示11%～89%菌株阳性；ND表示未测定。

表9-7　嗜热链球菌的主要生化反应

菌种	菊糖	乳糖	甘露醇	水杨苷	山梨醇	马尿酸	七叶苷
嗜热链球菌（*S. thermophilus*）		＋	＋	＋	＋	＋	－

注：＋表示90%以上菌株阳性；－表示90%以上菌株阴性；d表示11%～89%菌株阳性；ND表示未测定。

二、双歧杆菌的鉴定（GB 4789.34—2012）

1. 样品制备

（1）样品的全部制备过程均应遵循无菌操作程序。

（2）以无菌操作称取25g（mL）样品，置于装有225mL生理盐水的灭菌锥形瓶内，制成1∶10的样品匀液。

2. 稀释及涂布培养步骤

（1）用1mL无菌吸管或微量移液器吸取1∶10样品匀液1mL，沿管壁缓慢注于装有9mL生理盐水的无菌试管中（注意吸管尖端不要触及稀释液），振摇试管或换用1支无菌吸管反复吹打使其混合均匀，制成1∶100的样品匀液。

（2）另取1mL无菌吸管或微量移液器吸头，按上述操作顺序，做10倍递增样品匀液，每递增稀释一次，即换用1次1mL灭菌吸管或吸头。

（3）根据待鉴定菌种的活菌数，选择三个连续的适宜稀释度，每个稀释度吸取0.1mL稀释液，用L形棒在双歧杆菌琼脂平板进行表面涂布，每个稀释度作两个平皿。置36℃±1℃温箱内培养48h±2h，培养后选取单个菌落进行纯培养。

3. 纯培养　挑取3个或3个以上的菌落接种于双歧杆菌琼脂平板，36℃±1℃厌氧培养48h。

4. 镜检及生化鉴定

（1）涂片镜检　双歧杆菌菌体为革兰氏染色阳性，不抗酸、无芽孢，无动力，菌体形态多样，呈短杆状、纤细杆状或球形，可形成各种分支或分叉形态。

（2）生化鉴定　过氧化氢酶试验为阴性。选取纯培养平板上的三个单个菌落，分别进行生化反应检测，不同双歧杆菌菌种主要生化反应见GB 4789.34—2012。

5. 有机酸代谢产物测定　气相色谱法测定双歧杆菌的有机酸代谢产物，见GB 4789.34—2012。

6. 报告 根据镜检及生化鉴定的结果、双歧杆菌的有机酸代谢产物乙酸与乳酸微摩尔之比大于1，报告双歧杆菌属的种名。

三、阪崎肠杆菌检验（GB 4789.40—2010）

1. 前增菌和增菌 取检样100g（mL）加入已预热至44℃装有900mL缓冲蛋白胨水的锥形瓶中，用手缓缓地摇动至充分溶解，36℃±1℃培养18h±2h。移取1mL转种于10mL mLST-Vm肉汤，44℃±0.5℃培养24h±2h。

2. 分离

（1）轻轻混匀mLST-Vm肉汤培养物，各取增菌培养物1环，分别划线接种于两个阪崎肠杆菌显色培养基平板，36℃±1℃培养24h±2h。

（2）挑取1～5个可疑菌落，划线接种于TSA平板。25℃±1℃培养48h±4h。

3. 鉴定 自TSA平板上直接挑取黄色可疑菌落，进行生化鉴定。阪崎肠杆菌的主要生化特征见表9-8。可选择生化鉴定试剂盒或全自动微生物生化鉴定系统。

4. 结果与报告 综合菌落形态和生化特征，报告每100g（mL）样品中检出或未检出阪崎肠杆菌。

表9-8 阪崎肠杆菌的主要生化特征

生化试验		特征
黄色素产生		+
氧化酶		−
L-赖氨酸脱羧酶		−
L-鸟氨酸脱羧酶		(+)
L-精氨酸双水解酶		+
柠檬酸水解		(+)
发酵	D-山梨醇	(−)
	L-鼠李糖	+
	D-蔗糖	+
	D-蜜二糖	+
	苦杏仁苷	+

注：+表示99%以上菌株阳性；−表示99%以上菌株阴性；（+）表示90%～99%菌株阳性；（−）表示90%～99%菌株阴性。

复习与思考

1. 解释下列名词：嗜冷菌、营冷菌、嗜热菌、耐热菌、MHT消毒乳。
2. 简述鲜乳的微生物来源。
3. 简述鲜乳的菌群交替现象。
4. 简述乳的美蓝还原试验的原理和操作方法。
5. 乳品的消毒方法主要有哪几种？目前乳品厂常用哪种方法对乳进行消毒？

10 项目十
其他食品的微生物及其检验

项目指南

本项目重点介绍蛋与蛋制品和罐头制品的微生物检验。蛋与蛋制品营养丰富，是食用价值很高的动物性食品之一，但是蛋与蛋制品很容易受到微生物的污染而变质，同时禽蛋不仅可能成为家禽流行病传播的原因，病禽蛋还有可能成为人类食物中毒与传染病的来源，对蛋与蛋制品进行微生物学检验对保护消费者的健康和阻止禽类疫病的流行，具有重要的意义。以动物性食品原料为主的罐头食品经密封、加热杀菌等处理后，其中的微生物几乎均被灭活，可保存较长时间而不变质，然而在实际工作中，罐头食品的污染和腐败变质仍时有发生，其中微生物是引起罐头食品变质的主要因素，如某些耐热、嗜热并厌氧或兼性厌氧的微生物，对这些微生物的检验和控制在罐头工业中具有相当重要的意义。

本项目主要内容是了解无公害鸡蛋微生物指标，掌握细菌性腐败、泻黄蛋、黑腐蛋、霉菌性腐败、霉变蛋、平酸菌、嗜热性厌氧芽孢菌、胖听等基本概念，明确罐头食品的无菌检验和平酸菌检验。重点是蛋与蛋制品的微生物检验，罐头食品的微生物检验。难点是罐头食品的厌氧菌、平酸菌检验。为了解其他食品微生物检验，增加了冷冻饮品、饮料检验和水产食品检验等相关知识。

认知与解读

一、蛋与蛋制品的微生物及其检验

蛋与蛋制品营养丰富，含有人体所必需的各种氨基酸、蛋白质、脂肪、糖类、类脂质（主要是卵磷脂）、无机盐及维生素，是食用价值很高的动物性食品之一。禽蛋中以鸡蛋最为普遍，此外，还有鸭蛋、鹅蛋、鹌鹑蛋等。但是蛋与蛋制品很容易受到微生物的污染而变质，另外，禽蛋也可能成为家禽流行病传播的原因，病禽蛋还有可能成为人类食物中毒与传染病的来源，如禽蛋中若含有沙门氏菌，对人体会造成危害。因此，对蛋与蛋制品进行微生物学检验对保护消费者的健康和阻止禽类疫病的流行，具有重要的意义。

（一）鲜蛋中的微生物及其来源

正常情况下，健康鲜蛋内部应是无菌的。蛋清内的溶菌酶、抗体等有杀菌作用，壳膜、蛋壳及壳外黏液层具有防止水分蒸发、阻止外界微生物侵入蛋内的作用。蛋壳膜和蛋清中的溶菌酶的杀菌作用在37℃时可保持4h，在温度低时，保持时间更长，把蛋白稀释至5 000万倍之后，对某些敏感的细菌来说，仍有杀菌或抑菌作用；蛋清对一些病原菌如葡萄球菌、链球菌、伤寒杆菌和炭疽杆菌等均有一定的杀菌作用；蛋在刚排出禽体时，蛋白的pH为7.4～7.6，在室温下贮存1周，即会上升至9.4～9.5，这种碱性环境，不适于一般微生物的生存和生长。

但是，鲜蛋很容易受到微生物的污染。一方面，当家禽卵巢及输卵管等部位感染的微生物可直接侵入蛋内，或随同精液侵入卵内部，从而造成产前微生物的污染。据统计，刚产出的蛋有10%能检出细菌。另一方面，蛋产出后在运输、贮藏及加工中壳外黏液层破坏，存在于空气、禽粪等外界环境中的微生物经蛋壳上的气孔侵入蛋内，使鲜蛋受到污染。如果贮存时间过长，保存温度或湿度过高，存在于蛋壳表面的微生物会大量繁殖。微生物的大量侵入与增殖，引起鲜蛋的腐败变质。

（二）鲜蛋中的微生物类群

鲜蛋内的微生物主要有细菌和真菌两大类，其中大部分是腐生菌，也有致病菌。蛋在产前遭受污染时，最常见的致病菌是沙门氏菌属，如鸡伤寒沙门氏菌、鼠伤寒沙门氏菌、汤姆逊沙门氏菌、塞夫顿沙门氏菌及婴儿沙门氏菌。造成产后污染的微生物类群比较广泛，既有腐生性微生物，也有致病性或条件致病性微生物。常见的球菌有葡萄球菌属、链球菌属、微球菌属等；常见的杆菌有大肠埃希氏菌属、无色杆菌、假单胞菌属、产碱杆菌属、变形杆菌属、需氧芽孢杆菌属等；在真菌中有酵母菌及霉菌，如青霉菌属、枝孢霉菌属、侧孢霉菌、毛霉属、枝霉属、葡萄孢霉属、链格孢霉属等。

此外，当禽类感染病毒时，蛋内也可能有相应的病毒，如鸡新城疫病毒、减蛋综合征病毒、鸭瘟病毒、禽流感病毒等，这些病毒与鲜蛋的腐败变质关系不大，但可引起病毒在家禽中的传播，并且由于这些病毒造成禽体抵抗力下降，从而促进蛋的产前致病性细菌的污染。

（三）微生物与禽蛋的腐败变质

一般禽蛋在商品质量上分为新鲜蛋、次蛋和劣质蛋三类。新鲜蛋应符合鲜蛋的卫生标准，可鲜售食用。次蛋包括裂纹蛋、硌窝蛋、流清蛋、血坏蛋、轻度霉蛋、绿色蛋白蛋、轻度黑黏壳蛋和散黄蛋。劣质蛋包括泻黄蛋、黑腐蛋、重度霉蛋和重度黑黏壳蛋。次蛋和劣质蛋更容易受到微生物的污染，会加速腐败变质的速度，所以检验时要及时挑出。次蛋有条件食用，劣质蛋不能食用或加工。禽蛋的腐败变质分为两种：

1. 细菌性腐败 细菌侵入蛋壳内，使蛋黄膜破裂，蛋黄与蛋白液化、混合并黏附于蛋壳上，照蛋时呈灰黄色，称泻黄蛋。细菌进一步活动而产生氨、酰胺、硫化氢等毒性代谢物质，使外壳呈暗灰色，并散发臭气，照蛋时呈黑色，称黑腐蛋。黑腐蛋胀破后溢出灰绿色污秽液体。

细菌在生长繁殖过程中，大量营养物质被分解破坏。蛋白质被分解成氨基酸，继而产生多种毒性代谢产物，如胺、氨、硫化氢、硫醇等。一些挥发性产物常可通过蛋壳上的气孔而逸出，产生恶臭气味。禽蛋也常由于蓄积大量气体而自行爆破，使污秽的蛋液严重污染周围的鲜蛋，加速鲜蛋的变质。

由于致腐菌的种类不同，常使腐败变质的蛋呈现不同的色泽。出现绿色荧光者，多是假单胞菌和荧光杆菌所引起。黑色腐败主要是由于荧光杆菌、变形杆菌和气单胞菌的作用，使蛋白质分解，产生的硫化氢和甲基硫醇与卵黄磷蛋白中的铁结合形成黑色的硫化铁所引起，白色腐败主要由假单胞菌属、无色杆菌属、大肠埃希氏菌等所引起。黏质沙雷氏菌占优势时，可使蛋清呈现红色。蛋清或蛋液呈桃红色者，主要是荧光假单胞菌所引起。黄色杆菌可使蛋液呈黄色。蓝色荧光多由于绿脓假单胞菌的增殖所引起。但是，禽蛋的腐败变质过程是多种微生物共同或相继作用的结果，因而使腐败变质现象复杂多样。

2. 霉菌性腐败　霉菌孢子污染蛋壳表面后萌发为菌丝，并通过气孔或裂纹进入蛋壳内侧，形成霉斑。接着，菌丝大量繁殖，使深部的蛋白及蛋黄液化、混合，照蛋时可见褐色或黑色斑块，蛋壳外表面有丝状霉斑，内容物有明显霉变味，称霉变蛋。霉变蛋的产生多与存放条件的变化有关，如长期存放于潮湿、黑暗和通风不良的条件下极易霉变。白霉、黄霉、蜡样枝孢霉等，可在0℃左右而湿度较高的条件下生长繁殖，而引起禽蛋霉变。

禽蛋卫生保鲜的基本原则是防止微生物侵入蛋内；使蛋壳及蛋内已存在的微生物停止发育；减弱蛋内酶的活动。如将禽蛋放在干燥环境中，采用低温保藏，对蛋壳进行化学处理或对鲜蛋进行加工等。

（四）鲜蛋的微生物检验

鲜蛋主要依靠感官检验，在必要情况下，可进行菌落总数、大肠菌群 MPN 和致病菌检验。

1. 样品的采集　鲜蛋在50件以内的，抽检2件；50～100件的抽检4件；100～500件的，每增加50件加检1件，尾数不足50件者按50件计；500件以上的，每增加100件加检1件，尾数不足100件者按100件计。

2. 样品的处理　鲜蛋进行沙门氏菌的检验时，鲜蛋检样应采取蛋壳完整的，5个为一组，采取时要用灭菌的竹夹夹取放入灭菌的纸袋或塑料袋中，把袋口折叠好用大头针别住后送检。

（1）蛋壳部分。先把100mL亚硒盐胱氨酸增菌培养基和100mL氯化镁孔雀绿培养基分别倒入灭菌的烧杯中，然后把袋内鲜蛋放入增菌培养基内，用消毒镊子夹取灭菌棉花，把蛋逐个擦洗，用过的棉花在杯口上挤干后弃掉，再用灭菌的竹夹取出鸡蛋，放入另一灭菌烧杯内，待作蛋液检验；把洗过鲜蛋的亚硒盐胱氨酸增菌液和氯化镁孔雀绿培养基分别倒入灭菌三角瓶，塞好瓶塞，分别于37℃和42℃温箱中培养18～24h。

（2）蛋液部分。蛋放入0.4%氢氧化钠溶液中浸泡5min，无菌棉拭子拭干，用75%酒精棉球消毒蛋壳，按要求在无菌条件下取出蛋清、蛋黄或全蛋内容物，装入带有玻璃珠的灭菌三角瓶中，充分摇匀。

3. 检验方法　沙门氏菌及其他微生物的检验按国家标准进行。如鲜蛋中检出沙门氏菌，不准鲜售，不许作冰蛋制品的原料，可直接供给高温复制品行业，或经100℃高温煮沸8min后供食用。

（五）蛋制品及其微生物来源

蛋制品包括两大类，一类是鲜蛋的腌制品，主要有皮蛋、咸蛋、糟蛋；另一类是去壳的液蛋和冰蛋，干蛋粉和干蛋白片。

1. 咸蛋　咸蛋是将清洁、无破裂的鲜蛋浸于20%盐水中，或在壳上包一层含盐50%的泥浆或含盐20%的草木灰浆，经30～40d成熟。高浓度的盐溶液有强大的抑菌作用，所以咸蛋能在常温中保存而不腐败。

咸蛋中的微生物除鲜蛋本身的污染外，也可来自水体及加工咸蛋用的黏土。一些耐盐菌类可在咸蛋的加工制作过程中污染蛋制品，如一些耐盐球菌和霉菌可在其中生存，尤其在加盐量不足的情况下更易繁殖，引起咸蛋的变质。

2. 皮蛋 又称松花蛋，是用一定量的水、生石灰、纯碱、盐、草木灰配成液料，将新鲜完整的鸭蛋浸入液料中，每个蛋壳表面包一层以残料液拌调的黄泥，再滚上一层稻糠而制成，经 25～30d 后成熟。料液中的氢氧化钠具有强大的杀菌作用，盐也能抑菌防腐，故松花蛋能很好保存。

皮蛋中虽然细菌种类不多，但也检出某些芽孢菌类如枯草芽孢杆菌、非芽孢杆菌及一些霉菌，也有引起肠道致病菌类中毒的例子。这些微生物类群除蛋品本身污染外，也可来自包裹蛋壳的泥灰和糠壳。故皮蛋如已破损污染则不能食用。

3. 糟蛋 糟蛋是先用糯米酿制成优质酒糟，加适量食盐，然后将鲜蛋洗净、晾干，轻轻击破钝端及一侧的蛋壳，但勿破壳膜，将蛋钝端向上插入糟内，使蛋的四周均有酒糟，依次排列，一层蛋一层糟，最上层以糟料盖严，最后密封，经 4～5 个月成熟。糟料中的醇和盐具有消毒和抑菌作用，所以糟蛋不但气味芳香，而且也能很好保存。

如果加工用的蛋类污染严重时，常会使某些菌类侵入蛋内。再者酒糟本身的清洁程度也对糟蛋的微生物污染有一定影响。

4. 液蛋和冰冻蛋 液蛋和冰冻蛋是将经过光照检查、水洗、消毒、晾干的鲜蛋，打出蛋内容物搅拌均匀，或分开蛋白、蛋黄各自混匀，必要时蛋黄中加一定量的盐或糖，然后进行巴氏消毒、装桶冷冻而成。

液蛋极易受微生物的污染，污染的主要来源是蛋壳、腐败蛋和打蛋用具。蛋壳虽经消毒处理，但残留的微生物仍可能污染蛋制品，如果加工不够及时或温度控制不好，常可使蛋浆中的微生物迅速繁殖，有时 1g 蛋浆中细菌数可达几百万至几千万个。故打蛋前要照蛋，剔除黏壳蛋、散黄蛋、霉坏蛋和已发育蛋。所有用具在用前用后要清洁、干燥、消毒。

5. 干蛋粉 干蛋粉分为全蛋粉、蛋黄粉和蛋白粉，是各类液蛋经充分搅拌、过滤，除去碎蛋壳、蛋黄膜、系带等，经巴氏消毒、喷雾、干燥而制成的含水量仅 4.5%左右的粉状制品。

干蛋粉的微生物来源及其控制措施除与液蛋相同外，必须严格按照干蛋粉制作的操作规程及对所用器具作清洁消毒。

6. 干蛋白片 干蛋白片是在蛋白液经搅拌、过滤、发酵除糖后不使蛋白凝固的条件下，蒸发其水分，烘干而成的透明亮晶片。

干蛋白片的微生物污染及其控制措施与液蛋、冰蛋和干蛋粉基本相同。

(六) 蛋制品的检验

1. 样品的采集与处理 采样和处理方法均因品种不同而异。

(1) 样品的采集。

①成批产品：全蛋粉、巴氏消毒全蛋粉、蛋黄粉、蛋白片等产品，以每天或每班的生产量为 1 批采样。沙门氏菌检验，按每批产量的 5%抽样，即每 100 箱抽检五箱，每箱 1 个样品，但每批不得少于 3 个样品。菌落总数测定和大肠菌群测定，按每批装听过程的前、中、后取样 3 次，每次取样 50g，每批合为一个样品送检。

冰全蛋、巴氏消毒冰全蛋等产品，按生产批号在装听时流动取样。检验沙门氏菌时，每250kg取样一个，巴氏消毒冰全蛋按每500kg取1个样品；进行菌落总数测定及大肠菌群MPN测定时，在每批装听的前、中、后取样各1次，每次取50g，将3次样品合为一个样品。

②箱装产品：主要为全蛋粉、巴氏消毒全蛋粉、蛋黄粉、蛋白片。用75%酒精消毒铁箱的开口处后，用无菌取样金属探子斜角插入箱底，使产品充满探槽后提出箱外，以无菌手续（无菌小勺）自槽上、中、下处采取样品100～200g，装入灭菌的广口瓶中。

③听装产品：主要为冰全蛋、巴氏消毒冰全蛋、冰蛋黄、冰蛋白。先用75%酒精消毒铁听开口处，开启听盖，用无菌电钻自上而下斜角钻入冰蛋制品中，徐徐钻出检样，取出电钻，从中取200g，装入灭菌广口瓶中。

（2）样品的处理。

①全蛋粉、巴氏消毒全蛋粉、蛋黄粉、蛋白片等样品：以无菌手续称取检样25g，装入带有玻璃珠的灭菌三角瓶内，按比例加入无菌盐水，或前增菌及增菌培养基。

②冰全蛋等冰冻蛋制品：同全蛋粉。

③皮蛋、咸蛋、糟蛋：同鲜蛋。

2. 检验方法　根据检验目的可进行菌落总数测定、大肠菌群MPN测定和肠道致病菌（沙门氏菌、志贺氏菌等）检验。具体操作见本教材有关项目。

二、罐头食品的微生物及其检验

罐头食品是将食品或食品原料经预处理，再装入容器，经密封而成的食品。罐头食品的种类很多，按pH的不同可分低酸性罐头、中酸性罐头、酸性罐头和高酸性罐头。以动物性食品原料为主的罐头，属低酸性罐头，而以植物性食品原料为主的罐头，属中酸性或高酸性罐头。罐头食品经密封、加热杀菌等处理后，其中的微生物几乎均被灭活，而外界微生物又无法进入罐内，同时容器内的大部分空气已被抽除，食品中多种营养成分不致被氧化，从而使这种食品可保存较长的时间而不变质。然而在实际工作中，罐头食品的污染和腐败变质仍时有发生，罐头食品变质的原因很多，有化学因素、物理因素、生物因素。但最主要的是生物因素，其中微生物因素占主导地位，即罐内污染了微生物而导致罐头变质。引起罐头食品败坏的微生物主要是某些耐热、嗜热并厌氧或兼性厌氧的微生物，这些微生物的检验和控制在罐头工业中具有相当重要的意义。

（一）罐头食品微生物污染的来源

1. 杀菌不彻底致罐头内残留有微生物　罐头食品在加工过程中，为了保持产品正常的感官性状和营养价值，在进行加热杀菌时，不可能使罐头食品完全无菌，只强调杀死病原菌、产毒菌，实质上只是达到商业灭菌程度，即罐头内所有的肉毒梭菌芽孢和其他致病菌以及在正常的贮存和销售条件下能引起内容物变质的嗜热菌均被杀灭。罐内残留的一些非致病性微生物在一定的保存期限内，一般不会生长繁殖，但是如果罐内条件发生变化，贮存条件发生改变，这部分微生物就会生长繁殖，造成罐头变质。高压蒸汽杀菌的罐头内残留的微生物大都是耐热性的芽孢，如果罐头贮存温度不超过43℃，通常不会引起内容物变质。

2. 杀菌后发生漏罐　罐头经杀菌后，若封罐不严则容易造成漏罐致使微生物污染，由于漏罐而发生微生物污染的重要污染源是冷却水，这是因为罐头经热处理后需要通过冷却水进行冷却，冷却水中的微生物就有可能通过漏罐处而进入罐内。空气也是造成漏罐污染的污染源，但较次要。由于漏罐一些耐热菌、酵母菌和霉菌都从外界侵入，并因罐内氧含量升高，导致各种微生物生长旺盛，从而内容物 pH 下降，严重的会呈现感官变化。

（二）污染罐头食品微生物的种类

1. 嗜热性细菌 这类细菌抗热能力很强，易形成芽孢，罐头食品由于杀菌不彻底而导致的污染大多数由本类细菌引起，这类细菌通常有平酸腐败菌（平酸菌）、嗜热性厌氧芽孢菌等。

（1）平酸菌。在 43℃以上贮存的低酸性罐头食品，可因其内残留的对热有很强抵抗力的嗜热性需氧芽孢菌的生长而导致内容物变质，虽然这类微生物是非致病性的，但因其能在 43℃以上的温度中生长而使罐头内容物变酸，使罐头失去食用价值。由于这类细菌在罐头内活动时，罐听不发生膨胀，而内容物的 pH 显著偏低之故，因而这种变质通常称为平盖酸败，引起平盖酸败的原因菌统称为“平酸菌”，即能使某些低酸性罐头食品发生酸败而又能形成芽孢的一类需氧乃至兼性厌氧的细菌。根据平酸菌嗜热程度不同可分为专性嗜热菌（嗜热脂肪芽孢菌）和兼性嗜热菌（凝结芽孢杆菌），前者仅于 45～50℃下芽孢发芽，但发芽后的繁殖体却能在嗜温性温度下生长，由于其芽孢有很强的抗热性，因此它们能够耐过商业灭菌的温度，造成罐头食品的平盖酸败，后者在 37℃和 55℃两种温度下都能生长繁殖。

（2）嗜热性厌氧芽孢菌。主要有两种类型：一类为产气型变质，是由嗜热解糖梭菌引起，其分解糖的能力很强，能分解多种糖，产生酸和大量的气体，使罐头膨听，但不分解蛋白质；另一类为硫化臭变质，是由致黑梭菌引起，它分解糖的能力不强，但能分解蛋白质产生硫化氢，硫化氢与罐头容器的马口铁化合生成黑色的硫化物，使食品变黑，内容物发暗，有臭鸡蛋味，但不会发生膨听。

2. 中温性厌氧细菌 这类细菌是引起罐头食品腐败变质的主要细菌，其适宜生长温度约为 37℃，有的可在 50℃生长，可分为两类：一类分解蛋白质的能力强，也能分解一些糖，主要有肉毒梭菌、生胞梭菌、双酶梭菌、腐化梭菌等。另一类分解糖类，如丁酸梭菌、巴氏芽孢梭菌、产气荚膜梭菌等。一般来说，中温性厌氧菌引起的腐败，罐头胖听，内容物有腐败臭味。其中以肉毒梭菌尤为重要，肉毒梭菌分解蛋白质产生硫化氢、氨、粪臭素等导致胖听，内容物呈现腐烂性败坏，并有毒素产生和恶臭味放出，值得注意的是由于肉毒毒素毒性很强，所以如果发现内容物中有带芽孢的杆菌，则不论罐头腐败程度如何，均必须用内容物接种小鼠以检测肉毒毒素。

3. 中温性需氧细菌 这类细菌属芽孢杆菌属，其耐热能力较差，许多细菌的芽孢在 100℃或更低温度下，短时间内就能被杀死，少数种类的芽孢能耐受高压蒸汽而存活下来。常见的主要有：枯草芽孢杆菌、巨大芽孢杆菌和蜡样芽孢杆菌等，它们会引起罐头食品的腐败，但不很重要，因为罐头内几乎呈现真空状态，使它们的活动抑制。这类细菌可分解蛋白质和糖，大多数产酸不产气，因而也为平酸腐败，但也有个别能产气，造成胖听现象。

4. 不产芽孢的细菌 主要有两大类群：一类是肠道细菌，如大肠埃希氏菌，它们在罐内生长可造成胖听；另一类是链球菌，特别是嗜热链球菌和粪链球菌，这些细菌的抗热能力很强，多见于蔬菜、水果罐头中，它们生长繁殖会产酸并产生气体，造成胖听。在火腿罐头中常可检出粪链球菌和尿链球菌等不产芽孢的细菌。

5. 酵母菌及霉菌　酵母菌和霉菌主要污染酸性罐头食品，由于杀菌不彻底、真空度不够或发生漏罐造成的。

（三）罐头食品的微生物检验

罐头的种类不同，导致腐败变质的原因菌也不同，而且这些原因菌有时也不是单一的，往往是多种细菌同时污染。为了保证罐头食品的安全卫生，必须对罐头产品进行微生物学方面的检验，以杜绝不合格产品。

1. 样品的采集　在检验大批罐头食品时，根据厂别、商标，按品种、来源及制造时间分类进行采样。对于生产过程中的罐头食品，可按生产班次采样，每班每个品种取样基数不得少于 3 罐。也可按杀菌锅采样，每锅取 1 罐，但每批每个品种不得少于 3 罐。在仓库或商店贮存的成批罐头中，有变形、膨胀、凹陷、罐壁裂缝、生锈和破损等情况时，可根据情况决定抽样数量。

2. 罐头食品的无菌检验　罐头食品的无菌检验按《食品安全国家标准　微生物学检验　商业无菌检验》（GB 4789.26—2013）进行，检验程序见图 10－1，其检验过程如下。

（1）样品准备。去除表面标签，在包装容器表面用防水的油性记号笔做好标记，并记录容器、编号、产品性状、泄漏情况、是否有小孔或锈蚀、压痕、膨胀及其他异常情况。

（2）称重。1kg 及以下的包装物精确到 1g，1kg 以上的包装物精确到 2g，10kg 以上的包装物精确到 10g，并记录。

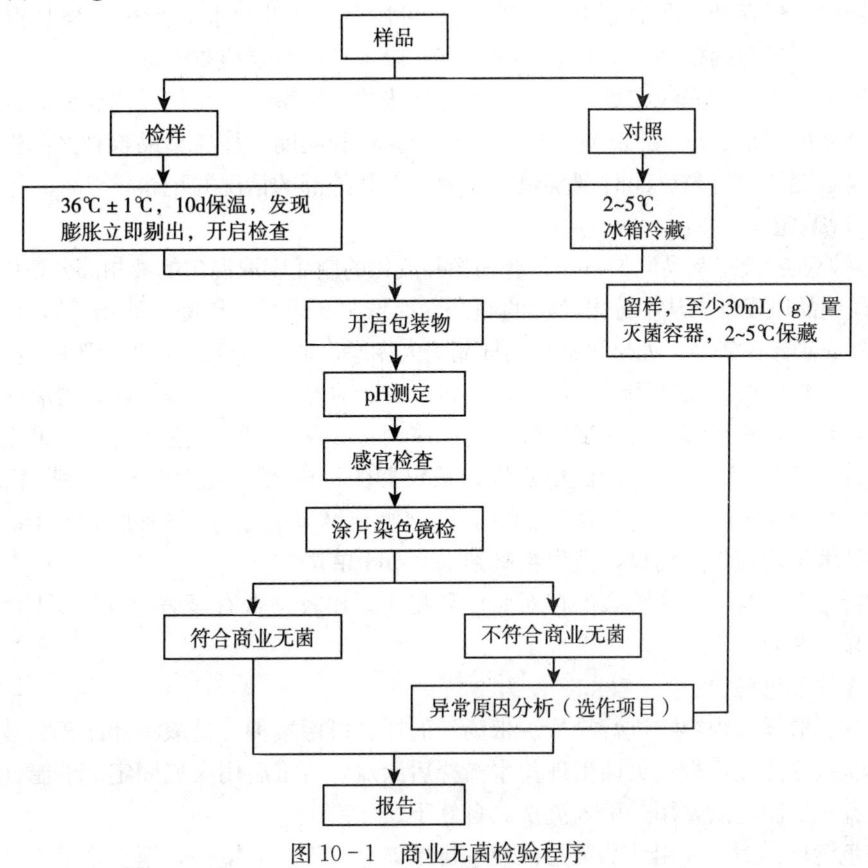

图 10－1　商业无菌检验程序

（3）保温。

①每个批次取1个样品置2～5℃冰箱保存作为对照，将其余样品在36℃±1℃下保温10d。保温过程中应每天检查，如有膨胀或泄漏现象，应立即剔出，开启检查。

②保温结束时，再次称重并记录，比较保温前后样品重量有无变化。如有变轻，表明样品发生泄漏。将所有包装物置于室温直至开启检查。

（4）开启。

①如有膨胀的样品，则将样品先置于2～5℃冰箱内冷藏数小时后开启。

②如有膨胀用冷水和洗涤剂清洗待检样品的光滑面。水冲洗后用无菌毛巾擦干。以含4%碘的乙醇溶液浸泡消毒光滑面15min后用无菌毛巾擦干，在密闭罩内点燃至表面残余的碘乙醇溶液全部燃烧完。膨胀样品以及采用易燃包装材料包装的样品不能灼烧，以含4%碘的乙醇溶液浸泡消毒光滑面30min后用无菌毛巾擦干。

③在超净工作台或百级洁净实验室中开启。带汤汁的样品开启前应适当振摇。使用无菌开罐器在消毒后的罐头光滑面开启一个适当大小的口，开罐时不得伤及卷边结构，每一个罐头单独使用一个开罐器，不得交叉使用。如样品为软包装，可以使用灭菌剪刀开启，不得损坏接口处。立即在开口上方嗅闻气味，并记录。

注意：严重膨胀样品可能会发生爆炸，喷出有毒物。可以采取在膨胀样品上盖一条灭菌毛巾或者用一个无菌漏斗倒扣在样品上等预防措施来防止这类危险的发生。

（5）留样。开启后，用灭菌吸管或其他适当工具以无菌操作取出内容物至少30mL（g）至灭菌容器内，保存2～5℃冰箱中，在需要时可用于进一步试验，待该批样品得出检验结论后可弃去。开启后的样品可进行适当的保存，以备日后容器检查时使用。

（6）感官检查。在光线充足、空气清洁无异味的检验室中，将样品内容物倾入白色搪瓷盘内，对产品的组织、形态、色泽和气味等进行观察和嗅闻，按压食品检查产品性状，鉴别食品有无腐败变质的迹象，同时观察包装容器内部和外部的情况并记录。

（7）pH测定。

①样品处理：液态制品混匀备用，有固相和液相的制品则取混匀的液相部分备用；对于稠厚或半稠厚制品以及难以从中分出汁液的制品（如糖浆、果酱、果冻、油脂等），取一部分样品在均质器或研钵中研磨，如果研磨后的样品仍太稠厚，加入等量的无菌蒸馏水，混匀备用。

②测定：将电极插入被测试样液中，并将pH计的温度校正器调节到被测液的温度。如果仪器没有温度校正系统，被测试样液的温度应调到20℃±2℃的范围之内，采用适合于所用pH计的步骤进行测定。当读数稳定后，从仪器的标度上直接读出pH，精确到pH0.05单位。同一个制备试样至少进行两次测定。两次测定结果之差应不超过0.1pH单位。取两次测定的算术平均值作为结果，报告精确到0.05pH单位。

③分析结果：与同批中冷藏保存对照样品相比，比较是否有显著差异。pH相差0.5及以上判为显著差异。

（8）涂片染色镜检。

①涂片：取样品内容物进行涂片。带汤汁的样品可用接种环挑取汤汁涂于载玻片上，固态食品可直接涂片或用少量灭菌生理盐水稀释后涂片，待干后用火焰固定。油脂性食品涂片自然干燥并火焰固定后，用二甲苯流洗，自然干燥。

②染色镜检：对涂片用结晶紫染色液进行单染色，干燥后镜检，至少观察5个视野，记

录菌体的形态特征以及每个视野的菌数。与同批冷藏保存对照样品相比，判断是否有明显的微生物增殖现象。菌数有百倍或百倍以上的增长则判为明显增殖。

（9）结果判定。样品经保温试验未出现泄漏；保温后开启，经感官检验、pH 测定、涂片镜检，确证无微生物增殖现象，则可报告该样品为商业无菌。样品经保温试验出现泄漏；保温后开启，经感官检验、pH 测定、涂片镜检，确证有微生物增殖现象，则可报告该样品为非商业无菌。若需核查样品出现膨胀、pH 或感官异常、微生物增殖等原因，可取样品内容物的留样按照《食品安全国家标准　微生物学检验　商业无菌检验》（GB 4789.26—2013）附录 B 进行接种培养并报告。若需判定样品包装容器是否出现泄漏，可取开启后的样品按照《食品安全国家标准　微生物学检验　商业无菌检验》（GB 4789.26—2013）附录 B 进行密封性检查并报告。

3. 罐头食品食物中毒性细菌的检验　在罐头食品的无菌试验中，若发现球菌，则须进行致病性葡萄球菌和致病性链球菌的检验；若发现革兰氏阴性杆菌，则须进行肠道致病菌如沙门氏菌和大肠埃希氏菌等的检验；若发现革兰氏阳性杆菌，则须进行肉毒梭菌、产气荚膜梭菌及肉毒毒素的检验。若罐头食品无菌试验为阴性或其 pH 在 4.6 以下，则不必作食物中毒性细菌的检验。

4. 罐头食品平酸菌的检验　对疑似平酸腐败的罐头食品应进行平酸菌检验。具体方法为：随机抽取一定数量的样品，置于 55℃温箱内保温 3d 后取出，无菌操作，吸取罐头内容物 1g（mL）接种于溴甲酚紫葡萄糖肉汤培养基中，于 55℃培养 5d。培养液均匀混浊、无菌膜、呈酸性反应、无碱性反应者为典型平酸菌的主要特征。而培养期间无细菌生长者，则平酸菌阴性。平酸菌在溴甲酚紫葡萄糖琼脂平板上，典型的菌落为乳黄色、中心深、扁平而稍突起，边缘整齐或不整齐。为进一步鉴定典型平酸菌，可将其纯培养后，根据表 10－1 所列指标进行鉴定。

表 10－1　典型平酸菌的鉴定

试验项目	凝结芽孢杆菌	嗜热脂肪芽孢杆菌
芽孢	椭圆形、鼓或不鼓出、位于菌体中央至极端	椭圆形、鼓或不鼓出、位于菌体极端至次极端
溴甲酚紫葡萄糖琼脂表面菌落的碱性反应*	＋	＋
V-P 试验	＋	－
最高生长温度（℃）	55～60	65～75
0.02%叠氮钠肉汤	生长	不生长
Sabouraud 葡萄糖培养基	生长	不生长

注：* 用氨水熏蒸菌落表面，菌落由黄变紫者为阳性反应。

另外，在溴甲酚紫葡萄糖肉汤培养基中经 55℃培养后无明显的酸性反应或虽有酸性反应，但有碱性逆反应并有菌膜者，这一类平酸菌为非典型平酸菌，如枯草芽孢杆菌、地衣芽孢杆菌等。

凡检出的非典型平酸菌，应作酸败证实试验。取出同品种的正常罐头，预先置水浴中加热，取出后以无菌操作在罐端钻一小孔，用灭菌注射器吸取待检菌株的培养液 1mL 注入罐内，焊封，置 55℃温箱内培养 5～7d 后开罐检查，罐头内容物酸败者为阳性。

5. 罐头食品的厌氧菌检验

（1）嗜热性厌氧菌检验。随机抽取一定数量的罐头样品，无菌取内容物接种至肝片肉汤培养基中经过55℃厌氧培养5d后，挑取培养液划线接种于含0.1%硫乙醇酸盐的卵黄琼脂平板，再于50℃厌氧培养24～48h，挑取革兰氏阳性着色菌落进行纯培养，并按表10-2所列生化特性作进一步鉴定。

表10-2 嗜热厌氧菌的生化特性

菌 名	特性（厌氧环境，50℃培养）
嗜热解糖梭菌	发酵葡萄糖、乳糖、蔗糖、水杨苷和淀粉，产酸产气不能使硝酸盐还原为亚硝酸盐
致黑梭菌	pH≤5.0时不生长 在含胱氨酸的琼脂斜面产生硫化氢，使醋酸铅纸条变棕黑色

（2）中温性厌氧菌检验。随机抽取一定数量的罐头样品，无菌取内容物接种于肝片肉汤中，37℃培养5d后，划线接种于含0.1%硫乙醇酸盐的卵黄琼脂平板，再于50℃厌氧培养24～48h，挑取革兰氏阳性着色菌落进行纯培养，并按表10-3所列生化特性作进一步鉴定。中温性厌氧菌主要生化特性见表10-3。

表10-3 主要中温性厌氧梭菌的鉴定

菌名	有氧环境	芽孢位置	动力	葡萄糖	乳糖	麦芽糖	甘露醇	蔗糖	阿拉伯糖	木糖	水杨苷	明胶	吲哚	硝酸盐	卵磷脂酶	脂酶	尿素酶
双酶梭菌	−	次端极	+	+	−	+	−	−	−	−	+	+	+	−	+	−	−
酪酸梭菌	−	次端极	+	+	+	+	−	+	V	+	+	−	−	−	−	−	−
尸体梭菌	−	端极	+	+	−	−	−	−	−	−	−	V	+	−	−	−	−
艰难梭菌	−	次端极	+	+	−	−	+	−	−	V	V	V	−	−	−	−	−
溶组织梭菌	+	次端极	+	−	−	−	−	−	−	−	−	+	−	−	−	−	−
无害梭菌	−	端极	−	+	−	−	+	−	−	−	+	−	−	−	−	−	−
泥渣梭菌	−	次端极	+	−	−	−	−	−	−	−	−	+	−	−	+	−	−
诺维氏梭菌A	−	次端极	+	+	−	V	−	−	−	−	−	+	−	+	+	+	−
诺维氏梭菌B	−	次端极	+	+	−	V	−	−	−	−	−	+	−	+	+	−	−
副腐败梭菌	−	端极	+	+	+	+	−	V	−	−	+	−	−	V	−	−	−
腐化梭菌	−	端极	+	+	+	−	−	+	−	−	+	−	−	−	−	−	−
腐败梭菌	−	次端极	+	+	+	+	−	V	−	−	+	+	−	−	−	−	−
多枝梭菌	−	端极	−	+	+	V	+	+	−	−	+	−	−	−	−	−	−
败毒梭菌	−	次端极	+	+	+	+	−	−	−	−	+	+	−	+	−	−	−
索氏梭菌	−	次端极	+	+	−	+	−	−	−	−	−	+	+	−	+	−	+
楔形梭菌	−	端极	+	+	V	+	V	V	V	V	+	−	V	V	−	−	−
产芽孢梭菌	−	次端极	+	+	−	+	−	−	−	−	V	+	−	−	−	+	−
次端极梭菌	−	次端极	+	+	−	−	−	−	−	−	−	+	−	−	−	−	−
第三梭菌	+	端极	+	+	+	+	+	+	−	V	+	−	−	+	−	−	−
破伤风梭菌	−	端极	+	−	−	−	−	−	−	−	−	+	V	−	−	−	−

注：+表示阳性；−表示阴性；V表示不确定。

(四) 罐头食品微生物污染的控制

罐头食品的微生物污染是降低罐头品质和造成罐头败坏的主要原因，因此有效控制罐头食品的微生物污染是防止罐头变质，减少或杜绝罐头食品中毒现象发生的重要方法，罐头食品微生物污染的控制是一项复杂的系统工程，生产中必须采取一整套可行的综合措施才能把污染降到最低限度。

1. 罐头食品的原料必须新鲜、洁净、卫生 对于肉类食品原料必须来自健康动物并尽可能避免污染，对于果蔬制品原料，要剔除因机械摩擦、压迫等造成压坏、擦伤、裂痕、脱水的果蔬。清洗是罐头前加工过程中的重要工序，清洗不仅去除了原料表面泥土和污物，还能减少表面的微生物，所以清洗用水必须干净卫生，否则，若被微生物污染则反而会加重食品的污染，罐头食品与其他食品一样，加工环境、机械设备、加工用水、辅料及操作人员都可能成为微生物污染源，尤其是加工设备可能成为嗜热微生物的重要污染源，因此要特别注意这些方面的卫生管理。

2. 罐头食品加工过程中微生物污染的控制 罐头食品微生物污染的最主要来源是杀菌不彻底和发生漏罐，因此，控制罐头食品污染最有效的方法就是切断这两个污染源，这便涉及罐头食品的制作工艺和杀菌规程，在保持罐头食品营养价值和感官性状正常的前提下，应尽可能地杀灭罐内存留的微生物。尽可能减少罐内氧气的残留，热处理后的罐头须充分冷却，使用的冷却水一定要清洁卫生。另外，封罐一定要严，切忌有漏罐现象发生。

3. 罐头食品贮存和销售过程中微生物污染的控制 罐头食品在贮存和销售过程中，切忌粗暴装卸，罐头应贮存于清洁、干燥、通风、阴凉的地方，不可靠热源太近，贮存温度应控制在 20℃以下，有条件的可置于冰柜中存放。在贮藏和销售过程中发现罐听锈蚀、变形、罐壁裂缝等情况的不得出售并禁止食用。

拓展与提升

一、冷冻饮品、饮料检验（GB/T 4789.21—2003）

清凉饮料食品一般分为冷冻食品和液体饮料两大类，冷冻食品如冰棍、冰淇淋等，大多用果汁、豆类、牛奶及鸡蛋等营养较丰富的成分所制成。液体饮料一般用果汁、蔗糖等原料所制成。该类食品在制作过程中由于原料、设备及容器消毒不彻底，常常造成各种微生物的污染和繁殖，有可能造成食物中毒及肠道疾病的传播。

(一) 样品的采取和送检

1. 瓶装汽水、果味水、果子露、鲜果汁水、杨梅汤 应采取原瓶、袋装样品；散装者应用灭菌容器采取 500mL，放入磨口灭菌瓶中。

2. 冰淇淋 采取原包装样品、散装者用无菌手续采取，放入灭菌磨口瓶内，再放入冷藏或隔热容器中。

3. 食用冰块 取冷冻冰块放入灭菌容器内。

样品采取后，应立即送检，最多不得超过 3h。

（二）样品采取数量

1. 冰棍 班产量20万支以下者，一班为一批，20万支以上者，以工作台为一批，一批取3件，一件取3支。

2. 汽水 原装2瓶为一件。

3. 果味水、果子露、果子汁等饮料 原装2瓶为一件。

4. 冰淇淋 4杯为一件，散装采取200g。

5. 食用冰块 500g为一件。

6. 散装饮料 采取500mL。

（三）检样的处理

1. 瓶装汽水、果味水、果子露、鲜果汁水、杨梅汤等饮料检样 用点燃的酒精棉球灼烧瓶口灭菌，用石炭酸纱布盖好，塑料瓶口可用75%酒精棉球擦拭灭菌，再用灭菌开瓶器将盖启开。含有二氧化碳的饮料可倒入500mL灭菌磨口瓶内，口勿盖紧；覆盖一块灭菌纱布、轻轻摇荡，待气体全部逸出后，进行检验。

2. 冰棍 用灭菌镊子除去包装纸，将冰棍部分放入灭菌广口瓶内，木棒留在瓶外，盖上瓶盖，用力抽出木棒，或用灭菌剪子剪去木棒，置45℃水浴30min溶化后，立即进行检验。

3. 冰淇淋 在灭菌容器内，等其溶化，立即进行检验。

4. 酸性饮料 用10%灭菌石炭酸钠调pH至中性再行检验。

（四）检验方法

检验方法参阅《食品卫生微生物学检验　冷冻食品、饮料检验》（GB/T 4789.21—2003），按照项目四、五、六、九分别做菌落总数测定、大肠菌群测定、霉菌和酵母菌数测定、沙门氏菌检验、志贺氏菌检验、金黄色葡萄球菌检验等致病菌检验，或乳酸菌检验。

二、水产食品检验（GB/T 4789.20—2003）

水产食品种类繁多，鱼类、甲壳类、贝壳类的生态习性和体型结构差异较大。在对水产食品进行卫生微生物学检验时，应按上述品种特性和检验目的合理地选择采样部位和处理检样。

（一）采样

赴现场采取水产食品样品时，应按检验目的和水产品的种类确定采样量。除个别大型鱼类和海兽只能割取其局部作为样品外，一般都采完整的个体，待检验时再按要求在一定部位采取检样。在以判断质量鲜度为目的时，鱼类和体型较大的贝甲类虽然应以一个个体为一件样品，单独采取一个检样，但当须对一批水产品作质量判断时，仍须采取多个个体做多件检样以反映全面质量，而一般小型鱼类和小虾、小蟹，因个体过小在检验时只能混合采取检样，在采样时须采数量更多的个体，一般可采500～1 000g。

水产食品含水分较多，体内酶的活力也较旺盛，易于变质。因此在采好样品后应在3h

内送检，在送检途中一般都应加冰保养。

（二）检样的处理

1. 鱼类　采取检样的部位为背肌。先用流水将鱼体体表冲净，去鳞，再用75%酒精棉球擦洗鱼背，待干后用灭菌刀在鱼背部沿脊椎切开5cm，再切开两端使两块背肌分别向两侧翻开。然后用无菌剪子剪取肉25g放入灭菌乳钵内，用灭菌剪子剪碎，加灭菌海砂或玻璃砂研磨（有条件情况下可用均质器）。检样磨碎后加入225mL灭菌生理盐水，混匀成稀释液。或用拍击式均质器拍击1min，制成1∶10稀释液。剪取肉样时，勿触破及沾上鱼皮。

2. 虾类　采取检样的部位为腹节内的肌肉。将虾体在流水下冲洗，摘去头胸节，用灭菌剪子剪除腹节与头胸节连接处的肌肉，然后挤出腹节内的肌肉，称取25g放入灭菌乳钵内，以后操作同鱼类检样处理。

3. 蟹类　采取检样的部位为胸部肌肉。将蟹体在流水下冲净，剥去壳盖和腹脐，再去除鳃条，复置流水下冲净。用75%酒精棉球擦拭前后外壁，置灭菌搪瓷盘上待干。然后用灭菌剪子剪开成左右两片，再用双手将一片蟹体的胸部肌肉挤出（用手指从足跟一端向剪开的一端挤压），称取25g置灭菌乳钵内。以下操作同鱼类检样处理。

4. 贝壳类　采样部位为贝壳内容物。先用流水刷洗贝壳，刷净后放在铺有灭菌毛巾的清洁的搪瓷盘或工作台上。采样者将双手洗净并用75%酒精棉球涂擦消毒后，用灭菌小钝刀从贝壳的张口处隙缝中徐徐切入撬开壳盖，再用灭菌镊子取出整个内容物，称取25g置灭菌乳钵内，以下操作同鱼类检样处理。

（三）检验方法

检验方法参阅《食品卫生微生物学检验　水产食品检验》（GB/T 4789.20—2003），按照项目四、五、六分别做菌落总数测定、大肠菌群测定、霉菌和酵母菌数测定、沙门氏菌检验、志贺氏菌检验、金黄色葡萄球菌检验、副溶血性弧菌检验等致病菌检验。

复习与思考

1. 解释下列名词：散黄蛋、泻黄蛋、平酸菌、嗜热性厌氧菌、胖听。
2. 简述鲜蛋的微生物来源及类群。
3. 鲜蛋样品采集的原则是什么？
4. 无公害鸡蛋的微生物检验指标有哪些？
5. 什么是平酸菌？如何对平酸菌进行检验？
6. 罐头的胖听有哪几种？平酸菌引起的胖听是哪种类型的胖听？
7. 如何对罐头进行无菌检验？
8. 控制罐头食品微生物污染的主要措施有哪些？

项目十一 食品微生物检验实验室及检验要求

项目指南

随着食品安全事件的不断发生，人们越来越多地关注食品安全问题，这就要求越来越多的食品生产企业和检测机构建立食品微生物检验实验室。食品微生物检验实验室的建设及检验应符合有关要求。因此，本项目主要内容是了解食品微生物实验室原则和设计要求，明确食品微生物实验室的建设应以生物安全为中心，掌握食品微生物实验室的基本操作要求。本项目重点是食品微生物实验室安全管理和基本操作要求，难点是如何设计一个合格的食品微生物实验室。为适应现代食品微生物检验发展需求，增加了快速检测技术，如大肠菌群、大肠埃希氏菌快速计数法等相关知识。

通过本项目的学习，结合本学期所学知识和技能，能够设计一个食品微生物检验实验室，包括实验室的建筑设施、安全管理基本要求，基本操作要求等，并列出食品微生物常规检验项目需购买的仪器设备、培养基试剂、玻璃器皿及其他常用物品。

认知与解读

根据实验室所处理对象的生物危害程度和采取的防护措施，生物安全实验室分为四级。微生物生物安全实验室可采用 BSL-1、BSL-2、BSL-3 和 BSL-4 表示相应级别的实验室，其中一级对生物安全隔离的要求最低，四级最高。食品微生物学检验实验室所检验微生物的生物危害等级大部分为生物安全二级，少数为生物安全三级和四级（如霍乱弧菌、鼠疫耶尔森氏菌等）。食品微生物实验室的建筑选址应考虑与周围环境的关系。不同级别食品微生物实验室的规划建设和配套环境设施要求见表 11－1。

表 11－1 不同级别食品微生物实验室的规划建设和配套环境设施要求

实验室级别	生物危害程度	操作对象	平面位置	选址和建筑间距
一级	低个体危害，低群体危害	对人体、动植物或环境危害较低，不具有对健康成人、动植物致病的致病因子	可共用建筑物，实验室有可控制进出的门	无要求
二级	中等个体危害，有限群体危害	对人体、动植物或环境具有中等危害或具有潜在危险的致病因子，对健康成人、动物和环境不会造成严重危害。有有效的预防和治疗措施	可共用建筑物，与建筑物其他部分可相通，但应设可自动关闭的带锁的门	无要求

（续）

实验室级别	生物危害程度	操作对象	平面位置	选址和建筑间距
三级	高个体危害，低群体危害	对人体、动植物或环境具有高度危害性，通过直接接触或气溶胶使人传染上严重的甚至是致命疾病，或对动植物和环境具有高度危害的致病因子。通常有预防和治疗措施	与其他实验室可共用建筑物，但应自成一区，宜设在其一端或一侧	满足排风间距要求
四级	高个体危害，高群体危害	对人体、动植物或环境具有高度危害性，通过气溶胶途径传播或传播途径不明，或未知的、高度危险的致病因子。没有预防和治疗措施	独立建筑物。或与其他级别的生物安全实验室共用建筑物，但应在建筑物中独立的隔离区域内	宜远离市区。主实验室所在建筑物离相邻建筑物或构筑物的距离不应小于相邻建筑物或构筑物高度的1.5倍

ISO/IEC17 025标准中，实验室分为第一方实验室、第二方实验室和第三方实验室。第一方实验室是组织内实验室，检测校准自己生产的产品，或委托某实验室代表其检测校准自己生产的产品，数据为我所用，目的是提高和控制自己生产的产品质量，服务于企业生产。第二方实验室是独立于组织内的实验室，检测校准供方提供的产品，或委托某实验室代表其检测校准提供的产品，数据为我所用，目的是提高和控制供方质量，服务于销售方。第三方实验室是独立于第一方实验室和第二方实验室，为社会提供检测校准服务的实验室，数据为社会所用，目的是提高和控制社会产品质量，为社会提供公正检测服务。

一、食品微生物检验实验室基本规划设计

（一）食品微生物检验实验室设计原则

1. 符合规定，满足要求　实验室设计必须符合国家和地方相关部门的规定和要求。实验室的选址、设计和建造应符合国家和地方环境保护和建设主管部门等的规定和要求。实验室的防火和安全通道设置应符合国家的消防规定和要求，同时应考虑生物安全的特殊要求。实验室的建筑材料和设备等应符合国家相关部门对该类产品生产、销售和使用的规定和要求。实验室的设计应保证对生物、化学、辐射和物理等危险源的防护水平控制在经过评估的可接受程度，为关联的办公区和邻近的公共空间提供安全的工作环境及防止危害环境。

2. 满足需要，适度超前　要根据实验室的检测需要、工作量的情况、人员配备情况提出合理、实用、经济的实验室建设要求（适度等级、面积、设施配备等）。普通实验室满足生物安全二级要求。在满足需要的基础上，也要适度超前。实验室的工作内容、检测工作量、检测技术、仪器设备和人员配备等都是在发展的，实验室在设计时要充分考虑，预留发展空间。

3. 科学布局，合理分区　实验室总体布局和各区域的安排应符合实验流程，尽量减少

往返或迂回，以降低对样本、人员与环境的潜在污染危害。采取措施将实验区域和非实验区域隔离开来，食品微生物实验室的房屋位于建筑物的一端或一侧，由多个用途不同的房间组成。微生物学实验室的功能区可分为储藏室（用于储存样品、设备、化学药品和玻璃器皿等）、培养基制备室、动物房（如果有动物的话）、无菌室（面积一般为 $4\sim5m^2$，高 2.5m 左右，无菌间通向外面的窗户应为密封双层玻璃，不得随意打开，设有一定洁净度级别且进出两门不同时开启的气闸式缓冲间，另设有 $0.5\sim0.7m^2$ 的小窗，以备进入无菌间后传递物品）、仪器室、培养室、微生物鉴定室、洗刷室、消毒灭菌室、样品室（存放收到的待分析样品以及保存分析过的样品），房间之间相互隔离。此外，还要考虑设计办公室、洗手间、接待室、档案室等。根据实际工作情况，以上各功能区可合并使用，但应符合合理性、科学性的要求。普通食品微生物实验室布局草图见图 11-1。

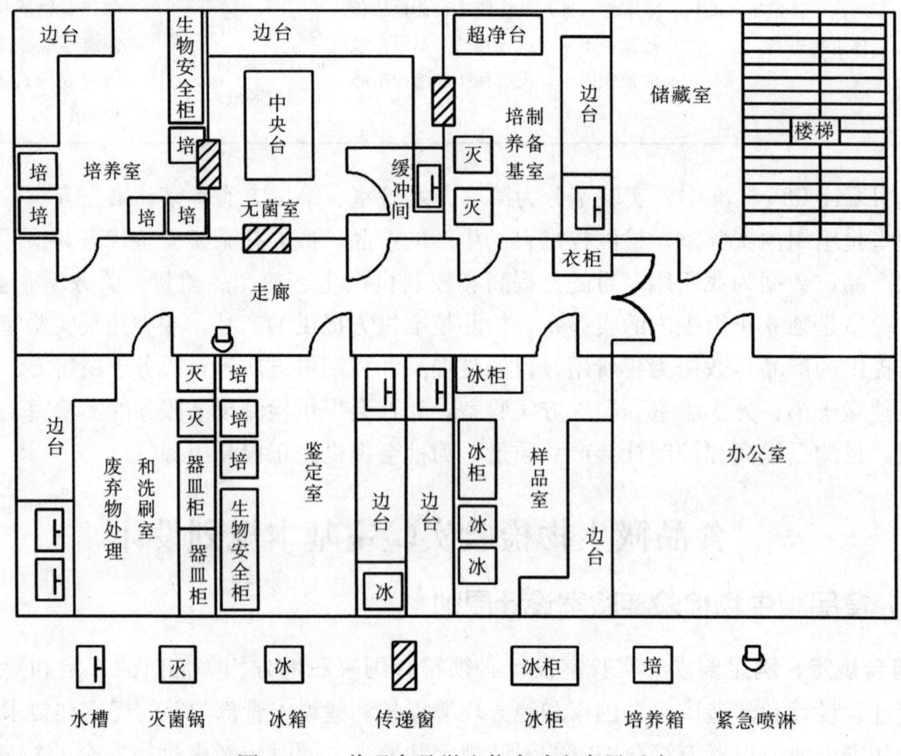

图 11-1 普通食品微生物实验室布局示意

4. 周全考虑，协调统一 微生物检测实验室设计是一项复杂的、系统的、多专业的工作，需要各专业、各工序之间的协调配合。实验室的围护结构、地面、吊顶、技术夹层、水电、通风管道、生物安全柜和通风橱等设施、实验台等各工序互相关联、交错和干扰，在设计时要通盘考虑，避免相互影响。

5. 深入细致，关注细节 “细节决定成败”。细节之处考虑得越充分，越能充分发挥实验室的功能，越能体现实验室设计的水平。如中央实验台的摆放方向应与出入方向顺向，而不要横向摆放阻挡实验室人员出入，特别在紧急情况发生的时候实验台横向摆放是十分危险的；为防止操作时化学试剂或污染物飞溅实验人员，在靠近实验室公共走道处应安装带有自动或人控开关的紧急冲淋洗眼装置。

（二）食品微生物检验实验室设计要求

食品微生物检验实验室的设计要求应参考有关标准。《实验室生物安全通用要求》（GB 19489—2008）和《生物安全实验室建筑技术规范》（GB 50346—2011）是食品微生物检验实验室设计最重要的依据，具体要求简要介绍如下。

1. 地面　实验室的地面要求平整、易清洁、防滑耐磨、防火、不渗液和耐化学品、消毒剂侵蚀等。微生物检验实验室地面可以选用涂层、水泥、地砖、PVC 地胶、环氧自流平地坪等。其中 PVC 地胶比较耐用，施工方便，防火耐化学品腐蚀，是比较理想的实验室地面材料。实验室地胶施工时，一定要先把地面处理平整，否则影响铺装后的平整性。在地胶接缝处用焊线密封，保证地面不留缝隙。用水量多的实验室应在地面做防水并设地漏。

2. 墙壁　微生物检验实验室的墙面要求光滑、易清洁、抗静电不易附着灰尘、结实、防震、防火、隔音、不吸湿和耐化学品、消毒剂侵蚀等。墙壁、顶棚和地面应符合消防、噪声和保温方面的所有相关规定。实验室墙面使用的材料有涂层、塑钢、不锈钢板、铝合金、彩钢板和各种非金属板等，选择墙面使用材料时不仅要考虑污染控制和实验室运行的要求，还要考虑建造现场的相关事项如可用的建造和装修技术等。隔墙进行施工时，除了要关注墙的施工质量外，还要关注墙上安装设施设备的情况。有的位置要安装观察窗、传递窗、电源开关、电源插座、应急灯、指示标牌等，应提前考虑周全，尽快协调。

3. 顶棚　微生物检验实验室顶棚也要光滑平整、易清洁、抗静电。三级和四级生物安全实验室的顶棚应密封，不得设置入孔、管道检修口，防止含有沙子或其他污染物的空气通过顶棚的孔隙渗入。安装在顶棚的过滤器、箱体、框架应密封。顶棚的高度应考虑生物安全柜等设备的安装高度，不宜低于 2.6m，走道处顶棚净高不应低于 2.2m。

4. 密封　对于普通的微生物检验实验室，洁净度没有特殊要求。对于净化实验室，需要保证空气的洁净度，对室内洁净程度要求高的实验室，应在顶棚、墙、地面等围护结构相交处安装铝合金的或不锈钢的圆弧形交角。圆弧形交角的半径不小于 0.05m，所有缝隙和线孔都应用软性不老化材料（如胶条）填实。

5. 门窗　单扇门的门洞宽度不应小于 1m，子母门或双扇门的门洞宽度不应小于 1.2m，门洞高度不应小于 2.1m。门应结实、密封性好、易清洁、隔音，外门还要有防啮齿类动物进入的设计，如挡鼠板。三级和四级生物安全实验室的门应带锁并能自动关闭，门上应设观察窗，门上应有生物安全标识。生物安全标识上方是国际通用生物危险符号。

为保持实验室通风，一级和二级生物安全实验室可设置窗户，窗户上应设纱窗防蚊蝇进入。三级和四级生物安全实验室不应设外窗，但可在内墙上设非开启式密闭观察窗（玻璃窗），这样无需进入室内就可观察到室内的活动。玻璃窗应采用满足安全要求的材料制作，为了与墙面齐平，可采用双层玻璃。玻璃窗内可加装百叶窗或遮帘，室内的一侧避免使用外露的遮帘。门窗在检测工作进行时保持关闭以减少气流扰动，门窗应避免形成灰尘槽。

6. 水路　微生物检验实验室的水路分给水和排水。实验室必须保证充足供水和通畅的排水，以满足实验、清洁、洗刷以及消防用水的需要。给排水主要分布在培养基制备室、洗刷室、缓冲间、鉴定室和样品室等，这些房间应该在操作区域设置水盆或靠近门口的位置设置洗手盆。培养基制备室的自来水需要按照《实验室质量控制规范　食品微生物检测》（GB/T 27405—2008）和 GB/T 6682《分析实验室用水规格和试验方法》（GB/T 6682—

2008)，经过蒸馏或离子交换等水净化装置的处理合格后才能用于培养基制备。洗刷室最好同时配备冷、热水，方便天冷时进行洗刷。三级和四级生物安全实验室应配有热水淋浴装置。

排水系统的选择应根据污水的性质、流量、排放规律并结合室外排水条件确定。排出有毒和有害物质的污水应与生活污水及其他废水废液分开。必要时，污水需经处理才能排放。凡含有毒和有害物质的污水均应进行必要的处理，符合国家排放标准后方可排入城市污水管网。酸、碱污水应进行中和处理，中和后达不到中性时应采用反应池加药处理。三级和四级生物安全实验室的污水必须进行消毒处理，主实验室内不应设地漏，半污染区和污染区的排水应通过专门的管道收集至独立的装置中进行消毒灭菌处理，经处理后污水应符合现行的《医院污水排放标准》(GBJ 48—1983) 的规定。

7. 电气 实验室供配电设计首先需要考虑实验室的电力负荷。电力网上用电设备所消耗的功率称为电力负荷。供配电设计的时候要考虑到实验室现有的仪器设备的电力负荷，根据仪器预定放置的位置设计电源，并且要充分考虑实验室未来几年可能会引进的仪器并为其预留线路和插座。

实验室投资较大、设备贵重，如遭雷击将造成重大损失，故应设置完善的防雷系统。二级以上的生物安全实验室、计算机网络机房、大型仪器分析室等有特殊要求的场所应设置独立的接地系统。实验室按具体要求可设置工作接地、供电电源实验室工作接地、保护接地、实验室特殊防护接地及防雷接地。

8. 气路 实验室用气有燃气、厌氧培养所需的气体（氢气、氧气、二氧化碳）、色谱仪上的载气（氢气、氮气、氦气、氩气）以及特殊设备所需的压缩空气等。实验室的供气有两种方式：气瓶和管路。气瓶供气使用灵活，不需要预先安装管路，但是需要经常更换。管路供气使用方便，供气稳定，但是设计施工费劲，成本较高。总之，气体管路设计须满足有关要求。

9. 通风 普通的微生物检验实验室可以靠开窗自然通风，也可设置机械通风系统，但应避免交叉污染。三级和四级生物安全实验室需要建立机械式通风系统来控制空气中气溶胶的危害。

10. 空调 空调系统一般由空气处理设备、空气输送管道和空气分配装置组成。根据实验室场地条件和不同需要可以组合不同的形式。

11. 通讯系统 实验室内外人员需要相互交流，数据（结果报告）需要传输。如可行，实验室应配备通讯系统，以减少实验室的人员出入和物理介质数据资料的传入传出。可以采用的通讯方式主要有：窗户、内部话机、外线电话、计算机网络、对讲门禁和广播系统等。根据实验室自身情况选择与实验室生物安全等级相适应的手段。

（1）通信系统。生物安全实验室内操作致病微生物，被污染的风险很高，实验室里做实验所产生的记录、文件、报告等文字信息不能以纸张的形式在实验室内不同区域间传递，更不允许未经消毒和未经灭菌的物品直接带出实验室外，否则会导致交叉污染或污染实验室外面的环境。信息沟通只能通过电话、对讲机、传真、计算机网络等。

（2）电视监控系统。三级和四级生物安全实验室是封闭的，电视监视系统使生物安全实验室外的管理人员对实验室内人员及设备状况能够方便和清楚地了解，采用电视监视系统能增加实验室的安全性。

（3）对讲门禁系统。为了保证实验室的安全，需要进行封闭式管理，无授权的人员绝对不允许进入实验室，对于进出实验室的人员应该掌握其进出的时间。设置门禁出入自动控制系统，多采用感应式 IC 卡方式，给每个有权进入的人员发放感应式 IC 卡，这张卡相当于一把钥匙。门禁出入控制系统根据该卡的卡号和当前的时间等信息，判断持卡人是否可以进出，同时系统可进行出入统计，并且根据需要随时增加和删除 IC 卡授权，对进出实验室人员进行控制。

（4）广播系统。实验室通常由很多房间组成，工作人员分散于各个房间，即使是实验室主管一时也很难把握每个工作人员的确切位置；如遇紧急情况（如火警），很难及时联系到每一名工作人员。实验室中设置广播系统是为了便于通知重要信息，使实验室内的工作人员及时得到有关通知。

12. 消防系统　实验室消防系统需满足《建筑设计防火规范》（GB 50016—2006）和《建筑灭火器配置设计规范》（GBJ 140—90—97）等相关标准中的规定。实验室应设在耐火等级不低于二级的建筑物内。实验室所有疏散出口都应有消防疏散指示标志和消防应急照明措施。实验室内应设火灾自动报警装置和合适的灭火器材。

13. 实验台　微生物检验实验室内从事关键工作的实验台应远离出入口、通道以及其他气流流型可能受到干扰及污染较高的地方。实验台面应光滑、耐磨、不透水、耐腐蚀、耐热和易于清洗。无菌室内的实验台、架、设备的边角应以圆弧过渡，不应有突出的尖角、锐边、沟槽。实验室中各种台、架、设备应采取防倾倒措施，相互之间应保持一定距离，其侧面至少留有 8cm、后面至少留有 4cm 间距以方便清洁。当靠地靠墙放置时，应用密封胶将边缝密封。

二、食品微生物实验室安全管理

二级、三级、四级生物安全实验室的操作对象都不同程度地对人员和环境有危害性，因此根据国际相关标准，生物安全实验室入口处必须明确标示出国际通用生物危险符号，在生物危险符号的下方应同时标明实验室名称、预防措施负责人、紧急联络方式等有关信息。生物危害警告标志的颜色为黑色，背景为黄色，只有经批准的人员方可进入实验室工作区域。国际通用生物危险符号见图 11－2。

非工作人员禁止进入无菌室。与实验室工作无关的动物不得带入实验室。微生物实验室禁止在实验室内吸烟、进餐、会客、喧哗，实验室内不得带入私人物品。食品微生物检测人员进入实验室必须穿工作服，进入无菌室换无菌衣、帽、鞋，戴好口罩，严格执行安全操作规程。在进行可能直接或意外接触到具有感染性的材料时，应戴上合适的手套。手套用完后，应先消毒再摘除，随后必须洗手。在处理完感染性实验材料和动物后，以及在离开实验室工作区域前，都必须洗手。工作完毕，用肥皂、清水洗手，必要时可用新洁尔灭、过氧乙酸泡手，然后用水冲洗。工作服应经常清洗，保持整洁，必要时高压消毒。为了防止眼睛或面部受到泼溅物、碰撞或人工紫外线辐射的伤害，必须戴安全眼镜、面罩或其他防护设备，严禁穿着实验防护服离开实验室。禁止在实验室工作区域储存食品和饮料；在实验室内用过的防护服不得和日常服装放在同一柜子内。

在进行高压、干燥、消毒等工作时，工作人员不得擅自离开现场，应认真观察温度、时

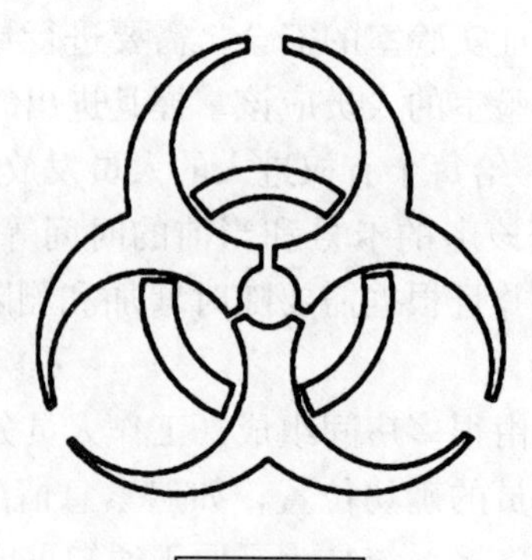

生物危险

非工作人员严禁入内

实验室名称			
病原体名称		预防措施负责人	
生物危害等级		紧急联络方式	

图 11-2 国际通用生物危险符号

间。严禁用口直接吸取药品和菌液，应按无菌操作进行，如发生菌液、病原体溅出容器外时，应立即用有效消毒剂进行彻底消毒，安全处理后方可离开现场。实验完毕，即时清理现场和实验用具，对染菌带毒物品进行消毒灭菌处理。如果柚木工作台上了蜡，必须定期上蜡以防污垢聚集，生物安全柜等设备必须用正确方法进行验收，应制订害虫防治计划以使苍蝇、蟑螂和其他害虫的数量在控制范围之内。除害工作完成后应保留书面记录，并标明完成的日期。

实验室内物品应摆放整齐，试剂定期检查并有明晰标签。仪器定期检查、保养、检修。高压灭菌器应按规定进行检定。严禁在冰箱内存放和加工私人食品。各种器材应建立领用申请、批准、消耗记录制度。仪器有使用记录，破损遗失应填写报告。药品、器材、菌种不经批准不得擅自外借和转让，更不得私自拿出。离开实验室前认真检查水电，对于有毒、有害、易燃、污染、腐蚀的物品和废弃物品应按有关要求执行。出现问题立即报告，造成病原扩散等责任事故者，应视情节追究法律责任。

（一）实验室清洁要求

无菌室内应保持清洁，不得存放与实验无关的物品。工作前后均应用适宜的消毒液擦拭工作台面及可能污染的死角，常用消毒剂的品种有：5～20 倍稀释的碘伏水溶液、0.1%新洁尔灭溶液、1∶50 的 84 消毒液、75%乙醇溶液、3%碘酒溶液、5%石炭酸（来苏儿）消毒溶液、2%戊二醛水溶液、75%乙醇消毒液等，所用的消毒剂品种与使用要进行有效性验证方可使用，并定期更换消毒剂的品种。无菌间使用前后应将门关闭，打开紫外灯，如采用室内悬吊紫外灯消毒时，需 30W 紫外灯，距离在 1.0m 处，照射时间不少于 30min，人员在关闭紫外灯至少 30min 后方可入内作业，不得直接在紫外线下操作，以免引起损伤。灯管每隔两周需用酒精棉球轻轻擦拭，除去上面的灰尘和油垢，以减少紫外线穿透的影响。工作人员进入无菌室，须先洗手消毒，并换上专用无菌工作衣、帽，离开无菌室须更衣。无菌室使用完毕，应及时清理，保持清洁，并开启紫外灯杀菌 30min。

实验室内的地面、工作台和其他表面必须进行打扫，还必须对通风橱、仪器设备和玻璃器皿进行清扫、洗涤和消毒。冷冻设备和冰箱必须经常清洁除霜，实验室应制订清洁计划。所有表面都应经常用湿抹布清洁，每天上下班应进行清扫整理，桌柜等表面应每天用消毒液擦拭，保持无尘，杜绝污染。地板应定期用湿拖把清扫并消毒以防污物聚集和细菌滋生繁衍。应坚持清洁记录并对其评估，以确保清洁工作是按时间安排进行的。应经常对实验室进行检查，以确定清洁程度是否达到要求。

对实验室工作台和设备表面做微生物检查可以采用三种方法。第一种方法是擦拭法（棉拭子法），用于检测设备的任一部分，应在多个区域进行擦拭，对难以评估清洁程度的区域取样应格外小心。需氧嗜温菌＜5CFU/cm^2 时，说明合格；需氧嗜温菌在 5～25CFU/cm^2 时，说明需进一步调查；需氧嗜温菌＞25CFU/cm^2 时，说明不合格，须立即处理。第二种方法是淋洗法。适用于较小的设备或器具（如桶）。第三种方法是影印盘（琼脂直接接触微生物复制盘，RODAC）法，此法特别适用于对平滑密实的表面进行采样，在不规则、破裂或有裂纹物体表面不要使用这种方法。最好对平滑表面进行打扫、清洁并消毒以后使用此方法。严重污染的表面会导致 RODAC 平皿上细菌过度滋生。

1. 紫外线杀菌的要求　紫外线是一种低能量的电磁辐射，紫外线灭菌是用紫外线管照射进行的。波长在 220～300nm 的紫外线称为“杀生命区”，可杀死多种微生物。其中以 260nm 波长的杀菌力最强，革兰氏阴性菌最为敏感，其次是阳性菌，再次为芽孢，真菌孢子的抵抗力最强。紫外线的直接作用是通过破坏微生物细胞核酸的 DNA，使 DNA 链上相邻的嘧啶碱形成嘧啶二聚体（如胸腺嘧啶二聚体），抑制了 DNA 复制。同时可破坏蛋白质等而使微生物灭活。另外，空气在紫外线照射下可以产生臭氧，臭氧也有一定的杀菌作用。紫外线透过物质的能力很差，适用于空气及物体表面的灭菌，直接照射培养室消毒，用法简单、效果好。但与被照物的距离以不超过 1.2m 为宜，照射时间以紫外线灯管的功率大小、被照空间及面积大小，根据灭菌效果测定结果而定。

紫外线灯的消毒效果与紫外线灯的辐射强度和照射剂量呈正相关，辐射强度随灯距离增加而降低，照射剂量和照射时间呈正比。因此，紫外线灯同被照射物的距离和照射时间要适合。离地面 2m 的 30W 灯可照射 9m^2 房间，每天照射 2～3h，期间可间隔 30min。灯管离地面 2m 以外要延长照射时间，2.5m 照射效果较差，紫外线灯照射工作台的距离不应超过 1.5m，照射时间以 30min 为宜。紫外线灯不仅对皮肤、眼睛有伤害，且对培养细胞与试剂等也产生不良影响，因此不要开着紫外线灯进行操作。

2. 实验室空气中微生物的监测　对空气中微生物的监测工作至少每两周进行一次，以确定实验室环境是否构成重要的污染源。对空气质量监测简单有效的方法是“沉降程序”（或沉降平皿技术）。即用非选择性培养基平皿，如平板计数琼脂平皿，暴露放置在实验室内的各个位置。实际选择的位置应基于人员流量情况和做实验的频率。对于无菌室而言，一般情况下面积≤30m^2 时，从所设定的一条对角线上选取 3 点，即中心 1 点、两端各距墙 1m 处各取 1 点；面积≥30m^2 时，选取东、南、西、北、中 5 点，其中东、南、西、北 4 点均距墙 1m。平皿暴露 15min 后，盖上平皿盖，将其置入 36℃±1℃环境下培养 48h±1h。对平皿计数细菌总数做好记录。如果平皿计数显示菌落总数＞15CFU/板，说明实验室的空气质量不适于进行微生物检测。在这种情况下，实验室的工作应该暂停，应对实验室所有表面进行彻底消毒。对实验室的空气微生物学质量进行再次评估合格后，才能恢复实验室正常工作。各种类型环境空气采样装置，例如过滤采样器、分离采样器和离心采样器等均可应用于实验室空气中微生物的监测。

（二）仪器配备管理使用要求

食品微生物实验室应配备恒温培养箱、高压蒸汽灭菌器、普通冰箱、低温冰箱、显微镜、生物安全柜、振荡器、普通天平、千分之一天平、电热干燥箱、均质器、恒温水浴箱、生化培养箱、pH 试纸或电位 pH 计。根据所检测项目，选择配备厌氧培养设备、离心机、冷冻干燥设备、菌落计数器等。实验室所使用的仪器、容器应符合标准要求，保证准确可靠，凡计量器具须经计量部门检定合格方能使用。

实验室仪器安放合理，专人管理，建立仪器档案，并备有操作方法、保养、维修、说明书及使用登记本等。仪器设备应保持清洁，使用仪器时，应严格按照操作规程进行，使用登记本按内容进行登记，按规程维护、保养和检查。精密仪器不得随意移动，若有损坏需要修理时，应请仪器生产商维修。

1. 恒温培养箱 用于微生物恒温条件下培养的培养箱，调温范围一般为 20～45℃。培养酵母菌和霉菌时，一般可调至 28℃。培养细菌和放线菌时，可根据菌种的生长温度进行调温，一般为 30～37℃。

2. 电热干燥箱 用于玻璃器皿等器物的烘干和干热灭菌。电热干燥箱的调温范围一般为 40～180℃，对玻璃器皿等物品进行灭菌时，将温度调至 160℃ 灭菌 2～4h，即可将器皿上的微生物全部杀死。灭菌完毕后，在电热干燥箱温度还没有降到 50～70℃ 以前，不要打开箱门，以免器皿破裂。

3. 冰箱 用于保藏菌种和需要低温保存的试剂。

4. 高压蒸汽灭菌器 高压蒸汽灭菌器是微生物学实验中最重要的灭菌工具，用于一般培养基和玻璃器皿等物品的灭菌。在 103.425kPa 压强下（121.6℃）灭菌 15～30min，可以杀死包括芽孢在内的全部微生物。

5. 离心机 用于分离菌体和液体培养基。一般多使用普通小型台式离心机，最高转数为 4 000r/min。

6. 接种针 用于接种和分离微生物。根据不同用途做成针状、环状、钩状、刀状和铲状等。接种针由针头和针柄两部分组成。针头由白金或铬镍合金（细电炉丝）制成，长约 7cm。针柄可用玻璃棒或铝管制成，长约 20cm。将针头烧结在针柄上即成。

7. 天平 用于称量各种试剂。托盘天平或扭力天平均可，感量应为 0.01g。

8. 酒精灯 用于接种时对接种工具进行灭菌。酒精灯火焰上部热度最高，应利用这一最高温度区烧灼接种针或试管口。

9. 显微镜 用于观察微生物的形态结构，显微镜应配备油镜头，以便能看清细菌的形态。

10. 常用玻璃器皿

（1）培养皿（平皿）。用于盛放固体培养基，是培养微生物和观察微生物的主要器皿。一般直径为 9cm，根据活动规模准备若干个，可选择一次性平皿。

（2）试管。用于盛放固体斜面培养基或液体培养基，是接种微生物的主要器皿。常用的有两种：较大的长220mm，直径20mm；较小的长150mm，直径15mm。可根据需要选用其中一种，并准备若干个。

（3）锥形瓶。用于盛放液体培养基，是用液体培养基培养微生物的主要器皿，一般容量为50mL、100mL、250mL、300mL、500mL、1 000mL。可根据需要选择和准备。

（4）量筒、量杯。用于定量量取各种液体。

（5）移液管（刻度吸管）。一般容量为0.5mL、1mL、2mL、5mL、10mL等，可根据需要选择和准备。

（6）其他。烧杯、漏斗、玻璃棒等。

玻璃器皿管理使用要求应根据检测项目的要求，制订玻璃器皿的采购计划，详细注明规格、产地、数量、要求，计量器皿应经计量合格后使用。大型器皿应建立账目，每年清查一次。一般低值易耗器皿损坏后随时填写损耗登记清单。玻璃器皿使用前应除去污垢，并用清洁液或2%稀盐酸溶液浸泡24h后，用清水冲洗干净或使用超声波清洗器清洗干净备用。器皿使用后随时清洗，染菌后应经高压灭菌后清洗，不得乱弃乱扔。

试剂管理使用要求应依据检测任务，制订各种试剂采购计划，写清品名、单位、数量、纯度、包装规格、出厂日期等，采购后需要进行包括质量要求的验收。建立账目，专人管理。试剂陈列整齐，放置有序，避光、防潮、通风干燥，瓶签完整；剧毒试剂加锁存放，双人管理。易燃、挥发、腐蚀品种单独储存。领用试剂，需填写请领单，由使用人和科室负责人签字，任何人无权私自出借或馈送试剂，本单位科室间或外单位互借时需经科室负责人签字。称取试剂应按操作规范进行；用后盖好，必要时可封口或用黑纸包裹，不得使用过期或变质试剂。

三、食品微生物实验室基本操作要求

实验室工作人员有颜色视觉障碍者不能执行某些涉及辨色的试验，实验室人员应熟悉生物检测安全操作知识和消毒知识。食品微生物实验室工作人员必须有严格的无菌观念，许多试验要求在无菌条件下进行，主要原因：一是防止试验操作中环境或人为污染样品；二是保证工作人员安全，防止检出的致病菌由于操作不当造成个人污染。对需要在无菌条件下工作的区域，应予以明确标识，并能有效地控制、监测和记录。实验室对需要使用的无菌工器具和器皿应能正确实施灭菌措施，无菌工器具和器皿应有明显标识以与非无菌工器具和器皿加以区别。接种食品样品时，必须在无菌室内，穿专用的工作服、帽及鞋，工作服、帽及鞋应放在无菌室缓冲间，需经紫外线消毒后才能使用。在进入无菌室前应用肥皂洗手，然后用75%酒精棉球将手擦干净。接种所用的吸管、平皿及培养基等必须经消毒灭菌。打开包装未使用完的器皿，不能放置后再使用。从包装中取出吸管时，吸管尖部不能触及外露部位。使用吸管接种于试管或平皿时，吸管尖不得触及试管或平皿边。接种样品、转种细菌必须在酒精灯前操作，接种细菌或样品时，吸管从包装中取出后及打开试管塞都要通过火焰消毒。金属用具应高压灭菌或用95%酒精点燃烧灼三次后使用，如接种环和针在接种细菌前应经火焰烧灼全部金属丝，必要时还要烧到环和针与杆的连接处，接种结核菌和烈性菌的接种环应在沸水中煮沸3min；再经火焰烧灼。吸管吸取菌液或样品时，应用吸球吸取，不得用口吸。

1. 生物安全Ⅰ、Ⅱ级实验室的操作要求 生物安全Ⅰ级（BSL-1）食品微生物实验室的操作程序，除洗手池外，没有特殊的初级及二级屏障，主要通过标准的微生物操作规程来防止污染。其操作规程、安全设备、实验设施适用于大学生教育、中级教育培训实验室以及其他工作人员处理不引起健康成人疾病的固定菌株。

生物安全Ⅱ级（BSL-2）食品微生物实验室的操作要求，见表11－2。若有规范的微生物操作技术，这些试剂可在开放台面安全使用，前提是溅射及气溶胶形成的概率很低，否则必须在生物安全Ⅱ级实验室内操作。BSL-2适于诊断（检测）、教育及其他人员从事中度危险程度的食品微生物。

表11－2 BSL-2实验室的操作要求

项 目	要 求
进入	入口门要贴生物危险警告标志，只有授权人员可以进入，做实验时要关闭检测室的门窗
个人防护	工作时要穿防护服，戴手套，戴防护眼镜及面罩，微生物检测完毕及离开实验室前要洗手；禁止进食、抽烟、喝水，禁止用口吸移液体
实验室设备	应在生物安全柜内操作
医疗监督	所有工作人员应在就业前检查身体并记录，建议收集工作人员的本底血清
培训	实验室管理层在培训规范的微生物操作时起着重要作用，安全主管协助培训发展及记录
废弃物处理	实验室不允许积存垃圾和实验室废弃物。所有需要弃置的实验室生物样本、培养物和被污染的废弃物，在移出实验室之前，必须经过去污染、高压灭菌处理或经过焚烧，达到生物学安全水平后方可丢弃。用于微生物培养的玻璃瓶、塑料瓶以及试管等应于121℃灭菌30min后，再进行清洗处理。微生物检验接种培养过的琼脂平板应于121℃灭菌30min后再进行处理。实验过程中污染菌的生化管应于121℃灭菌30min后，弃置于耐扎的容器内。盛标本的玻璃、塑料、搪瓷容器可用84消毒液（或其他消毒液）消毒后洗涤、沥干。可重复利用的染菌的玻璃器材，如吸管、玻片、盖片等可用84消毒液浸泡4h，然后清洗重新使用，或者废弃；涂片染色冲洗片的液体，一般可直接冲入下水道。烈性菌的冲洗液，必须冲在烧杯中，经高温灭菌后才可丢弃。打碎盛有培养物的玻璃器皿后，立即用84消毒液喷洒和浸泡被污染部位，浸泡30min后再擦洗干净。污染的工作服或进行烈性菌实验所穿的工作服、帽、口罩等应立即放入未用的消毒袋内，经高压灭菌后方能洗涤。一次性使用的制品，如手套、帽子、工作物、口罩等使用后放入污染物袋内集中烧毁。阳性样品及废弃物应经121℃灭菌60min后，由实验室安全人员（卫生除害处理人员）监督处理。实验过程产生的化学污染物按相关要求进行处理
锐利器具	皮下注射用的针头不能折弯、剪断、摔破、翻新使用，也不能从注射器中移除，应放在专门的容器内焚烧或高压灭菌。不要将针头放于常规的垃圾箱内

2. 生物安全Ⅲ级实验室的操作要求 生物安全Ⅲ级（BSL-3）食品微生物实验室的操作要求见表11－3。生物安全Ⅲ级实验室采用了特殊的工程设备，使得工作人员可以安全操作有害材料而不危及个人和周围环境。其基本特征是包括一系列的二级屏障，防止有害高度危险微生物扩散到环境中。每个进入BSL-3实验室操作的人员必须了解实验室功能、工作程序，并严格遵守。

表 11-3　BSL-3 实验室的操作要求

项　目	要　求
进入	设置门禁，只有授权人员允许进入，实验室入口门处要贴有生物危险警告标志
个人防护	进入第一道门时，应按如下顺序穿着个人防护用品：长袍、靴子、面罩、手套。退出时，通过侧面的玻璃门到待消毒、灭菌的区域。按照上述顺序脱下个人防护用品。将一次性的防护用品消毒灭菌后放在垃圾箱内。离开前要洗手
标准微生物操作程序	所有的操作必须小心轻缓，使用机械移液器，各种操作必须避免产生气溶胶。工作区域每天至少清洁一次，发生任何溅出后，均需立即进行清洁。所有的废物排放前要经过消毒、高压灭菌等有效方法处理。禁止进食、抽烟、喝水
实验室设备	使用有害试剂及生物的实验，应在生物安全柜内操作。要安装紧急情况的淋浴器及冲眼器等防护急救设施
培训	日常培训包括规范的微生物操作、个人防护、安全预防、控制溅射、感染性疾病、微生物的生物学特性、医疗事故及火灾控制等方面的技能和知识，并进行详细考核、记录
设施断开连接	BSL-3 实验室墙上的红色按钮在紧急情况下使用。一旦按下，HVAC 系统及电力切断
医疗紧急情况	应建立两人工作制度，禁止一个人在 BSL-3 实验室工作。向实验室管理层报告一切情况。填写事故报告递交给上一级安全管理机构
医疗监护	采取进入 BSL-3 实验室的工作人员的本底及附加血清
保存记录	用于研究的食品微生物、标准微生物菌种，应安全保管，存放在上锁的冰箱或者温育器中。生物试剂的使用应做好记录，微生物的数量必须与记录相符，防止感染性材料被盗或者丢失
废弃物处理	所有有害材料必须经过消毒、灭菌或焚烧后才能扔掉。应配备废液桶。在排入下水道前，应用消毒液与污水混合均匀。其他操作按 BSL-2 实验室操作程序中“废弃物处理”的规定执行
锐利器具	皮下注射的针头及注射器仅应用于注射。只有带锁定针头的注射器或一次性注射器允许用于传染性物质的注射抽吸。要轻缓操作，避免产生气溶胶。针头不能折弯、剪断、摔破、翻新使用。针头及注射器必须放在防穿透的容器内

拓展与提升

一、食品微生物快速检测技术

食品微生物快速检验技术主要有食源性病原菌免疫学快速检测技术、食源性病原菌分子生物学快速检测技术、基于培养基生理生化特征的检测技术、食源性病原菌的自动化检测技术、食源性致病菌生物传感器检测技术等。

(一) 食源性病原菌免疫学快速检测技术

1. 荧光抗体检测技术（FAT）　荧光抗体检测技术是一种快速检测细菌的荧光抗体技术，主要有直接法和间接法。直接荧光抗体检测法是在检样上直接滴加已知特异性荧光标记

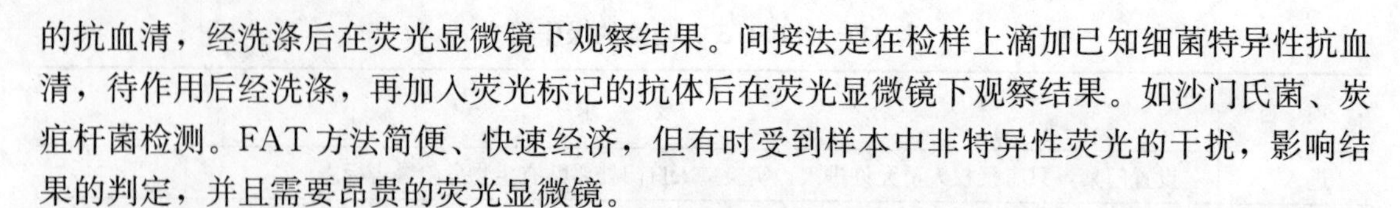

的抗血清，经洗涤后在荧光显微镜下观察结果。间接法是在检样上滴加已知细菌特异性抗血清，待作用后经洗涤，再加入荧光标记的抗体后在荧光显微镜下观察结果。如沙门氏菌、炭疽杆菌检测。FAT方法简便、快速经济，但有时受到样本中非特异性荧光的干扰，影响结果的判定，并且需要昂贵的荧光显微镜。

2. 免疫酶技术（EIA） 免疫酶技术是将抗原、抗体特异反应和酶的高效催化作用原理有机结合的一种新颖、实用的免疫学分析技术。它通过共价结合将酶与抗原或抗体结合，形成酶标抗原或抗体，或通过免疫方法使酶与抗酶抗体结合，形成酶抗体复合物。这些酶标抗体（抗原）或酶抗体复合物仍保持免疫学活性和酶活性，可以与相应的抗原（抗体）结合，形成酶标记的抗原-抗体复合物。在遇到相应的底物时，这些酶可催化底物反应，从而生成可溶或不溶的有色产物，或者发光。可用仪器定性或定量测定。常用酶技术分为固相免疫酶测定技术、免疫酶定位技术、免疫酶沉淀技术。固相免疫酶测定技术分为限量抗原底物酶法、酶联免疫吸附试验（ELISA）。酶联免疫吸附试验又分为间接法、竞争法、双抗体夹心法、酶-抗酶复合物法、生物素-亲和素系统等。在病原菌和真菌毒素检测中，应用较多的是竞争法、双抗体夹心法。例如食品中黄曲霉毒素 B_1 的测定方法中采用了该技术。

（二）食源性病原菌分子生物学快速检测技术

1. 核酸探针技术 核酸探针是指带有标记的特异DNA片断。根据碱基互补原则，核酸探针能特异性地与目的DNA杂交，最后用特定的方法测定标记物。探针标记方式分为放射性标记、非放射性标记。用得较多的非放射性标记，又分为生物素标记、地高辛标记、免疫标记、荧光素标记等。特点是直观、准确。例如，AOAC990.13GENE-TRAK沙门氏菌检测、AOAC993.09GENE-TRAK李斯特氏菌检测均采用了核酸探针技术。

2. 多聚酶链式反应（PCR）技术 这是一种能在体外进行DNA扩增的简易、快速、灵敏和高特异性的快速检测食源性病原菌方法，如凝胶电泳法、比色测定法以及化学发光测定法等。目前，已有自动化PCR检测试剂盒及仪器，使用方便，如美国杜邦快立康公司的BAX病原菌检测系统，可检测沙门氏菌、大肠埃希氏菌O157、单核细胞增生李斯特氏菌等。

实时荧光定量PCR是PCR的一种，随着定量技术的发展，将PCR技术和检测技术融为一体，就形成了定量PCR仪。由于应用的是荧光技术，同时在每个扩增过程都能实施监控，所以称为实时荧光定量PCR仪。准确地讲实时荧光定量PCR仪没有自动加样和标本处理系统，只能算半自动的。但是实时荧光PCR技术不仅实现了PCR从定性到定量的飞跃，而且与常规PCR相比，它具有特异性更强、自动化程度更高、有效解决了PCR污染问题等特点，目前已得到了广泛的应用。

实时荧光定量PCR在食品卫生检疫方面的应用前景相当广泛。在海关卫生检疫方面，进口的粮食、食品、花果是否安全，是否含有危险或潜在危险的病原微生物，都可以用实时荧光定量PCR技术进行检测。

3. 生物芯片技术 生物芯片技术的概念源于计算机芯片。狭义的生物芯片是指包被在固相载体上的高DNA、蛋白质、细胞等活性物质的微阵列（microarray），主要包括cDNA微阵列、寡核苷酸微阵列和蛋白微阵列。这些微阵列是由生物活性物质以点阵的形式有序地固定在固相载体上形成的。在一定条件下进行生化反应，反应结果用化学荧光法、酶标法、同位素法显示，再用扫描仪等光学仪器进行数据采集，最后通过专门的计算机软件进行数据分析。对于广义生物芯片而言，除了上述被动式微阵列芯片之外，还包括利用光刻技术和微加工技术在固体基片表面构建微流体分析单元和系统，以实现对生物分子进行快速、大信息量并行处理和分析的微型固体薄型器件，包括核酸扩增芯片、阵列毛细管电泳芯片、自动式电磁生物芯片等。

（三）基于培养基生理生化特征的检测技术

1. 电阻抗法　电阻抗法是近年发展起来的一项生物学技术，已经开始应用于食品微生物的检验。其原理是细菌在培养基内生长繁殖的过程中，使培养基中的大分子电惰性物质如糖类、蛋白质和脂类等代谢为具有电活性的小分子物质，如乳酸盐、醋酸盐等，这些离子态物质能增加培养基的导电性，使培养基的阻抗发生变化，通过检测培养基的电阻抗变化情况，判定细菌在培养基中的生长繁殖特性，即可检测出相应的细菌。该法目前已经用于细菌总数、霉菌、酵母菌、大肠埃希氏菌、沙门氏菌、金黄色葡萄球菌等的检测，如AOAC 991.38食品中沙门氏菌电阻抗检测法。

2. 微量生化法　Bachman和Weaver在20世纪40年代后期首先开创了微量生化法的纪元。之后随着人们对细菌进行快速生化特性鉴定的需求增加，使高精密度（90%）和高重现性的商业试剂盒得以快速发展。至今，市售的微生物鉴定用试剂盒有多种，常见的有MICRO-ID、API等。API由20个含干燥培养基的微管组成，其中的培养基用于进行酶促反应或糖发酵试验。检验时将预处理的菌悬液加入微管中培养后观察颜色变化，并纪录，输入到APILAB Plus软件得出结果。API创建了独特的数值鉴定法，可鉴定15个系列、600多个细菌种。

3. 快速酶触反应及代谢产物的检测　快速酶触反应是根据细菌在生长繁殖过程中可合成和释放某些特异性的酶，根据酶的特性，选用相应的底物和指示剂，反应的测定结果可以进行细菌快速诊断。如美国3M微生物测试片可分别快速测定细菌总数、霉菌、酵母菌、大肠埃希氏菌、金黄色葡萄球菌、大肠菌群等。

（四）食源性病原菌的自动化检测技术

1. 细菌鉴定及药敏智能系统（ATB Expression）　用于细菌快速鉴定的主要仪器，它是从API系统发展而来，以API试剂条为基础，测试品种齐全，共有750种反应，电脑数据库已得到不断完善和补充，鉴定能力强，可鉴定近700多种细菌。

2. Bactometer系统　它主要由BPM电子分析器/培养箱组成，利用电阻抗、电容抗或总阻抗等参数的自动微生物检测系统。该法目前已经用于细菌总数、霉菌、酵母菌、肠道杆菌如大肠埃希氏菌和沙门氏菌、金黄色葡萄球菌等的检测。可同时检测64个样品，样品不需预先稀释，结果报告可用数字及曲线图显示。如食品中沙门氏菌用Bactometer系统检测一般只需30h。

3. 全自动微生物分析系统（Vitek-AMS）　能同时进行60～480个样品的分析，速度快，易操作，结果准确，细菌鉴定时间2～3h，可鉴定G^+菌、G^-菌、厌氧菌、酵母菌、芽孢杆菌、非发酵菌等，药敏试验时间3～6h。Vitek专家系统具有较强的数据处理功能，保证鉴定、药敏试验结果可靠无误，但菌株需分离纯化。

4. 微型全自动荧光酶标分析仪（Mini-VIDAS） 应用酶联荧光技术（ELFA）。ELFA技术具有很高的敏感性和特异性，抗原的检测是应用一种夹心技术，SPR包被针上拥有抗体包被，所测的荧光强度与抗体中抗原的含量成正比。内设自检系统，可检验李斯特氏菌、单核细胞增生李斯特氏菌、沙门氏菌、葡萄球菌肠毒素、空肠弯曲杆菌、大肠埃希氏菌O157。使用该仪器操作简便，只加一次样品，按一次键整个检测过程都由仪器自动完成。多数试验50min内结束（不含增菌过程），无交叉污染。《进出口肉及肉制品中肠出血性大肠埃希氏菌O157：H7检验》（SNT 0973—2000）就采用了该仪器。

5. 微生物总数快速测定仪（ATP荧光仪） 是专门设计用于快速检测微生物数量的测定仪器。此仪器分析从微生物中提取的ATP，为在数分钟内检测微生物提供了一种简便而灵敏的方法。它简单实用，能快速和方便地得到微生物的增长水平，及时采取有效措施控制微生物的繁殖，这样就可以防止有害微生物大量繁殖而引发的一系列问题。

6. 肠杆菌快速测定仪 是快速检测大肠埃希氏菌生化反应的色原及成套鉴定系统（chromogenic or fluorescence substrates for rapid identification of bacteria）。以API为代表的细菌生化反应的成套系统中，已用新型的色原或荧光底物代替传统的糖类和氨基酸。此种底物系由色原（呈色）或荧光与糖类或氨基酸人工合成。此底物无色，经细菌的细胞内或细胞外酶的作用而释放出色原（呈色）或荧光，其优点是特异性强，反应迅速，易于自动化检测，明显提高了细菌生化反应的准确性，实现了细菌生化反应革命性变化。

（五）食源性致病菌生物传感器检测技术

生物传感科学是一门新兴的交叉学科，主要是生物工程和其他技术学科的相互渗透。由生物活性物质做敏感元件，配上适当的换能器所构成的分析工具（或分析系统）称为生物传感器。从1962年，Clark和Lyons最先提出生物传感器的设想距今已有50余年。生物传感器在发酵工艺、环境监测、食品工程、临床医学、军事及军事医学等方面得到了深度重视和广泛应用。生物传感器由固定化的生物材料及与其密切配合的换能器组成，换能器把生化信号转换成可定量的电信号。生物分子具有能够识别并特异地结合单一化合物或一类化合物的性质。已用于生物传感器的生物分子有酶、抗体、完整的器官和组织。将生物分子用于传感器的优点是特异性强，灵敏度高。某些酶的高周转率导致放大效应，能提高检测的灵敏度。

生物传感器主要用于一些食品和污染物浓度的测量，微生物呼吸活性的测定，微生物培养方法的选择等。此外，还可以作为水处理设备的终端。可以预料生物传感器将向着微型化、实用化、多样化和人工智能化的方向发展，并且还将用于对生物功能进行人工模拟，研究人工感官如电子鼻技术。

随着世界食品工业的迅猛发展，研究和建立食品微生物快速检测方法以加强对食品卫生安全的监测越来越受到各国研究者的重视。以生物传感器、免疫学方法、基因芯片、PCR等为代表的检测技术，虽然克服了传统方法检测周期较长的缺点，但也存在着不足，如免疫学方法快速、灵敏度高，但容易出现假阳性、假阴性；基因芯片、蛋白质芯片准确性高、检测通量大，但制作费用太高，不利于普及。因此，需要国内外研究者不断完善和改进。建立更灵敏、更有效、更可靠、更简便的微生物检测技术是保证食品安全的迫切需求，多种检测技术以及各学科的交叉发展有望解决上述需求。可以预料在不远的将来，传统的微生物检测技术将逐渐被各种新型简便的微生物快速诊断技术所取代。

二、大肠菌群、大肠埃希氏菌快速计数法（SN/T 1896—2007）

大肠菌群、大肠埃希氏菌快速计数法（petrifilm™测试片法），适用于食品和原料中大肠菌群和大肠埃希氏菌的计数，也适用于表面的卫生检测。

（一）检测原理

Petrifilm™大肠菌群测试片（Petrifilm™ Coliform Count Plate）是一种预先制备好的培养基系统，含有VRB（Violet Red Bile）培养基，冷水可溶性凝胶和氯化三苯四氮唑（TTC）指示剂，可增强菌落计数效果。表面覆盖的胶膜，可截留发酵乳糖的大肠菌群产生的气体。培养结束后计数红点周围有气泡的菌落为大肠菌群数。将选择性培养基中加入专一性的酶显色剂，并将其加载在纸片上，通过培养，如果样品中含有金黄色葡萄球菌，即可在纸片上呈现紫红色的菌落。

Petrifilm™大肠埃希氏菌/大肠菌群测试片（Petrifilm™ E. coli/Coliform Count Plate）是一种预先制备好的培养基系统，含有VRB培养基、冷水可溶性凝胶和葡萄糖苷酶指示剂，可增强菌落计数效果。绝大多数大肠埃希氏菌（约占97%）能产生β-葡萄糖苷酸酶与培养基中的指示剂反应，产生蓝色沉淀环绕在大肠埃希氏菌菌落周围。表面覆盖的胶膜，可截留发酵乳糖的大肠菌群产生的气体。培养结束后计数蓝点带气泡的菌落即为大肠埃希氏菌数，红点带气泡和蓝点带气泡的菌落之和为大肠菌群数。

（二）仪器与材料

恒温培养箱、均质器、pH计或精密pH试纸、Petrifilm™测试片压板、放大镜或/和菌落计数器或Petrifilm™自动判读仪、无菌生理盐水、1mol/L氢氧化钠、1mol/L盐酸、Petrifilm™大肠菌群测试片、Petrifilm™大肠埃希氏菌/大肠菌群测试片。

（三）食品检测的操作步骤

1. 样品制备　无菌操作，制备的1∶10样品匀液，调节样品匀液的pH为6.5～7.5，酸性样液用1mol/L氢氧化钠调节，碱性样液用1mol/L盐酸调节。

2. 样品匀液的接种和培养

（1）稀释。对上述样品匀液做10倍系列梯度稀释，根据样品的污染程度，选取适宜的2～3个连续稀释度，每个稀释度接种2张测试片。

（2）接种。将Petrifilm™大肠菌群测试片或Petrifilm™大肠埃希氏菌/大肠菌群测试片置于平坦实验台面，揭开上层膜，用吸管吸取1mL样液垂直滴加在测试片的中央，将上层膜缓慢盖下，避免气泡产生和上层膜直接落下，把压板（平面底朝下）放置在上层膜中央，轻轻地压下，使样液均匀覆盖于圆形的培养面积上。拿起压板，静置至少1min以使培养基凝固。

（3）培养。将测试片的透明面朝上水平置于培养箱内，堆叠片数不超过20片，培养温度为36℃±1℃。大肠菌群检测时培养时间为24h±2h。大肠埃希氏菌检测时，如果是肉、家禽和水产品培养时间为24h±2h；如果是其他产品，培养时间为48h±2h。

（四）表面检测的操作步骤

1. 培养基准备 用1mL无菌稀释液水化Petrifilm™大肠菌群测试片或Petrifilm™大肠埃希氏菌/大肠菌群测试片。静置至少1h，使胶体（培养基）固化。

2. 表面采样 提起上层膜，使胶体部分置于待测物表面。用手指摩擦按压，保证膜与表面充分接触，然后将上层膜掀起，使之与物体表面分离，最后将其与下层合上。

3. 培养 将测试片的透明面朝上水平置于培养箱内，堆叠片数不超过20片，培养温度为36℃±1℃。大肠菌群检测时培养时间为24h±2h，大肠埃希氏菌检测时培养时间为48h±2h。

（五）结果计算与报告

1. 判读

（1）目视、用菌落计数器、放大镜或Petrifilm™自动判读仪来计数。

（2）在Petrifilm™大肠菌群测试片上，红色有气泡的菌落确认为大肠菌群数。培养圆形面积边缘上及边缘以外的菌落不作计数。当培养区域出现大量气泡、大量不明显小菌落或培养区呈暗红色三种情况，表明大肠菌群的浓度较高，进一步稀释样品可获得准确的读数。

（3）在Petrifilm™大肠埃希氏菌/大肠菌群测试片上，蓝色有气泡的菌落确认为大肠埃希氏菌。蓝色有气泡和红色有气泡的菌落数之和为大肠菌群数。培养圆形面积边缘上及边缘以外的菌落不做计数。出现大量气泡形成、不明显的小菌落，培养区呈蓝色或暗红时，进一步稀释样品可获得准确的读数。

2. 菌落计数 选取目标菌落数在15～150的测试片，计数菌落数，乘以相对应的稀释倍数报告之。如果所有稀释度测试片上的菌落数都小于15，则计数稀释度最低的测试片上的菌落数乘以稀释倍数报告之；如果所有稀释度的测试片上均无菌落生长，则以小于1乘以最低稀释倍数报告之；如果最高稀释度的菌落数大于150个时，计数最高稀释度的测试片上的菌落数乘以稀释倍数报告之；计数菌落数大于150个的测试片时，可计数一个或两个具有代表性的方格内的菌落数，换算成单个方格内的菌落数后乘以20即为测试片上估算的菌落数（圆形生长面积为20cm^2）。食品中最终菌落浓度的单位以“CFU/g（mL）”表示，表面上菌落数以“CFU/cm^2”表示。

复习与思考

根据本学期所学知识和技能，设计一个食品微生物检验实验室，包括实验室的建筑设施、安全管理基本要求、基本操作要求等，并列出检测微生物常规三项指标所需要购买的仪器设备、培养基、试剂、玻璃器皿及其他常用物品。

附　　录

附录一　常用培养基的制备

一、平板计数琼脂培养基——培养细菌

1. 成分

蛋白胨	10g
牛肉膏	3g
氯化钠	5g
琼脂	15～20g
蒸馏水	1 000mL

2. 制法　将除琼脂以外的各成分溶解于蒸馏水内，加入15%氢氧化钠溶液约2mL，校正pH至7.2～7.4。加入琼脂，加热煮沸，使琼脂溶化。分装烧瓶，121℃高压灭菌15min。

注：此培养基可供一般细菌培养之用，可倾注平板或制成斜面。如用于菌落计数，琼脂量为1.5%；如作成平板或斜面，则应为2%。

二、营养肉汤——增菌或纯培养

1. 成分

蛋白胨	10g
牛肉膏	3g
氯化钠	5g
蒸馏水	1 000mL
pH 7.4	

2. 制法　按上述成分混合，溶解后校正pH，分装烧瓶，每瓶225mL，121℃高压灭菌15min。

三、月桂基硫酸盐胰蛋白胨（LST）——用于大肠菌群的测定

1. 成分

胰蛋白胨	20g
氯化钠	5g

乳糖	5g
磷酸氢二钾	2.75g
磷酸二氢钾	2.75g
月桂基硫酸钠	0.1g
蒸馏水	1 000mL

pH 6.8±0.2

2. 制法 称取本品35.6g，加热搅拌溶解于1 000mL蒸馏水中，分装到有倒立发酵管的试管中，每管10mL，121℃高压灭菌15min。

注：双料LST发酵管除蒸馏水外，其他成分加倍。

四、煌绿乳糖胆盐（BGLB）——用于大肠菌群的测定

1. 成分

蛋白胨	10g
乳糖	10g
牛胆粉	20g
煌绿	0.013 3g
蒸馏水	1 000mL

pH 7.2±0.2

2. 制法 称取本品40g，加热搅拌溶解于1 000mL蒸馏水中，分装到有倒立发酵管的试管中，每管10mL，121℃高压灭菌15min。

注：双料乳糖胆盐发酵管除蒸馏水外，其他成分加倍。

五、伊红美蓝琼脂（EMB）

1. 成分

蛋白胨	10g
乳糖	10g
磷酸氢二钾	2g
琼脂	17g
2%伊红Y溶液	20mL
0.65%美蓝溶液	10mL
蒸馏水	1 000mL

pH 7.1

2. 制法 将蛋白胨、磷酸盐和琼脂溶解于蒸馏水中，校正pH，分装于烧瓶内，121℃高压灭菌15min备用。临用时加入乳糖并加热溶化琼脂，冷至50～55℃，加入伊红和美蓝溶液，摇匀，倾注平皿。

六、缓冲蛋白胨水（BP）

1. 成分

蛋白胨	10g

氯化钠	5g
磷酸氢二钠（$Na_2HPO_4 \cdot 12H_2O$）	9g
磷酸二氢钾	1.5g
蒸馏水	1 000mL
pH 7.2	

2. 制法 按上述成分配好后以大烧瓶装，121℃高压灭菌 15min。临用时无菌分装每瓶 225mL。

注：本培养基供沙门氏菌前增菌用。

七、氯化镁孔雀绿增菌液（MM）——用于沙门氏菌增菌

1. 成分

甲液：胰蛋白胨	5g
氯化钠	8g
磷酸二氢钾	1.6g
蒸馏水	1 000mL
乙液：氯化镁（化学纯）	40g
蒸馏水	100mL

丙液：0.4%孔雀绿水溶液。

2. 制法 分别按上述成分配好后，121℃高压灭菌 15min 备用。临用时取甲液 90mL、乙液 9mL、丙液 0.9mL 以无菌操作混合即可。

八、亚硒酸盐胱氨酸增菌液（SC）——用于沙门氏菌增菌

1. 成分

蛋白胨	5g
乳糖	4g
亚硒酸氢钠	4g
磷酸氢二钠	5.5g
磷酸二氢钾	4.5g
L-胱氨酸	0.01g
蒸馏水	1 000mL

2. 制法 1%L-胱氨酸-氢氧化钠溶液的配法：称取 L-胱氨酸 0.1g（或 DL-胱氨酸 0.2g），加入 1mol/L 氢氧化钠 1.5mL，使溶解，再加入蒸馏水 8.5mL 即可。

将除亚硒酸氢钠和 L-胱氨酸以外的各成分溶解于 900mL 蒸馏水中，加热煮沸，俟冷备用。另将亚硒酸氢钠溶解于 100mL 蒸馏水中，加热煮沸，俟冷，以无菌操作与上液混合。再加入 1%L-胱氨酸-氢氧化钠溶液 1mL。分装于灭菌瓶中，每瓶 100mL，pH 应为 7.0±0.1。

九、亚硫酸铋琼脂（BS）——用于沙门氏菌分离培养

1. 成分

蛋白胨	10g

牛肉膏　　5g
葡萄糖　　5g
硫酸亚铁　　0.3g
磷酸氢二钠　　4g
煌绿　　0.025g
柠檬酸铋铵　　2g
亚硫酸钠　　6g
琼脂　　18～20g
蒸馏水　　1 000mL
pH 7.5

2. 制法　将前面5种成分溶解于300mL蒸馏水中。

将柠檬酸铋铵和亚硫酸钠另用50mL蒸馏水溶解。

将琼脂于600mL蒸馏水中煮沸溶解，冷至80℃。

将以上三液合并，补充蒸馏水至1 000mL，校正pH，加0.5%煌绿水溶液5mL，摇匀。冷至50～55℃，倾注平皿。

注：此培养基不需要高压灭菌。制备过程不宜过分加热，以免降低其选择性。应在临用前一天制备，贮存于室温暗处。超过48h不宜使用。

十、XLD琼脂——用于沙门氏菌分离培养

1. 成分

酵母膏粉　　3g
硫代硫酸钠　　6.8g
L-赖氨酸盐酸盐　　5g
去氧胆酸钠　　2.5g
木糖　　3.75g
乳糖　　7.5g
蔗糖　　7.5g
柠檬酸铁铵　　0.8g
苯酚红　　0.08g
氯化钠　　5g
琼脂　　15g
pH 7.4±0.2

2. 制法　称取本品58.9g，加入蒸馏水或去离子水1 000mL，搅拌加热煮沸至完全溶解，冷却至55℃左右，倾注平皿备用。无需高压灭菌，勿过分加热。

十一、胰酪胨大豆肉汤——用于金黄色葡萄球菌增菌

1. 成分

胰酪胨（或胰蛋白胨）　　17g
植物蛋白胨（或大豆蛋白胨）　　3g

氯化钠	100g
葡萄糖	2.5g
磷酸氢二钾	2.5g
蒸馏水	1 000mL

2. 制法　将上述成分混合，加热并轻轻搅拌并溶解，分装后，121℃高压灭菌15min。最终pH 7.3±0.2。

十二、7.5%氯化钠肉汤——用于金黄色葡萄球菌增菌

1. 成分

蛋白胨	10g
牛肉膏	3g
氯化钠	75g
蒸馏水	1 000mL
pH 7.4	

2. 制法　将上述成分加热溶解，校正pH，分装试管，121℃高压灭菌15min。

十三、Baird-Parker氏培养基——用于金黄色葡萄球菌分离培养

1. 成分

胰蛋白胨	10g
牛肉膏	5g
酵母膏	1g
丙酮酸钠	10g
甘氨酸	12g
氯化锂（LiCL. $6H_2O$）	5g
琼脂	20g
蒸馏水	950mL
pH 7.5	

2. 增菌剂的配制　50%卵黄盐水50mL与过滤除菌的1%亚碲酸钾溶液10mL混合，保存于冰箱内备用。

3. 制法　将各成分加到蒸馏水中，加热煮沸至完全溶解。冷至45℃，校正pH。分装每瓶95mL，121℃高压灭菌15min。临用时加热溶化琼脂，冷至50℃，每95mL加入预热至50℃的卵黄亚碲酸钾增菌剂5mL，摇匀后倾注平板。培养基应是致密不透明的。使用前在冰箱中储存时间不得超过48h。

十四、鲜血琼脂平板

1. 成分

豆粉琼脂（pH 7.4～7.6）	100g
脱纤维羊血（或兔血）	5～10mL

2. 制法　加热溶化琼脂，冷至50℃，以灭菌操作加入脱纤维羊血，摇匀，倾注平板。

亦可分装灭菌试管，置成斜面。亦可用其他营养丰富的基础培养基配制血琼脂。

十五、缓冲葡萄糖蛋白胨水（MR和VP试验用）

1. 成分

磷酸氢二钾	5g
多胨	7g
葡萄糖	5g
蒸馏水	1 000mL

pH 7.0

2. 制法 溶化后校正pH，分装试管，每管1mL，121℃高压灭菌15min。

3. 甲基红（MR）试验 自琼脂斜面挑取少量培养物接种本培养基中，于36±1℃培养2～5d。滴加甲基红试剂一滴，立即观察结果。鲜红色为阳性，黄色为阴性。甲基红试剂配法：10mg甲基红溶于30mL95%乙醇中，然后加入20mL蒸馏水。

4. V-P试验 用琼脂培养物接种本培养基中，于36±1℃培养2～4d，加入6% α-萘酚-乙醇溶液0.5mL和40%氢氧化钾溶液0.2mL，充分振摇试管，观察结果。阳性反应立刻或于数分钟内出现红色，如为阴性，应放在36±1℃下培养4h再进行观察。

十六、西蒙氏柠檬酸盐培养基

1. 成分

氯化钠	5g
硫酸镁（$MgSO_4 \cdot 7H_2O$）	17g
磷酸二氢铵	1g
磷酸氢二钾	1g
柠檬酸钠	5g
琼脂	20g
蒸馏水	1 000mL
0.2%溴麝香草酚蓝溶液	40mL

pH 6.8

2. 制法 先将盐类溶解于水内，校正pH，再加琼脂，加热溶化，然后加入指示剂，混合均匀后分装试管，121℃高压灭菌15min。放成斜面。

3. 试验方法 挑取少量琼脂培养物接种，于36±1℃培养4d，每天观察结果。阳性者斜面上有菌落生长，培养基从绿色转为蓝色。

十七、蛋白胨水（靛基质试验用）

1. 成分

蛋白胨（或胰蛋白胨）	20g
氯化钠	5g
蒸馏水	1 000mL

pH 7.4

2. 制法　按上述成分配制，分装小试管，121℃高压灭菌15min。

3. 靛基质试剂

(1) 柯凡克试剂。将5g对二甲氨基甲醛溶解于75mL戊醇中，然后缓慢加入浓盐酸25mL。

(2) 欧-波试剂。将1g对二甲氨基甲醛溶解于95mL 95%乙醇中，然后缓慢加入浓盐酸20mL。

4. 试验方法　挑取少量琼脂培养物接种，于36±1℃培养1～2d，必要时可培养4～5d。加入柯凡克试剂0.5mL，轻摇试管，阳性者于试剂层呈深红色；或加入欧-波试剂约0.5mL，沿管壁流下，覆盖于培养液表面，阳性者于液面接触处呈玫瑰红色。

十八、氨基酸脱羧酶试验培养基

1. 成分

蛋白胨	5g
酵母浸膏	3g
葡萄糖	1g
蒸馏水	1 000mL
1.6%溴甲酚紫-乙醇溶液	1mL
L-氨基酸或DL-氨基酸	0.5或1g/dL

pH 6.8

2. 制法　除氨基酸以外的成分加热溶解后，分装每瓶100mL，分别加入各种氨基酸：赖氨酸、精氨酸和鸟氨酸。L-氨基酸按0.5%加入，DL-氨基酸按1%加入。再行校正pH至6.8。对照培养基不加氨基酸。分别装于灭菌的小试管内，每管0.5mL，上面滴加一层液体石蜡，115℃高压灭菌10min。

3. 试验方法　从琼脂斜面上挑取培养物接种，于(36±1)℃培养18～24h，观察结果。氨基酸脱羧酶阳性者由于产碱，培养基应呈紫色。阴性者无碱性产物，但因葡萄糖产酸而使培养基变为黄色。对照管应为黄色。

十九、pH 7.2尿素酶琼脂

1. 成分

蛋白胨	1g
氯化钠	5g
葡萄糖	1g
磷酸二氢钾	2g
0.4%酚红溶液	3mL
琼脂	20g
蒸馏水	1 000mL
20%尿素溶液	100mL

pH 7.2

2. 制法　将除尿素和琼脂以外的成分配好，并校正pH，加入琼脂，加热溶解并分装烧瓶。121℃高压灭菌 15min。冷至 50～55℃，加入经除菌过滤的尿素溶液。尿素的最终浓度为 2%，最终 pH 应为 7.2±0.1。分装灭菌试管内，放成斜面备用。

3. 试验方法 挑取琼脂培养物接种，于（36±1）℃培养 24h，观察结果。尿素酶阳性者由于产碱而培养基应变为红色。

二十、氰化钾（KCN）培养基

1. 成分

蛋白胨	10g
氯化钠	5g
磷酸二氢钾	0.225g
磷酸氢二钠	5.64g
蒸馏水	1 000mL
0.5%氰化钾溶液	20mL

pH 7.6

2. 制法 将除氰化钾以外的成分配好分装烧瓶。121℃高压灭菌 15min。放在冰箱内使其充分冷却。每 100mL 培养基加入 0.5%氰化钾溶液 2.0mL（最后浓度为 1∶10 000），分装于 12mm×100mm 灭菌试管，每管约 4mL，立刻用灭菌橡皮塞塞紧，放在 4℃冰箱内，至少可保存 2 个月。同时，将不加氰化钾的培养基作为对照培养基，分装试管备用。

3. 试验方法 将琼脂培养物接种于蛋白胨水内成为稀释菌液，挑取 1 环接种于氰化钾（KCN）培养基。并另取 1 环接种于对照培养基。在（36±1）℃培养 1～2d，观察结果。如有细菌生长即为阳性（不抑制），经 2d 细菌不生长为阴性（抑制）。

注：氰化钾是剧毒，使用时应小心，切勿沾染，以免中毒。夏季分装培养基应在冰箱内进行。试验失败的主要原因是封口不严，氰化钾逐渐分解，产生氢氰酸气体逸出，以致药物浓度降低，细菌生长，因而造成假阳性反应。试验时对每一环节都要特别注意。

二十一、三糖铁琼脂（TSI）

1. 成分

蛋白胨	20g
牛肉膏	5g
乳糖	10g
蔗糖	10g
葡萄糖	1g
氯化钠	5g
硫酸亚铁铵[$Fe(NH_4)_2(SO_4)_2 \cdot 6H_2O$]	0.2g
硫代硫酸钠	0.2g
琼脂	12g
酚红	0.025g
蒸馏水	1 000mL

pH 7.4

2. 制法　将琼脂和酚红以外的各成分溶解于蒸馏水中，校正 pH。加入琼脂，加热煮沸，以溶化琼脂。加入 0.2%酚红水溶液 12.5mL，摇匀。分装试管，装量宜多些，以便得到较高的底层。121℃高压灭菌 15min。放置高层斜面备用。

二十二、ONGP 培养基

1. 成分

邻硝基酚 β-半乳糖苷（ONGP）	60mg
0.01moL/L 磷酸钠缓冲液（pH 7.5）	10mL
1%蛋白胨水（pH 7.5）	30mL

2. 制法　将 ONGP 溶于缓冲液内，加入蛋白胨水，以过滤除菌，分装于 10mm×75mm 灭菌试管，每管 0.5mL，用橡皮塞塞紧。

3. 试验方法　自琼脂斜面上挑取培养物一满环接种，于（36±1)℃培养 1～3h 和 24h，观察结果。如果 β-半乳糖苷酶产生，则于 1～3h 变黄色，如无此酶则 24h 不变色。

附录二　常用染色液的配制及染色方法

一、美蓝染色法

1. 染色液

美蓝	0.3g
95%乙醇	30mL
0.01%氢氧化钾溶液	100mL

将美蓝溶解于乙醇中，然后与氢氧化钾溶液混合。

2. 染色法　将涂片在火焰上固定，待冷。滴加染液，染1～3min，水洗，待干，镜检。

3. 结果　菌体呈蓝色。

二、革兰氏染色法

1. 染色液

（1）结晶紫染色液。

结晶紫	1g
95%乙醇	20mL
1%草酸铵水溶液	80mL

将结晶紫溶解于乙醇中，然后与草酸铵溶液混合。

（2）革兰氏碘液。

碘	1g
碘化钾	2g
蒸馏水	300mL

将碘与碘化钾先进行混合，加入蒸馏水少许，充分振摇，待完全溶解后，再加蒸馏水至300mL。

（3）石炭酸复红染色液。

碱性复红乙醇饱和溶液	1mL
5%石炭酸水溶液	9mL
蒸馏水	90mL

将复红溶液与石炭酸溶液混合，然后加入蒸馏水摇匀，滤纸过滤备用。

2. 染色法

（1）将涂片在火焰上固定，滴加结晶紫染色液，染1～2min，水洗。

（2）滴加革兰氏碘液，作用1～2min，水洗。

（3）滴加95%乙醇脱色，30～60s；或将乙醇滴满整个涂片，立即倾去，再用乙醇滴满整个涂片，脱色10s。

（4）水洗，滴加复染液，复染30～60s。水洗，待干，镜检。

3. 结果　革兰氏阳性菌呈紫色。革兰氏阴性菌呈红色。

注：亦可用沙黄复染液。

三、抗酸染色法（萋-尼二氏法）

1. 染色液

（1）石炭酸复红染色液。

碱性复红	0.3g
95%乙醇	10mL
5%石炭酸水溶液	90mL

将复红溶于乙醇中，然后与石炭酸溶液混合后，用滤纸过滤，备用。

（2）3%盐酸-乙醇。

浓盐酸	3mL
95%乙醇	97mL

（3）复染液。碱性美蓝染色液。

2. 染色法

（1）将涂片在火焰上加热固定，滴加石炭酸复红染色液，徐徐加热至有蒸气出现，但切不可沸腾。染液如因蒸发减少时，应随时添加。染5min，倾去染液，水洗。

（2）滴加盐酸-乙醇脱色，直至无红色脱落为止（所需时间视涂片厚薄而定，一般为1～3min），水洗，

（3）滴加碱性美蓝染色液，复染30～60s，水洗，待干，镜检。

3. 结果　耐酸性细菌呈红色，其他细菌、细胞等物质呈蓝色。

四、瑞氏染色法

1. 染色液

瑞氏色素	0.1g
甲醇	60mL

用乳钵研磨溶解。

2. 染色法

（1）涂片待自然干燥后，滴加染色液，固定1～3min

（2）加入等量蒸馏水（pH 6.5），染色3～5min。

（3）用蒸馏水冲洗，待干，镜检。

3. 结果　细菌呈蓝紫色。

五、柯氏染色法

1. 染色液　0.5%沙黄液、0.5%孔雀绿液。

2. 染色法

（1）将涂片在火焰上固定，滴加0.5%沙黄液，并加热至出现气泡，2～3min，水洗。

（2）滴加0.5%孔雀绿液，复染40～50s。水洗，待干，镜检。

3. 结果　布鲁氏菌呈红色，其他细菌及细胞呈绿色。

六、荚膜染色法

1. 染色液

龙胆紫	5g
福尔马林	100mL

振荡混合后，过夜，用滤纸过滤，备用。

2. 染色法 待涂片干燥后，滴加福尔马林龙胆紫于涂片抹面上，染色3～5s，水洗，干燥，镜检。

3. 结果 细菌呈深紫色，荚膜呈淡紫色。

七、鞭毛染色法

1. 染色液的配制

(1) 甲液。

单宁酸	5g
氯化高铁（$FeCl_3$）	1.5g
1%氢氧化钠	1mL
15%甲醛溶液	2mL
蒸馏水	100mL

将单宁酸和氯化高铁溶于蒸馏水中，待溶解后加入氢氧化钠和甲醛。

(2) 乙液。

硝酸银	5g
蒸馏水	100mL

将硝酸银溶于100mL蒸馏水制成乙液。在90mL乙液中滴加浓氢氧化铵溶液，到出现沉淀后，再滴加使其变为澄清，然后用其余10mL乙液小心滴加至澄清液中，至出现轻微雾状为止（此为关键性操作，应特别小心）。滴加氢氧化铵和用剩余乙液回滴时，要边滴边充分摇荡，染液当天配，当天使用，2～3d基本无效。

2. 染色法 在风干的载玻片上滴加甲液，4～6min后，用蒸馏水轻轻冲净。再加入乙液，缓缓加热至冒汽，维持约30s（加热时注意勿使出现干燥面）。在菌体多的部位可呈深褐色到黑色，停止加热，用水冲净，干后镜检。

3. 结果 菌体及鞭毛为深褐色到黑色。

八、姬姆萨染色法

1. 染色液

姬姆萨氏色素	0.6g
甘油	50mL
甲醇	50mL

将姬姆萨氏色素和甘油搅匀放在50～60℃下1.5～2h，然后加50mL甲醇，搅匀静止1d以上，过滤，除去未溶解部分，即可。

2. 染色方法 涂片经甲醇固定3～5min并自然干燥后，滴加足量的姬姆萨染色液或将涂片浸入盛有染色液的染色缸中，染色30min，或者数小时至24h，水洗，干燥后镜检。

3. 结果 结果细菌呈蓝青色，组织、细胞等呈其他颜色，视野常呈红色。

附录三 大肠菌群最可能数（MPN）检索表

表 1 大肠菌群最可能数（MPN）检索表

阳性管数			MPN/mL（g）	阳性管数			MPN/mL（g）
0.1mL（g）	0.01mL（g）	0.001mL（g）		0.1mL（g）	0.01mL（g）	0.001mL（g）	
0	0	0	<3	2	2	0	21
0	0	1	3	2	2	1	28
0	1	0	3	2	2	2	35
0	1	1	6.1	2	3	0	29
0	2	0	6.2	2	3	1	36
0	3	0	9.4	3	0	0	23
1	0	0	3.6	3	0	1	38
1	0	1	7.2	3	0	2	64
1	0	2	11	3	1	0	43
1	1	0	7.4	3	1	1	75
1	1	1	11	3	1	2	120
1	2	0	11	3	1	3	160
1	2	1	15	3	2	0	93
1	3	0	16	3	2	1	150
2	0	2	9.2	3	2	2	210
2	0	1	14	3	2	3	290
2	0	2	20	3	3	0	240
2	1	0	15	3	3	1	460
2	1	1	20	3	3	2	1 100
2	1	2	27	3	3	3	≥1 100

注：①本表采用 3 个稀释度［0.1mL（g）、0.01mL（g）和 0.001mL（g）］，每个稀释度 3 管。

②表内所列检样量如改用 1mL（g）、0.1mL（g）和 0.01mL（g）时，表内数字应相应降低 10 倍；如改为 0.01mL（g）、0.001mL（g）和 0.000 1mL（g）时，则表内数字应相应增加 10 倍。其余可类推。

表 2 水中总大肠菌群最可能数（MPN）检索表

5 个 10mL 管中阳性管数	最可能数（MPN）
0	<2.2
1	2.2
2	5.1
3	9.2
4	16.0
5	>16

注：用 5 份 10mL 水样时各种阳性和阴性结果组合时的最可能数（MPN）。

表 3　水中总大肠菌群最可能数（MPN）检索表

（总接种量 55.5mL，其中 5 份 10mL 水样，5 份 1mL 水样，5 份 0.1mL 水样）

接种量/mL			总大肠菌群/(MPN/dL)	接种量/mL			总大肠菌群/(MPN/dL)
10mL 管	1mL 管	0.1mL 管		10mL 管	1mL 管	0.1mL 管	
0	0	0	<2	1	0	0	2
0	0	1	2	1	0	1	4
0	0	2	4	1	0	2	6
0	0	3	5	1	0	3	8
0	0	4	7	1	0	4	10
0	0	5	9	1	0	5	12
0	1	0	2	1	1	0	4
0	1	1	4	1	1	1	6
0	1	2	6	1	1	2	8
0	1	3	7	1	1	3	10
0	1	4	9	1	1	4	12
0	1	5	11	1	1	5	14
0	2	0	4	1	2	0	6
0	2	1	6	1	2	1	8
0	2	2	7	1	2	2	10
0	2	3	9	1	2	3	12
0	2	4	11	1	2	4	15
0	2	5	13	1	2	5	17
0	3	0	6	1	3	0	8
0	3	1	7	1	3	1	10
0	3	2	9	1	3	2	12
0	3	3	11	1	3	3	15
0	3	4	13	1	3	4	17
0	3	5	15	1	3	5	19
0	4	0	8	1	4	0	11
0	4	1	9	1	4	1	13
0	4	2	11	1	4	2	15
0	4	3	13	1	4	3	17
0	4	4	15	1	4	4	19
0	4	5	17	1	4	5	22
0	5	0	9	1	5	0	13
0	5	1	11	1	5	1	15
0	5	2	13	1	5	2	17
0	5	3	15	1	5	3	19
0	5	4	17	1	5	4	22
0	5	5	19	1	5	5	24

（续）

接种量/mL			总大肠菌群/(MPN/dL)	接种量/mL			总大肠菌群/(MPN/dL)
10mL 管	1mL 管	0.1mL 管		10mL 管	1mL 管	0.1mL 管	
2	0	0	5	3	0	0	8
2	0	1	7	3	0	1	11
2	0	2	9	3	0	2	13
2	0	3	12	3	0	3	16
2	0	4	14	3	0	4	20
2	0	5	16	3	0	5	23
2	1	0	7	3	1	0	11
2	1	1	9	3	1	1	14
2	1	2	12	3	1	2	17
2	1	3	14	3	1	3	20
2	1	4	17	3	1	4	23
2	1	5	19	3	1	5	27
2	2	0	9	3	2	0	14
2	2	1	12	3	2	1	17
2	2	2	14	3	2	2	20
2	2	3	17	3	2	3	24
2	2	4	19	3	2	4	27
2	2	5	22	3	2	5	31
2	3	0	12	3	3	0	17
2	3	1	14	3	3	1	21
2	3	2	17	3	3	2	24
2	3	3	20	3	3	3	28
2	3	4	22	3	3	4	32
2	3	5	25	3	3	5	36
2	4	0	15	3	4	0	21
2	4	1	17	3	4	1	24
2	4	2	20	3	4	2	28
2	4	3	23	3	4	3	32
2	4	4	25	3	4	4	36
2	4	5	28	3	4	5	40
2	5	0	17	3	5	0	25
2	5	1	20	3	5	1	29
2	5	2	23	3	5	2	32
2	5	3	26	3	5	3	37
2	5	4	29	3	5	4	41
2	5	5	32	3	5	5	45
4	0	0	13	5	0	0	23

（续）

接种量/mL			总大肠菌群/(MPN/dL)	接种量/mL			总大肠菌群/(MPN/dL)
10mL 管	1mL 管	0.1mL 管		10mL 管	1mL 管	0.1mL 管	
4	0	1	17	5	0	1	31
4	0	2	21	5	0	2	43
4	0	3	25	5	0	3	58
4	0	4	30	5	0	4	76
4	0	5	36	5	0	5	95
4	1	0	17	5	1	0	33
4	1	1	21	5	1	1	46
4	1	2	26	5	1	2	63
4	1	3	31	5	1	3	84
4	1	4	36	5	1	4	110
4	1	5	42	5	1	5	130
4	2	0	22	5	2	0	49
4	2	1	26	5	2	1	70
4	2	2	32	5	2	2	94
4	2	3	38	5	2	3	120
4	2	4	44	5	2	4	150
4	2	5	50	5	2	5	180
4	3	0	27	5	3	0	79
4	3	1	33	5	3	1	110
4	3	2	39	5	3	2	140
4	3	3	45	5	3	3	180
4	3	4	52	5	3	4	210
4	3	5	59	5	3	5	250
4	4	0	34	5	4	0	130
4	4	1	40	5	4	1	170
4	4	2	47	5	4	2	220
4	4	3	54	5	4	3	280
4	4	4	62	5	4	4	350
4	4	5	69	5	4	5	430
4	5	0	41	5	5	0	240
4	5	1	48	5	5	1	350
4	5	2	56	5	5	2	540
4	5	3	64	5	5	3	920
4	5	4	72	5	5	4	1 600
4	5	5	81	5	5	5	>1 600

参考文献

曹际娟. 2006. 食品微生物学与现代检测技术［M］. 大连：辽宁师范大学出版社.

陈广全，张慧媛. 2010. 食品安全检测培训教材［M］. 北京：中国标准出版社.

陈明栋. 2000. 肠出血性大肠埃希氏菌O157：H7的研究进展［J］. 上海预防医学杂志，12（5）：238-240.

陈天寿. 1995. 微生物培养基的制备和应用［M］. 北京：中国农业出版社.

董明盛，贾英民. 2006. 食品微生物学［M］. 北京：中国轻工业出版社.

郝林. 2001. 食品微生物学检验技术［M］. 北京：中国农业出版社.

贾俊涛，梁成珠，马维兴. 2012. 食品微生物检验工作指南［M］. 北京：中国质检出版社.

蒋原. 2010. 食源性病原微生物检测指南［M］. 北京：中国标准出版社.

雷质文. 2006. 食品微生物实验室质量管理手册［M］. 北京：中国标准出版社.

李舫. 2006. 动物微生物［M］. 北京：中国农业出版社.

李怀林. 2002. 食品安全控制体系在现代加工企业中的应用［M］. 北京：中国标准出版社.

李平兰. 2011. 食品微生物学教程［M］. 北京：中国林业出版社.

李正明，宫宁，俞超. 1999. 无公害安全食品生产技术［M］. 北京：中国轻工出版社.

李志明. 2009. 食品卫生微生物检验学［M］. 北京：化学工业出版社.

刘慧. 2004. 现代食品微生物学［M］. 北京：中国轻工业出版社.

刘兴友，李全福. 1996. 食品微生物检验学［M］. 北京：中国农业科技出版社.

陆兆新. 2002. 现代食品微生物技术［M］. 北京：中国农业出版社.

师秋毅，纪其雄，许莉勇. 2010. 食品安全快速检测技术及应用［M］. 北京：化学工业出版社.

史贤明. 2002. 食品安全与卫生学［M］. 北京：中国农业出版社.

藤葳，李倩，柳亦博，等. 2012. 食品中微生物危害控制与风险评估［M］. 北京：化学工业出版社.

王秀茹. 2002. 预防医学微生物学与检验技术［M］. 北京：人民卫生出版社.

熊强，史纯珍，刘钊. 2009. 食品微生物快速检测技术的研究进展［J］. 食品与机械，25（5）：133-136.

姚火春. 2002. 兽医微生物指导［M］. 2版. 北京：中国农业出版社.

叶思霞，蔡美平，罗燕娜. 2009. 食品微生物检测技术研究进展［J］. 安徽农学通报，13（19）：181-183，192.

张柏林. 2007. 食品微生物实验指导［M］. 北京：中国轻工业出版社.

张伟，袁耀武. 2007. 现代食品微生物检测技术［M］. 北京：化学工业出版社.

赵贵明. 2005. 食品微生物试验工作指南［M］. 北京：中国标准出版社.

图书在版编目（CIP）数据

动物性食品微生物检验 / 王福红主编 . —北京：
中国农业出版社，2014.12（2024.7 重印）
“国家示范性高等职业院校建设计划”骨干高职院校
建设项目成果
ISBN 978-7-109-20012-8

Ⅰ.①动…　Ⅱ.①王…　Ⅲ.①动物性食品—微生物检
验—高等职业教育—教材　Ⅳ.①TS251.7

中国版本图书馆 CIP 数据核字（2014）第 302626 号

中国农业出版社出版
（北京市朝阳区麦子店街 18 号楼）
（邮政编码 100125）
策划编辑　徐　芳
文字编辑　颜景辰

中农印务有限公司印刷　　新华书店北京发行所发行
2016 年 6 月第 1 版　　2024 年 7 月北京第 2 次印刷

开本：787mm×1092mm　1/16　　印张：15.5　　插页：2
字数：367 千字
定价：42.00 元

彩图15　pH7.2尿素酶试验（左：阳性）

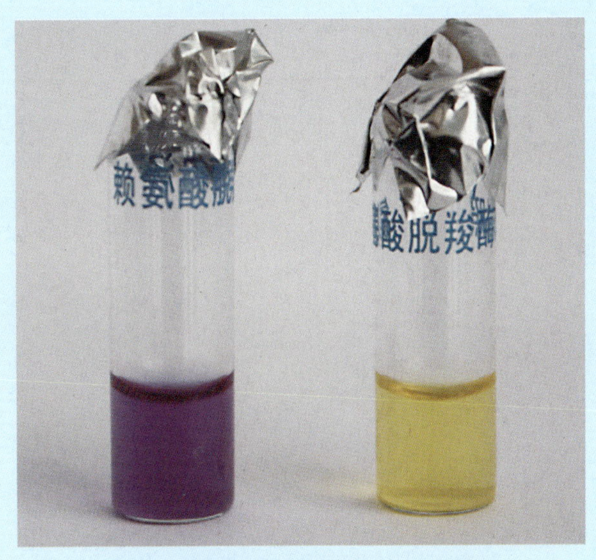

彩图16　赖氨酸脱羧酶试验（左：阳性）

彩图17　沙门氏菌三糖铁反应结果

彩图18　大肠杆菌三糖铁反应结果

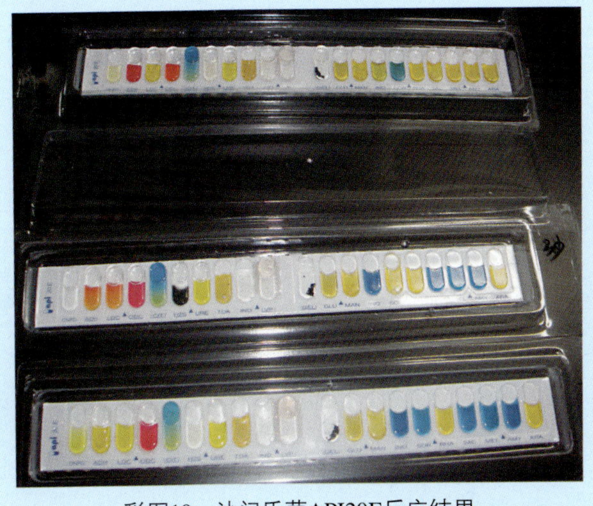

彩图19　沙门氏菌API20E反应结果

彩图20　血浆凝固酶试验（左：阳性）

彩图9　大肠菌群LST肉汤管产气（右）

彩图10　大肠菌群BGLB肉汤产气（右）

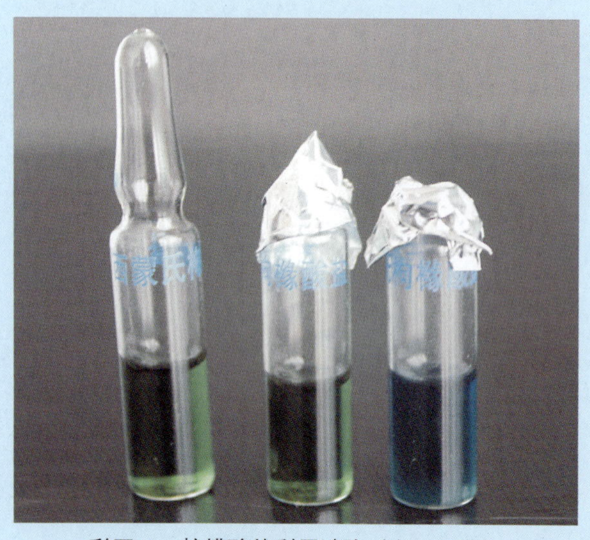

彩图11　柠檬酸盐利用试验（右：阳性）

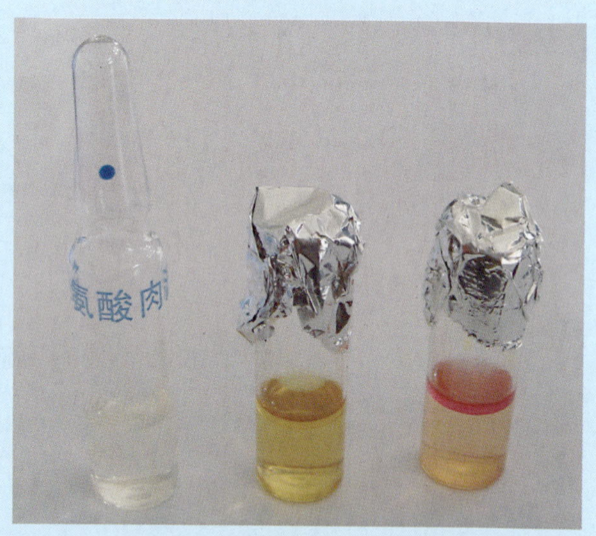

彩图12　靛基质试验（右：阳性）

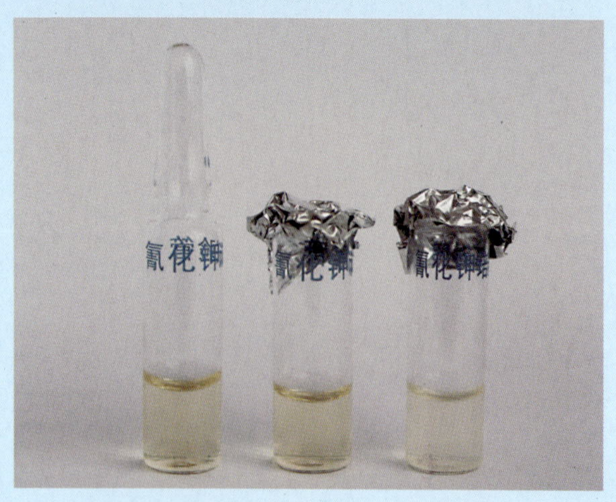

彩图13　氰化钾试验（右：混浊，阳性）

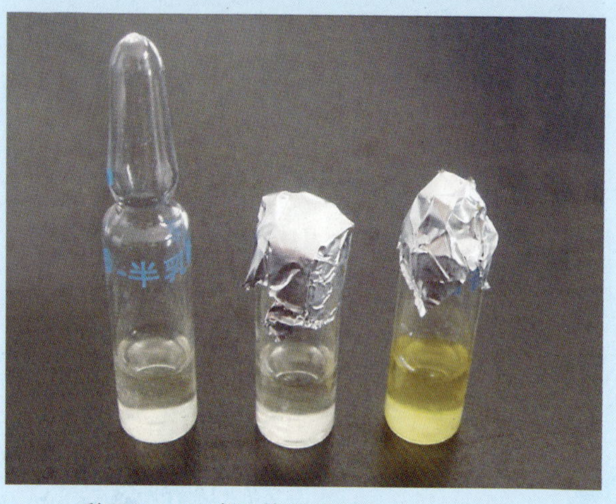

彩图14　β-半乳糖苷酶试验（右：阳性）

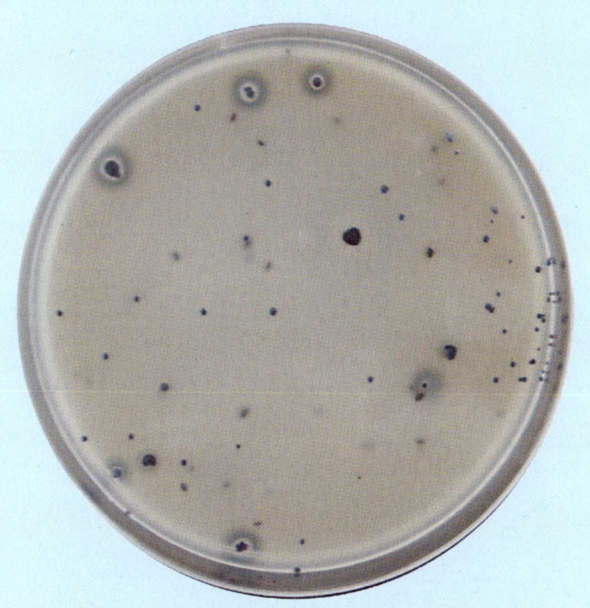

彩图5　涂布平板法菌落（金黄色葡萄球菌）

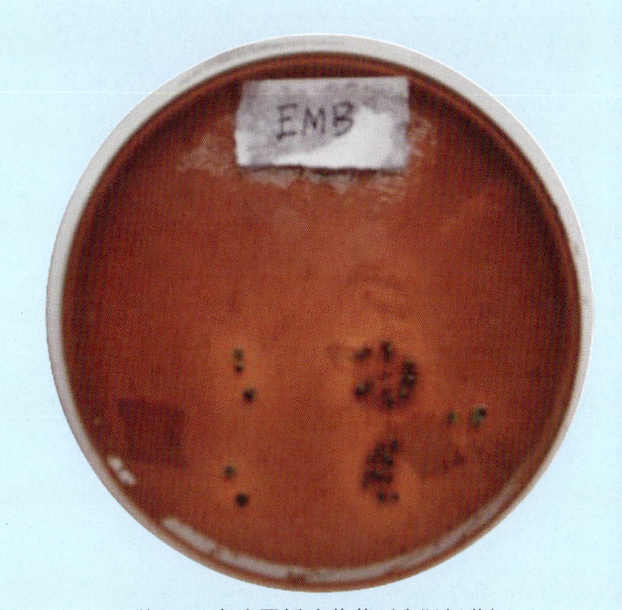

彩图6　点滴平板法菌落（大肠杆菌）

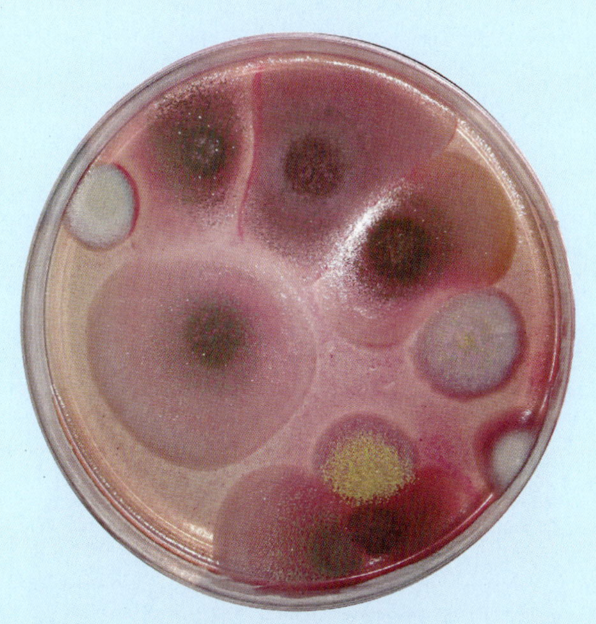

彩图7　霉菌酵母菌落

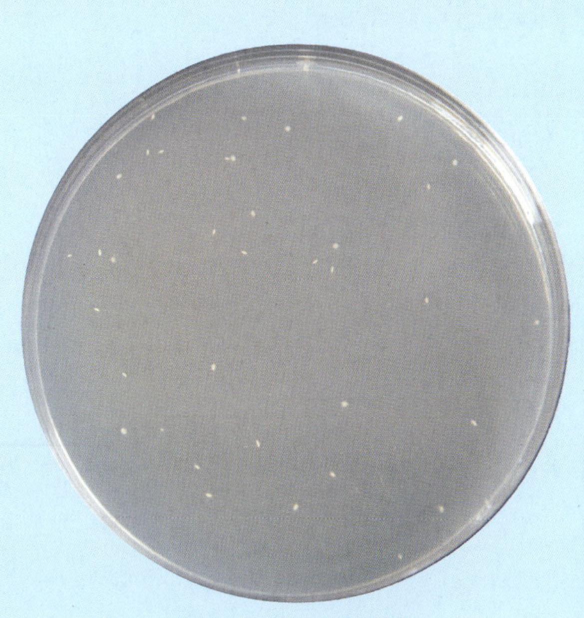

彩图8　倾注平板法菌落

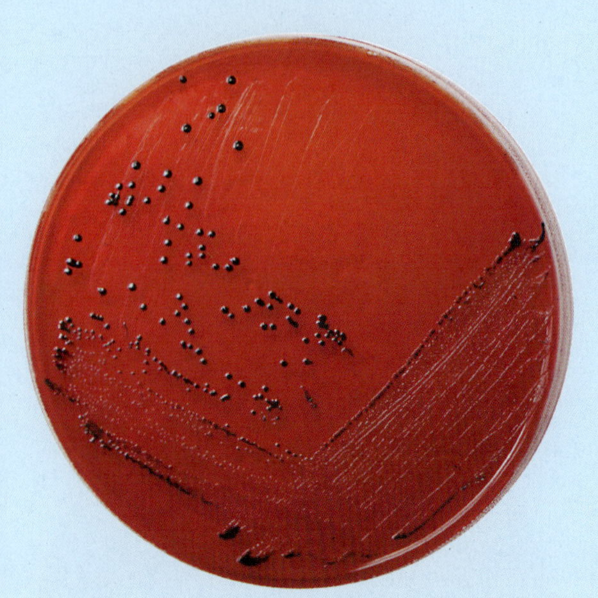

彩图1　沙门氏菌在XLD琼脂平板上的菌落

彩图2　沙门氏菌在BS琼脂平板上的菌落

彩图3　金黄色葡萄球菌Baird-Parker琼脂平板上的菌落

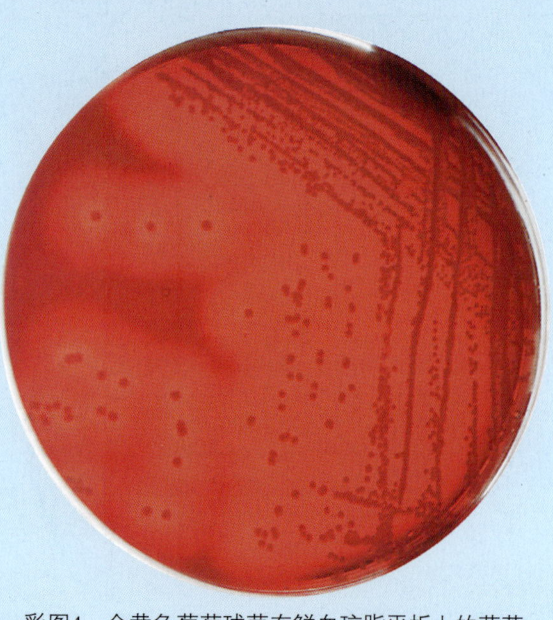

彩图4　金黄色葡萄球菌在鲜血琼脂平板上的菌落